无界形塑
ZBrush
BJD娃头与身体建模

血茶 / 编著

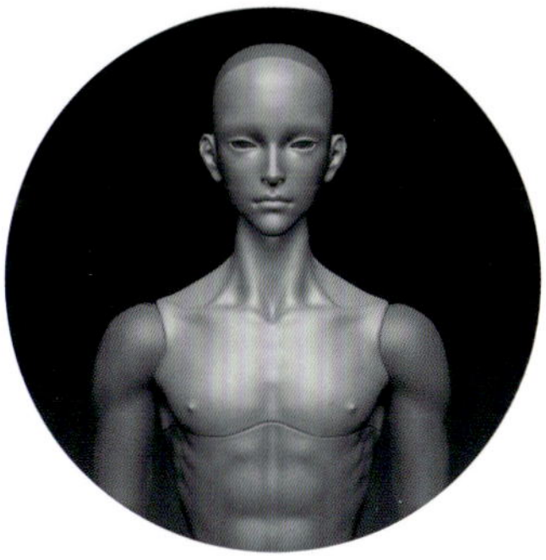

電子工業出版社
Publishing House of Electronics Industry
北京 · BEIJING

图书在版编目（CIP）数据

无界形塑 ： ZBrush BJD娃头与身体建模 / 血茶编著. 北京 ： 电子工业出版社, 2025. 9. -- ISBN 978-7-121-50499-0

Ⅰ. TP391.414

中国国家版本馆CIP数据核字第2025CJ1519号

责任编辑：王佳宇

印　　刷：北京宝隆世纪印刷有限公司

装　　订：北京宝隆世纪印刷有限公司

出版发行：电子工业出版社

北京市海淀区万寿路173信箱　　邮编：100036

开　　本：787×1092　1/16　印张：11　字数：299.2千字

版　　次：2025年9月第1版

印　　次：2025年9月第1次印刷

定　　价：79.00元

凡所购买电子工业出版社图书有缺损问题，请向购买书店调换。若书店售缺，请与本社发行部联系，联系及邮购电话：（010）88254888，88258888。

质量投诉请发邮件至zlts@phei.com.cn，盗版侵权举报请发邮件至dbqq@phei.com.cn。

本书咨询联系方式：（010）88254161~88254167转1897。

引言

Introduction

本书旨在介绍如何用 ZBrush 制作整体男性 BJD。对于软件、人体、BJD 制作的知识都处于零基础或刚入门阶段的读者可以从本书开始入门。本书会从基础软件的使用到人体形状的制作，再到 BJD 功能的拆分，进行细致的讲解。

ZBrush 在 BJD 制作上的运用

BJD 是由德国艺术家汉斯 · 贝尔默在 20 世纪 30 年代到 40 年代创作的一种艺术表现形式，后从欧洲传往日本，由 VOLKS 公司在 1998 年研发并规模化生产，推出市场，慢慢演化成为大众目前熟知的样子。常见的 BJD 的材质大致分为树脂、黏土及陶瓷，还有部分冷门材质，如金属、木质、流土等。

当前市场上流通性、可玩性强的材质非树脂莫属。尽管可以采用先以黏土制作原模，再翻模成树脂的方式制作树脂 BJD，但由于黏土 BJD 的制作工艺较为复杂，且工整度很难达到商业要求，因此目前黏土 BJD 多为艺术创作人形，通常作为收藏品展示，鲜少作为树脂 BJD 的原模。

ZBrush 是一款经典的数字雕刻与绘画软件，以强大的功能和直观的工作流程改变了整个 3D 行业。在 ZBrush 中，读者可以采用传统的绘画工作方式制作 3D 物体，且可以用它精密的建模功能制作极为契合的关节部分，以极大地提高工作效率与成品率。作为一款功能全面的 3D 制作软件，读者甚至只需要掌握 ZBrush 的部分功能就能轻松地制作出精巧的 BJD。因此，目前 ZBrush 是众多职业或业余人形师的不二之选。

使用 ZBrush 制作完成后，可选择的打印材料也非常丰富。可以打印之后喷灰精修，并翻模成常规的树脂 BJD，也可以直接打印出树脂 BJD 把玩。但要注意，与翻模相比，打印出的树脂 BJD 的精度与硬度较差，黄化速度更快。

软件教学内容的针对性调整

本书从新手的角度出发，考虑到大部分 ZBrush 的教程书籍存在专业性过强、内容过于繁杂，以至于新手很难从中找到自己需要的部分这个问题，删除了该软件在制作 BJD 方面大量不需要了解的功能，只从 BJD 的需求出发加以介绍，并展开针对性讲解与教学，力求化繁为简，尝试用简洁、易懂的方式诠释软件功能，致力于尽可能用较少的功能做较多的事。

人体教学内容的针对性调整

在人体结构知识上，相信复杂的面部结构与烦琐的肌肉结构让大部分读者都很头痛。在本书中，头部的制作会直接摒弃以往传统的教学理念，用“先学习、后消化”的方式直接带领读者一步一步制作形状，熟悉头部的制作步骤以后，相信读者经过不断练习必然能越做越好。而对于身体部分，则会极度简化整体结构，将肌肉区块化，即使没有将每块肌肉都记得清清楚楚，也可以轻松理解人体构造。

两种不同学习习惯的阅读提示

对于学霸型人格，可以阅读 Chapter 01 ～ 04 后开始制作属于自己的 BJD。

对于艺术家人格，可以阅读 Chapter 01 1.4 节后立即开始制作，在遇到需要解决的问题时再去寻找对应的内容进行下一步的学习。

教学时长建议

本书建议教学时长为 52 学时。其中，软件教学占 11 学时，人体教学占 7 学时，实验教学占 34 学时。

随书附赠 11 个教学视频，可扫描书末二维码进行观看。

前言

Preface

从开始接触 BJD 到自己制作，已经过去了十几年，作为一个三分钟热度的人，连我自己也很难知道为什么 BJD 能吸引我这么久。出于热爱吗？好像也不是，更多的是感觉它能让我沉浸其中，能表达我所想的，能让我的生命变得充实。

除此之外，人形造物也确实能吸引我的目光——我很愿意欣赏这些带有人类特征而又非人类的物体。

在被邀请出版图书之前，我从未想过要去写一本教程书。虽然一直陆续收到一些学生的需求，教授一些课程，但写书这样的事情对我来说太遥远，又太需要责任感，且会给我带来压力。而让我持续写下去的动力，我想了想，那就是希望这个世界上能出现更多奇妙的人形造物，能让我看到它们的那几秒被震撼、被充实吧。因此，我愿意去绞尽脑汁地努力把这本书写完，希望有人看到这本书以后产生创作的动力，直到有一天能造出美丽的作品，让更多人看到、了解这门艺术。

在写这本书的时候我时常想起我刚开始学习制作 BJD 的时期。这门技术始终是冷门的。哪怕是现在，也鲜有全面的教程可以参考。而我那时候更是只能对着没有翻译的日语教程书，挠破脑袋企图从里面参悟什么。到现在我都没明白我是怎么搞懂这“玩意儿”的做法的。我想，如果那时候我有一本这样的书可以让我对照着学习，我能少走多少弯路呢？也许我就能减少很多在制作时的痛苦了吧。而对于这本书，我也是抱着这样的心情去写的。它不能直接让人看完就变成专业人形师，但我希望它可以让感兴趣的人用更简单的方式入门，且因此带来无限的可能。

心有所愿，蓄势待发；全力以赴，定有所成。

血　茶

目录

CONTENTS

Chapter 08 BJD 身体功能的拆分

Chapter 09 BJD 拉筋孔的制作

Chapter 10 BJD 关节槽的制作

Chapter 11 打印测试与翻模须知

Chapter

01

使用ZBrush的准备工作

1.1 软件与设备概述

学习 BJD 数字建模必不可少的是 ZBrush 与数位板（Graphics Tablet/Digitizer）。

ZBrush 是一款专业的 3D（三维）角色建模软件，由 Pixologic 公司出品。它为数字雕刻和绘画树立了行业标准，被誉为革命性的建模软件，广泛应用于电影、电视、游戏、特效等诸多领域。用户能够用 ZBrush 在一个提供即时反馈的环境中使用可定制的画笔来塑造、制作和绘制虚拟 3D 物体，另外用户能够用 ZBrush 创作一切幻想中的生物或物体，并以此产出实物或图像等。ZBrush 所创造的产物甚至曾获得奥斯卡奖。

简而言之，ZBrush 是一款由创作者创造、为创作者服务的艺术软件，可以让创建的模型和插图不受限于想象力。

数位板也称绘图板或电绘板，是用于数字化艺术创作、图像编辑和手写输入的强大工具。与传统的手绘板相比，数位板具备更多的功能和更高的灵活性。数位板的压感技术能够捕捉不同力度和倾斜角度，以使用户更加精确地表达自己的想法和感情。

另外，数位板可以结合市面上大量的编辑软件来创作绘画、插画、漫画和数码雕塑等作品，能够将传统手绘与数字化相结合，为创作者带来更大的创作自由和更高的灵活性。

1.2 ZBrush版本的选择

本书使用的 ZBrush 版本为 ZBrush 2022。若使用其他版本，则可能部分区块或功能区会略有差异。

ZBrush 的不同版本存在的问题是，高版本可以打开低版本的 ZTL 文件，但低版本无法打开高版本的 ZTL 文件。例如，ZBrush 2022 无法打开 ZBrush 2023 或以上版本的 ZTL 文件，但 ZBrush 2023 可以打开 ZBrush 2022 的 ZTL 文件，而 OBJ 和 STL 格式则通用于所有版本。因此，在选择 ZBrush 版本时，要考虑版本的区别，若尝试了高版本后因不适应操作等问题而更换了低版本，则应在卸载高级版前将制作的所有文件保存为 OBJ 或 STL 格式，以免损坏文件。

1.3 数位板与计算机的连接

数位板通常由 3 个部分组成：板身、压感笔、数据线。用数据线将板身与计算机连接后，需要根据说明书提示，成功安装驱动后才能正常使用。压感笔在计算机屏幕上会以鼠标的形式呈现，安装驱动前，压感笔悬垂于数位板上时会出现无法对应屏幕同区域的情况。当安装好驱动且正确启动驱动时，可以拿起压感笔在数位板的压感区的四角位置进行多点测试，若都与屏幕位置对应，则数位板与计算机连接安装完毕。

1.4 软件与数位板的测试

下面几个技巧是必须掌握的，让我们一起来看一看。

1.4.1 如何打开基础几何体

❶ 在 macOS 系统中单击或在 Windows 系统中双击 ZBrush 图标，打开软件。

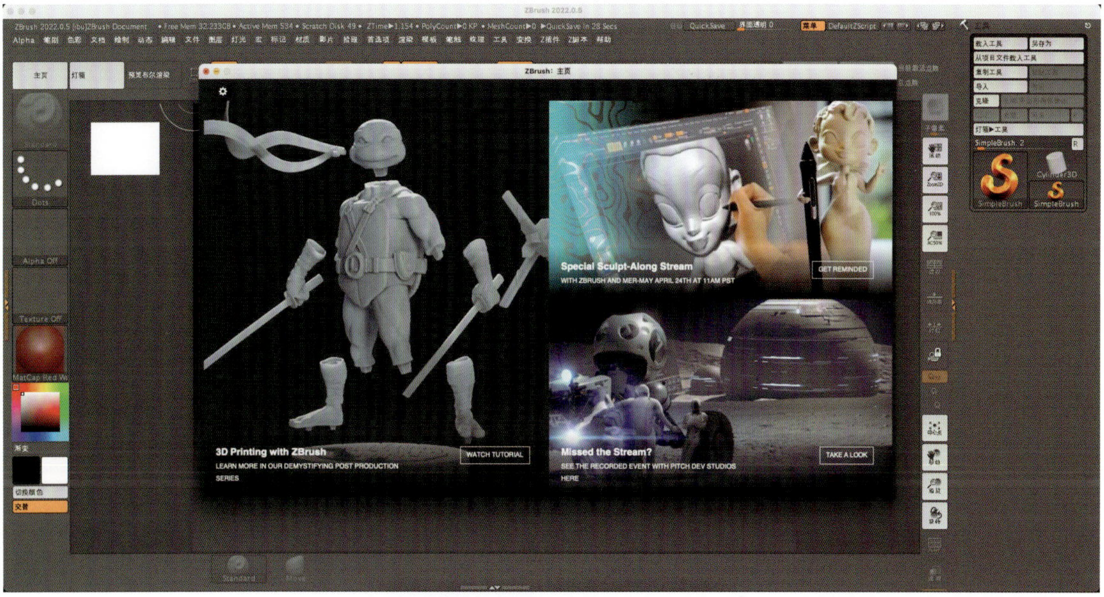

❷ 将弹出的广告页面关闭，会自动弹出灯箱。在灯箱中找到 DynaMesh_Sphere_32.ZPR 文件。

❸ 双击该文件，即可打开初始几何体文件。

❹ 在视图辅助功能区中，关闭“透视”按钮，当该按钮为灰色状态时即可开始编辑。通常都由此开始制作一个全新的 BJD。在制作前期一般无须激活“透视”按钮，在制作后期大量使用时激活即可。

1.4.2 ZBrush 的 3 种基本笔触操作

按住空格键，会在屏幕上的鼠标指针处显示笔刷设置界面。其中，“绘制大小”用于设置笔刷的总直径；“焦点衰减”用于设置笔刷硬度的辐射大小；“Z 强度”用于设置笔刷深浅的强度。

打开初始几何体文件后，默认笔刷为 Standard。凸出笔触：直接涂抹物体。

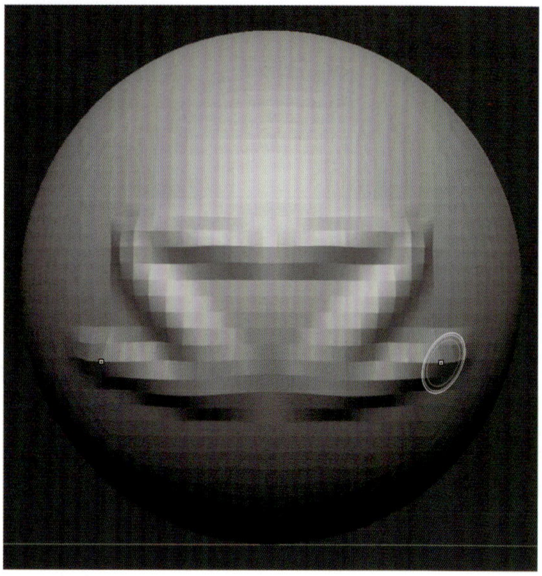

凹陷笔触：在 macOS 系统中按住 Option 键的同时涂抹物体；在 Windows 系统中按住 Alt 键的同时涂抹物体。

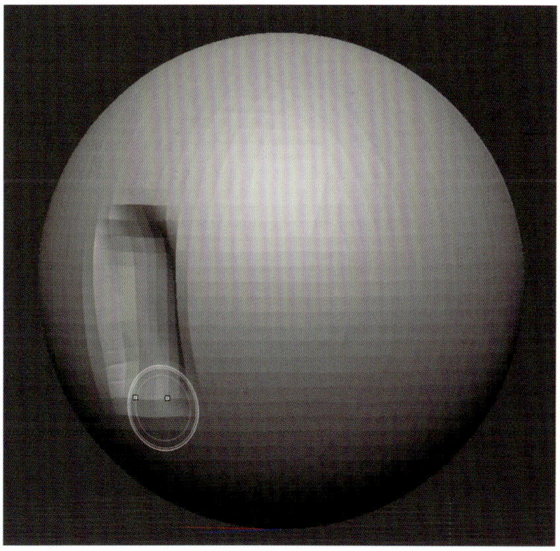

模糊笔触：按住 Shift 键的同时涂抹物体。

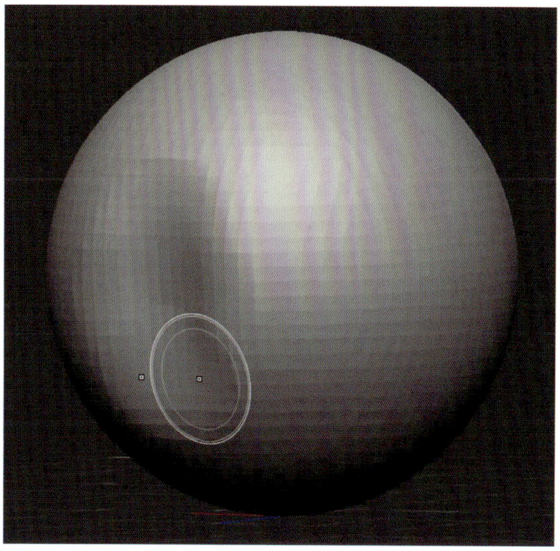

1.4.3 Move 笔刷的操作

在视图窗口左侧的选择器上方单击“笔刷选择器”图标（初始界面显示为 Standard 笔刷）。

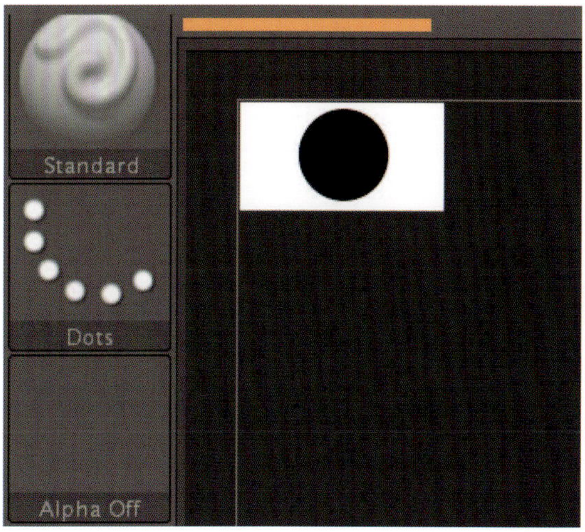

展开笔刷选择器，找到 Move 笔刷并单击，即可选择该笔刷。笔刷会根据屏幕尺寸自适应排列，因此不同用户使用的笔刷的位置可能不同，需要耐心寻找。

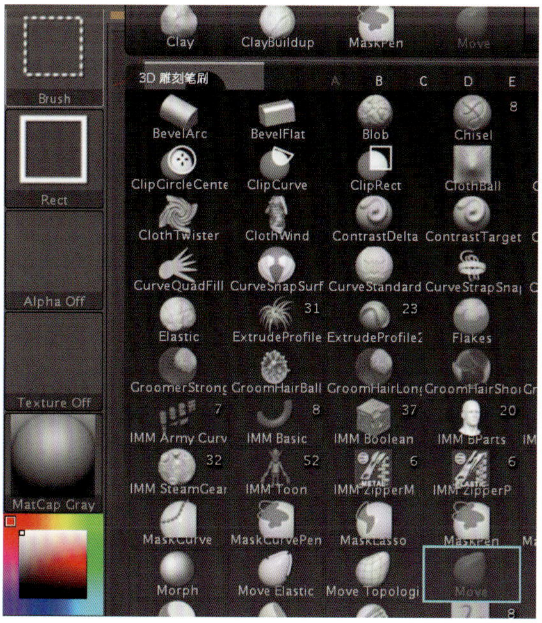

Move 笔刷可以大面积或小面积地以拖曳的方式液化物体形状，达到快速塑形的目的，在前期制作轮廓和后期调整细节时都有重要的作用。

小贴士

对称编辑 / 不对称编辑的快捷键为 X，若因误触该键而关闭了对称编辑状态，则可先按快捷键 Ctrl+Z 撤销操作，然后按 X 键打开对称编辑状态。

1.4.4 如何保存有效的 3D 文件格式

❶ 单击“工具”→“另存为”按钮，即可选择 ZTL 格式作为保存格式。在 ZTL 格式下，图层中的子工具，以及每个子工具的分辨率或细分程度等一切已编辑的细节都会被保存下来。这是最全面的文件保存格式。但要注意，高版本可以打开低版本的 ZTL 文件，但低版本无法打开高版本的 ZTL 文件（具体操作参照 1.2 节内容）。

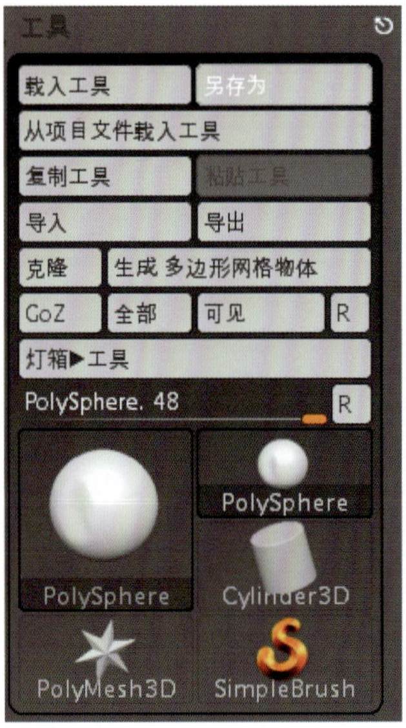

❷ 除了 ZTL 格式，还可以用 OBJ 或 STL 格式保存单个子工具。单击“工具”→“导出”按钮，即可选择 OBJ 或 STL 格式作为保存格式。

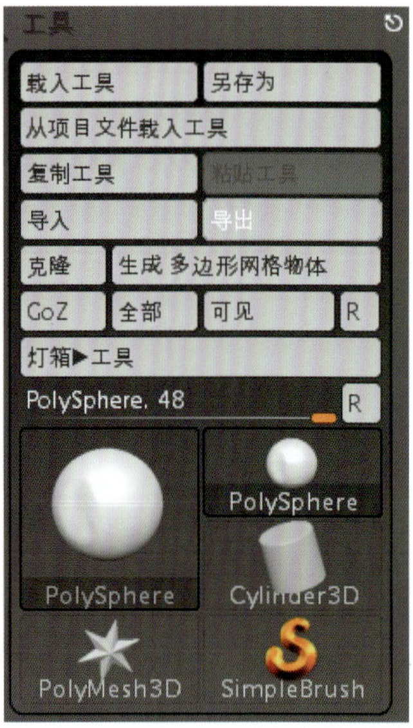

❸ 制作完成后，通常会将所有图层中的子工具都单独导出为 OBJ 或 STL 文件，作为打印文件使用。因此，可以在“Z 插件”面板中单击“导出到 STL”按钮或“导出到 OBJ”按钮选择批量导出文件。

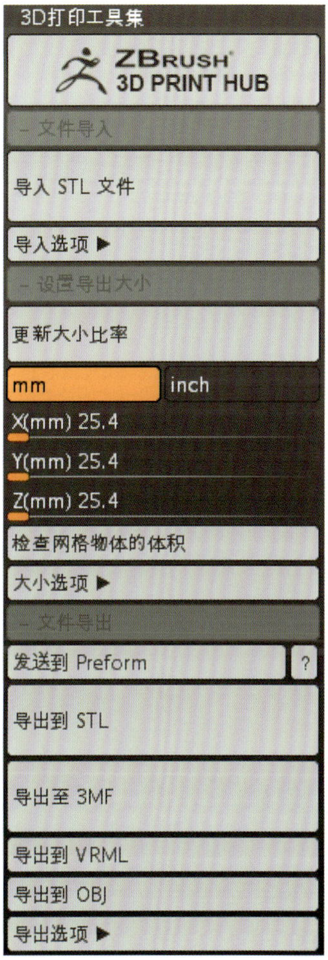

❹ 单击上述两个按钮后，后面的操作都是相同的。单击“导出到 OBJ”按钮后，将会跳出保存路径，以供用户选择保存子工具的文件夹。

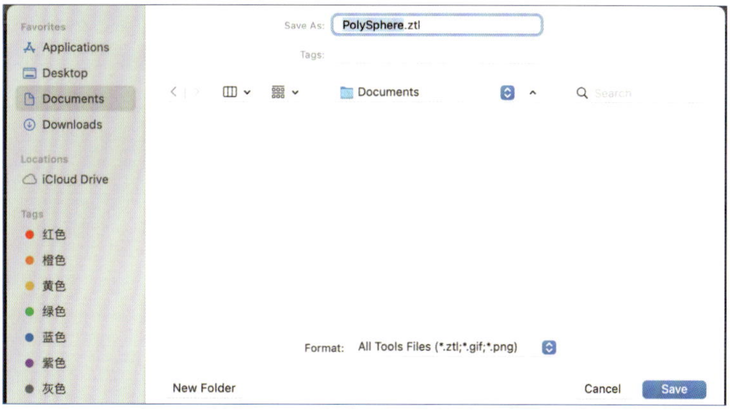

❺ 选择好文件夹后，单击“Save”按钮，将会弹出命名窗口。Choice 1 表示系统自动命名；Choice 2 表示以子工具的图层名命名；Choice 3 表示自定义命名所有子工具。选择所需的命名方式，进行相应的操作后，所有图层中子工具的 OBJ 文件便保存完毕。

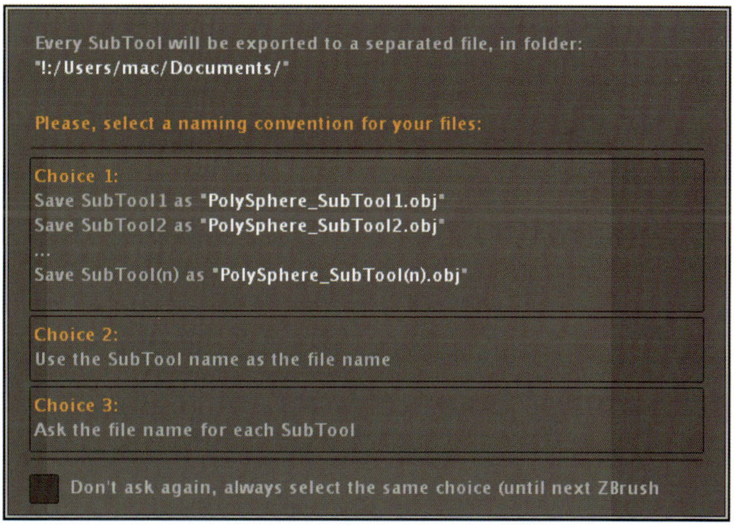

小贴士

MTL 文件为 OBJ 文件的材质文件，通常并不需要保存 MTL 文件。可以手动删除 MTL 文件，或导出文件之前，选择菜单栏中的“首选项”→“导入导出”→“导出”命令，取消勾选“纹理”复选框，即可避免保存 MTL 文件。在批量保存 STL 文件时，不会产生 MTL 文件。

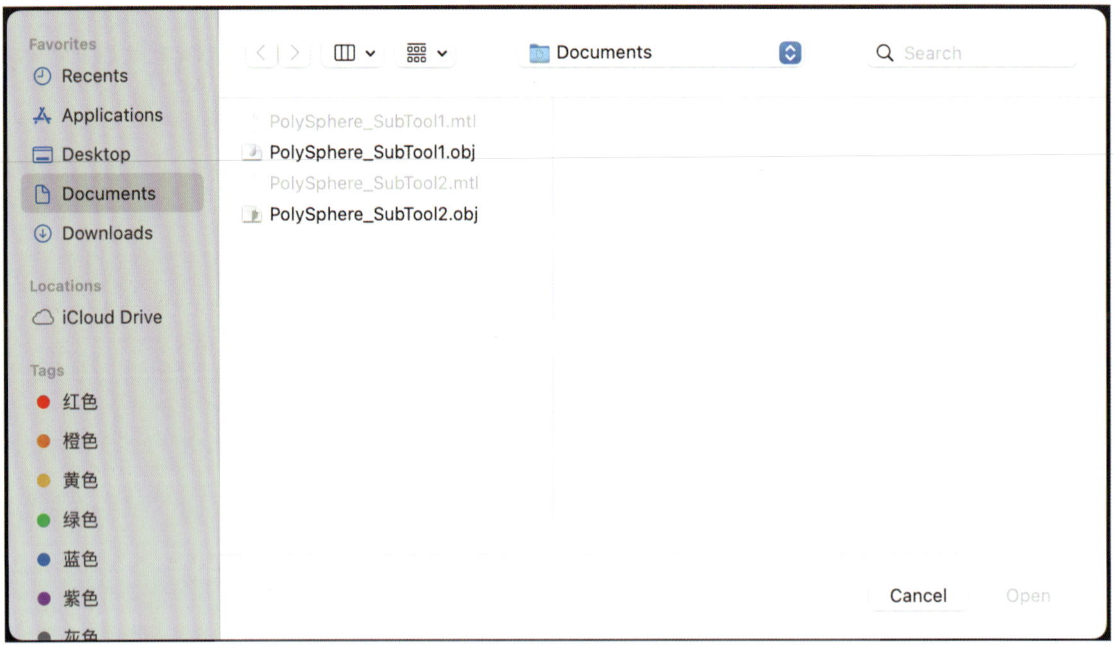

1.4.5 如何在 ZBrush 中打开保存的 3D 文件

❶ 选择灯箱中的“打开文件”选项，即可选择要打开的 ZTL 或 OBJ 文件。此外，也可以单击“工具”→“导入”按钮打开 ZTL 或 OBJ 文件，具体操作参照本节的步骤 6~ 步骤 8。

❷ 打开 ZTL 或 OBJ 文件后，需要在视图窗口中用画笔进行一次拖曳，以打开物体。注意，拖入物体后，“Edit”按钮依然为未激活状态，目前还无法编辑物体。注意，进行一次拖曳后，请勿在视图窗口中进行第 2 次拖曳或单击视图窗口。

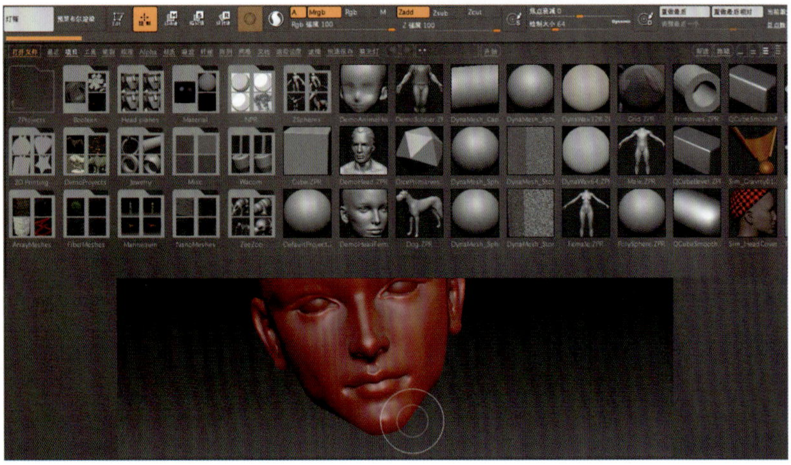

❸ 拖入物体后，立即单击，以激活“Edit”按钮，并单击“灯箱”按钮，以关闭灯箱（OBJ 文件则会在打开后自动关闭灯箱），此时物体进入可编辑状态。

❹ 在材质选择器中选择合适的材质与颜色以更好地编辑物体，推荐选择 MatCap Gray。

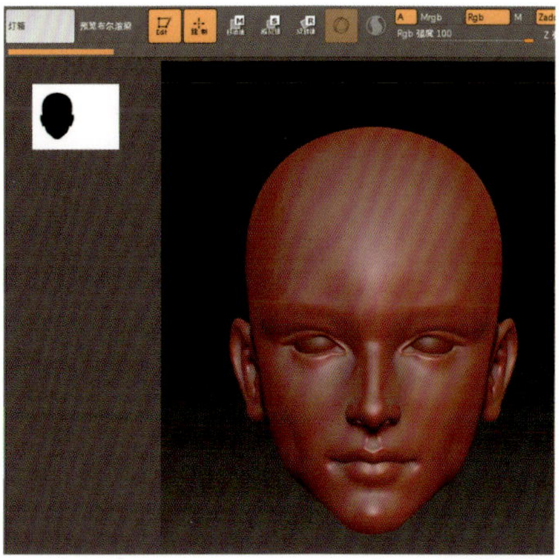

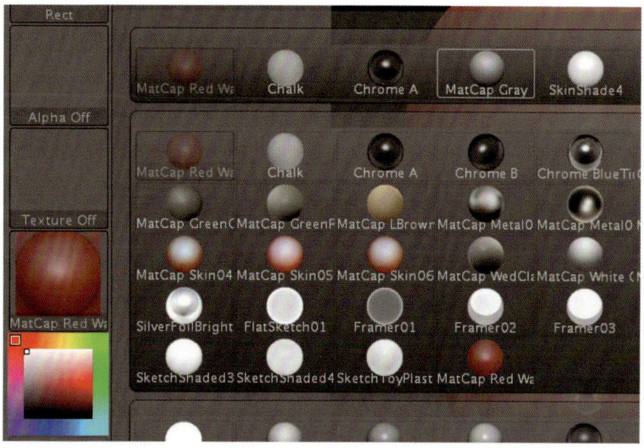

❺ 此时，完成下一步编辑物体的准备工作。

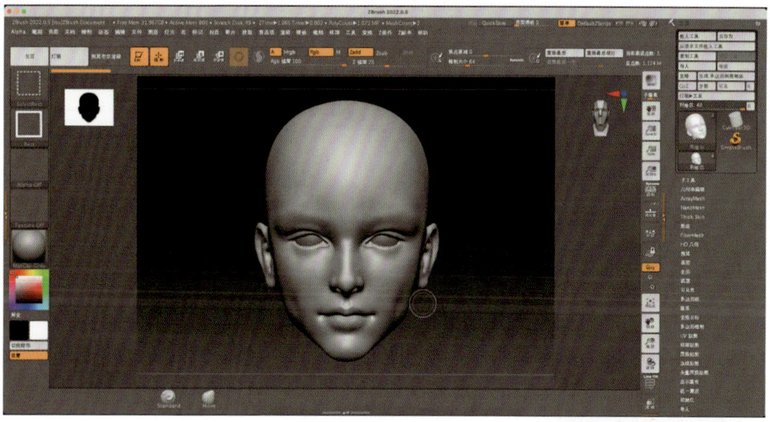

❻ STL 文件需要在 ZBrush 已存在至少一个图层后导入。因此，可以在灯箱中打开任意几何体文件，或打开一个已保存的文件，选择图层后，单击“工具”→“导入”按钮，即可选择导入 STL 或 OBJ 文件。

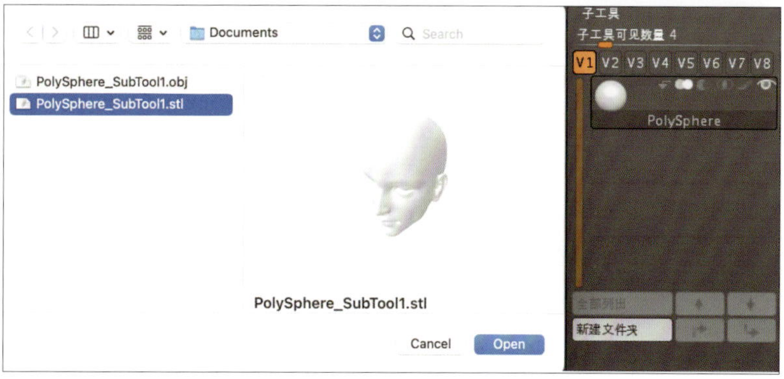

❼ 双击需要导入的 STL 文件，单击“确定”按钮，即可导入 STL 文件。双击需要导入的 OBJ 文件或单击“打开”按钮，即可导入 OBJ 文件。

❽ 导入文件后，图层中原来的物体会被变更为导入的 STL 或 OBJ 文件。

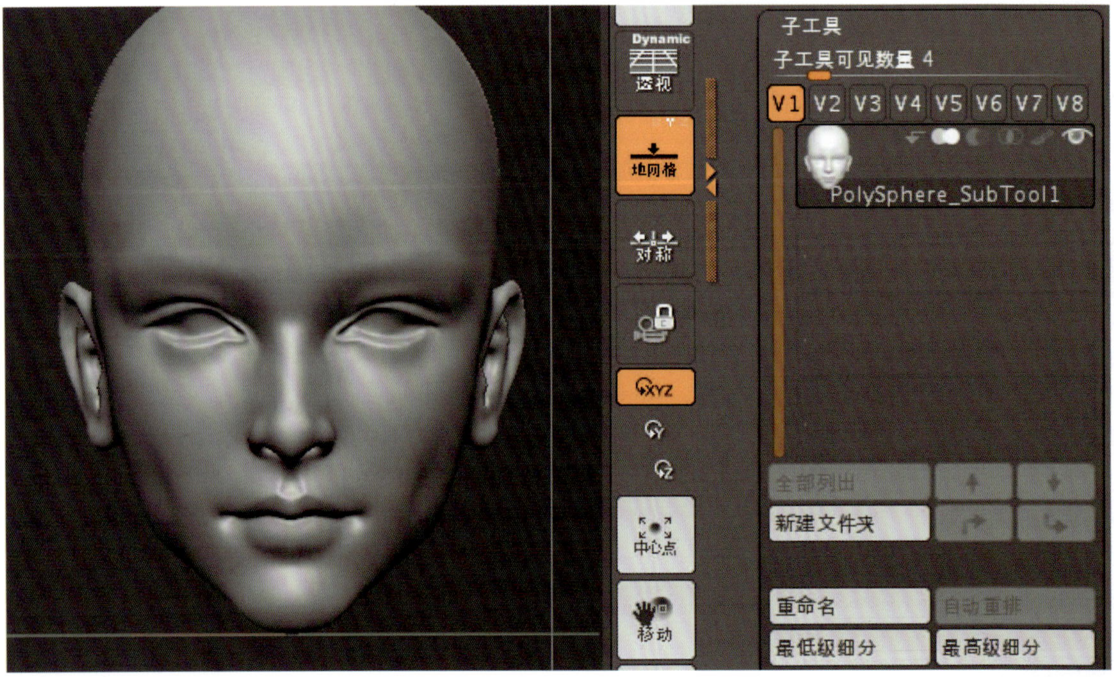

Chapter

02

ZBrush的初始界面

2.1 菜单栏

菜单栏位于 ZBrush 的初始界面顶端，BJD 建模主要用到“笔刷”“绘制”“变换”“Z 插件”4 个按钮。

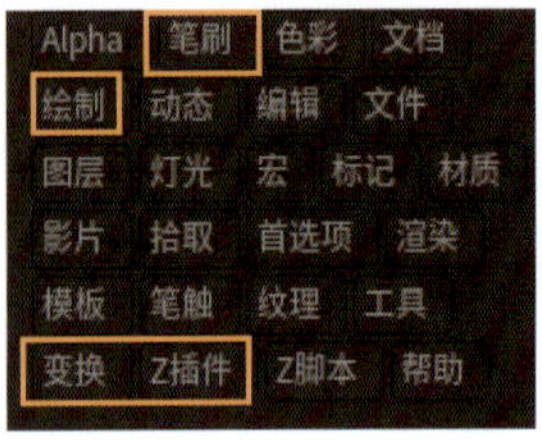

“笔刷”按钮在初始状态下为未激活状态，打开文件后，即可被激活。“笔刷”面板中通常只会显示预设的数个笔刷选项，但从视图窗口左侧的选择器上方单击“笔刷选择器”图标，从展开的笔刷选择器中选择其他笔刷后，该笔刷将会出现在“笔刷”面板中，可从“笔刷”面板中直接选择该笔刷，不需要重新在笔刷选择器中寻找。

在“绘制”面板中主要被使用的功能为“透视”。它用于模拟物体在不同焦距下的透视畸变，以展示打印后的人眼视觉效果。“透视”功能需配合“透视”按钮使用，通常在后期制作时会大量使用该功能。激活“透视”按钮后，视图窗口及“绘制”面板的第 3 格界面中将会模拟物体在肉眼下的畸变效果。在第 5 格界面中，18、24、28、35、50、85 为模拟焦距，单位为 mm，可以通过滑动“焦距”滑块调整，也可以单击数字或输入新数字后按 Enter 键调整。

例如，如果是 65cm 高的娃娃，那么可以考虑使用 50 ~ 80mm 的模拟焦距判断打印后的视觉效果。然而，透视效果在不同版本的软件和不同尺寸的屏幕上展示出来的也不尽相同，且在细节差距上的感受因人而异，这需要创作者在有过打印经验后根据自己的喜好来设置。

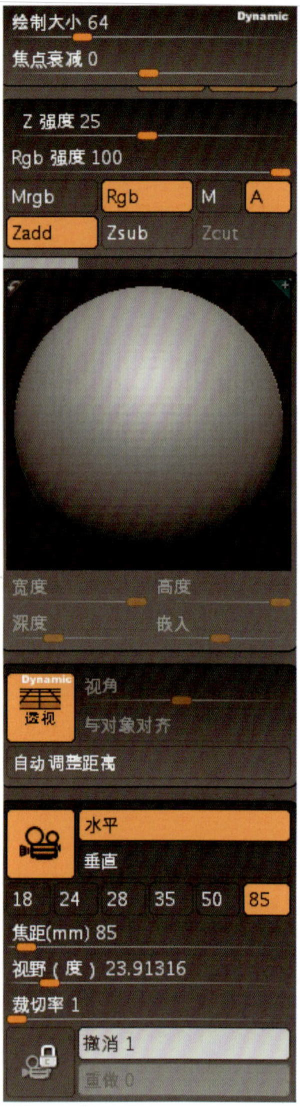

“变换”面板为 ZBrush 大部分功能按钮的集合点。在 ZBrush 中，由于大量按钮为自适应状态的布局，因此视图辅助功能区中的“透明”按钮有可能被遮挡，可以在“变换”面板的第 4 格界面中找到“透明”按钮。“透明”按钮在后期制作 BJD 内芯时会大量使用。

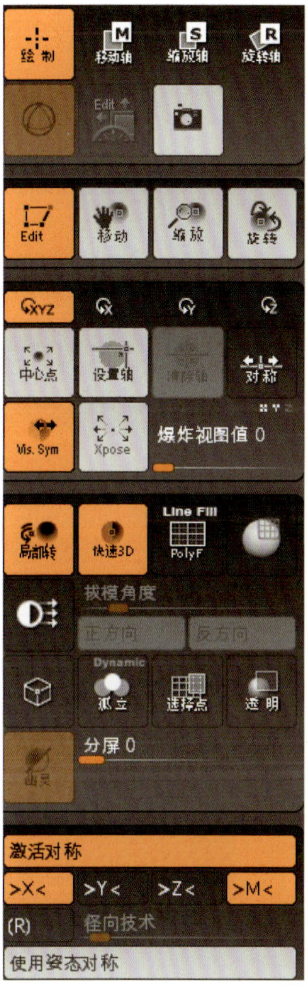

在“Z 插件”面板中主要使用“3D 打印工具集”中的按钮，将制作完成的 BJD 子工具批量导出为 STL 或 OBJ 文件，具体操作见 1.4.4 节的步骤 3~ 步骤 5。

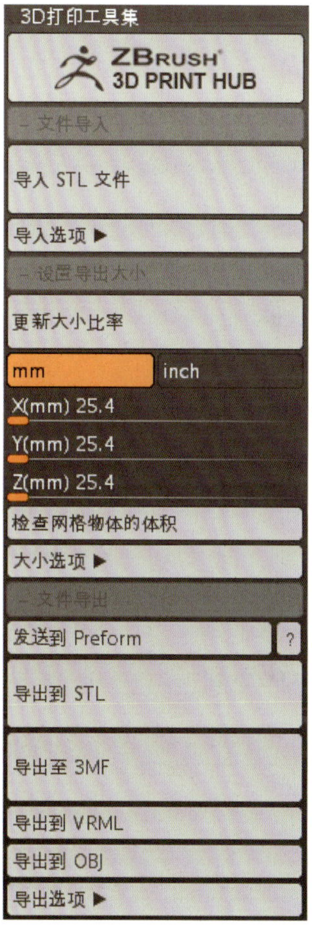

2.2 工具栏

工具栏位于 ZBrush 的初始界面上方的第 2 排。

2.2.1 灯箱

打开 ZBrush 后，会自动弹出灯箱。选择“打开文件”选项，即可打开已保存的 ZTL 或 OBJ 文件。

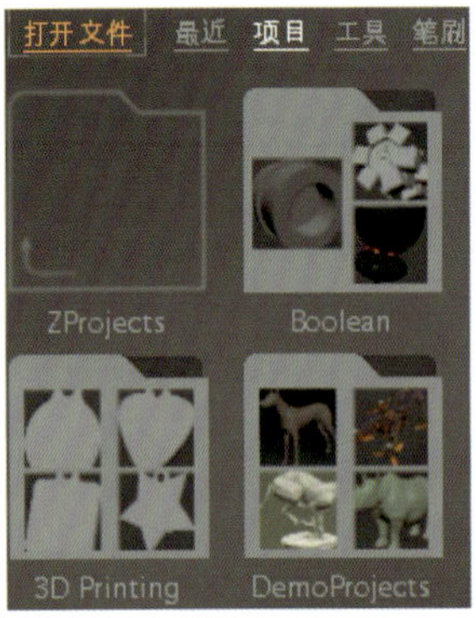

“最近”选项用于保存用户最近使用用的文件，可以在这里快速打开该文件。

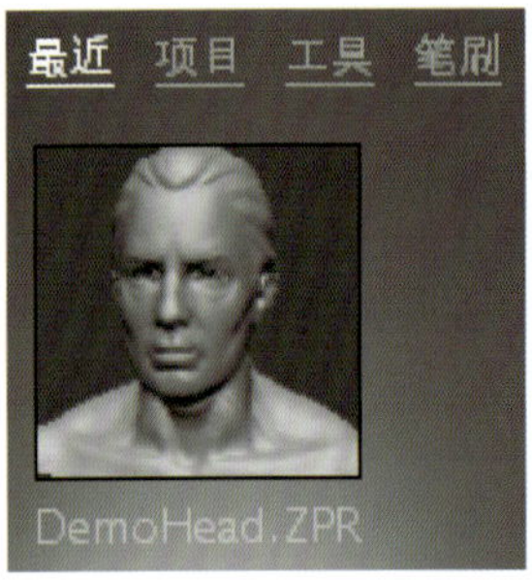

在“项目”选项中，有大量 ZBrush 的预设文件可供练习和使用。通常把 DynaMesh_Sphere_32.ZPR 文件作为制作 BJD 的初始文件。

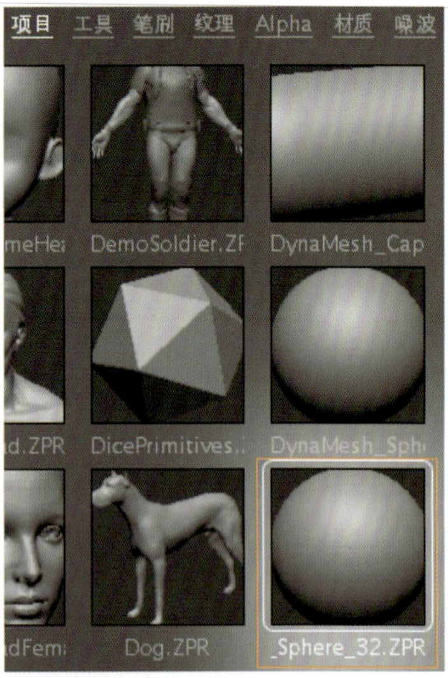

“快速保存”选项用于存储 ZBrush 自动保存的文件。ZBrush 每隔一定的时间都会自动保存一次正在编辑的文件，存储的文件夹名为 QuickSave，格式为 ZPR。**如果计算机的内存不够大，那么需定期清理该文件夹以腾出内存，避免软件卡死。**可以在 ZBrush 中搜索该文件夹进行有选择的清理。

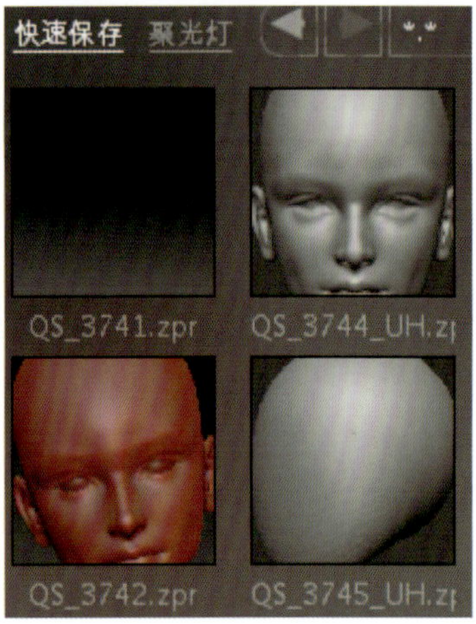

2.2.2 预览布尔渲染、Edit 及绘制

“预览布尔渲染”按钮为布尔运算的预览按钮，在进行布尔运算时需要将其激活。而“Edit”按钮则为编辑按钮，只有激活该按钮，才可以进行编辑文件的操作。两个按钮在初始时都为未激活状态。单击“灯箱”按钮，在打开的灯箱中选择“项目”选项，“Edit”按钮会被激活，但“预览布尔渲染”按钮需要手动激活。而选择“打开文件”选项，打开文件后，上述两个按钮都需要手动激活。**建议养成打开文件后立刻激活上述两个按钮的习惯。**

打开软件后，“绘制”按钮为激活状态，但单击右侧的“移动轴”“缩放轴” “旋转轴”3 个按钮中的任意一个打开 3D 操纵器后， “绘制”按钮会变为未激活状态，无法使用笔刷绘制。因此，使用完 3D 操纵器后，需要再次单击 “绘制” 按钮以使用笔刷进行绘制。

2.2.3 3D 操纵器

“移动轴” “缩放轴” “旋转轴” 3 个按钮在选择上无须过于纠结，任意单击一个即可打开 3D 操纵器，并使用其功能。

红色为 *X* 轴，绿色为 *Y* 轴，蓝色为 *Z* 轴，这 3 个轴可分别控制物体 *X* 轴方向、*Y* 轴方向、*Z* 轴方向的变形与位移。

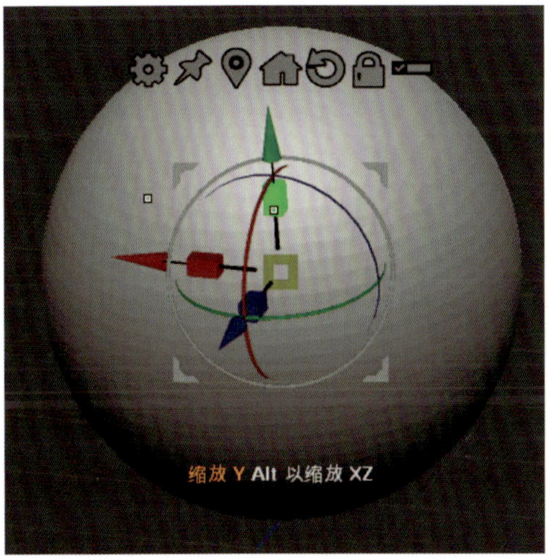

以绿色的 *Y* 轴为例，拖曳绿色圆锥状物体可以操纵物体在 *Y* 轴上下移动。

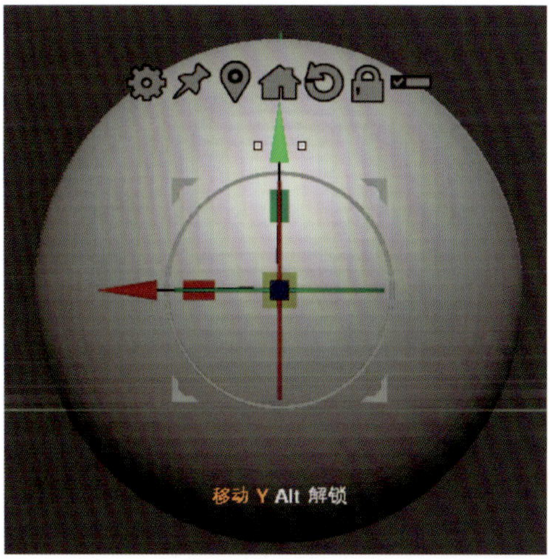

拖曳绿色方块可以操纵物体在 *Y* 轴的轴长以控制形状。

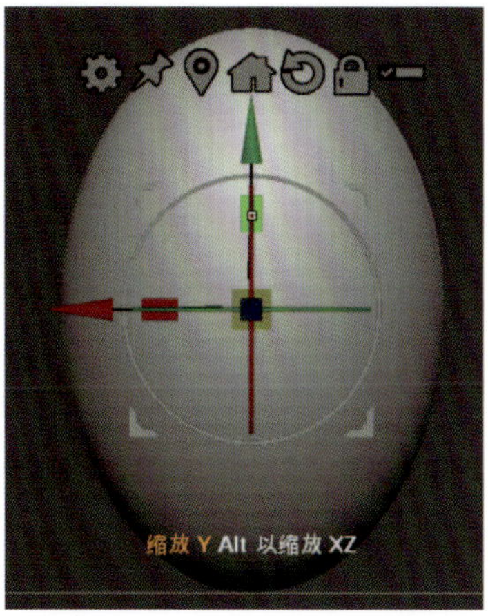

拖曳绿色圈体则可以让物体以 Y 轴为中心旋转，且绿色圈体的位置为物体在 Y 轴上的 1/2 处，可以用来参考厚度。其他两个轴同理。

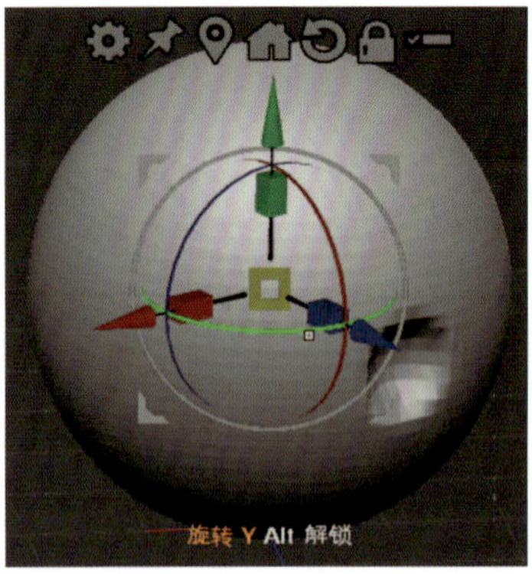

灰色圈体在单击时被激活为白色，它在物体的任何角度都平行于屏幕。同理，它也可以用来旋转物体。

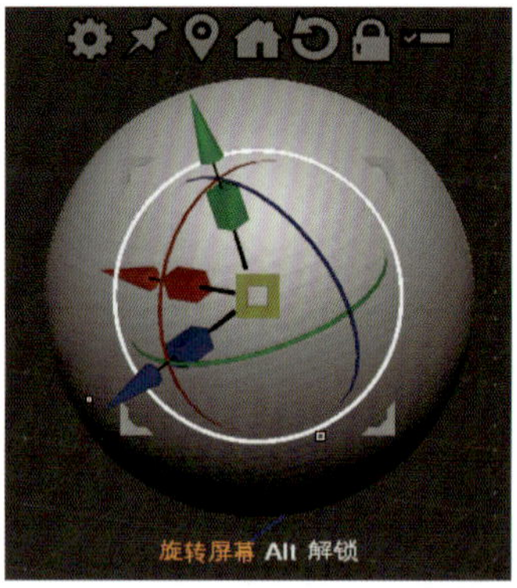

拖曳外侧的 4 个选择框中的任意一个后，可以整体挪动物体的位置。

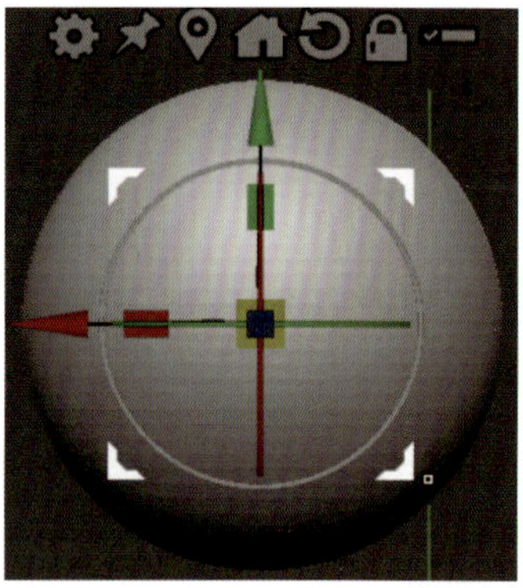

拖曳中心的黄色方块可以等比放大或缩小物体。

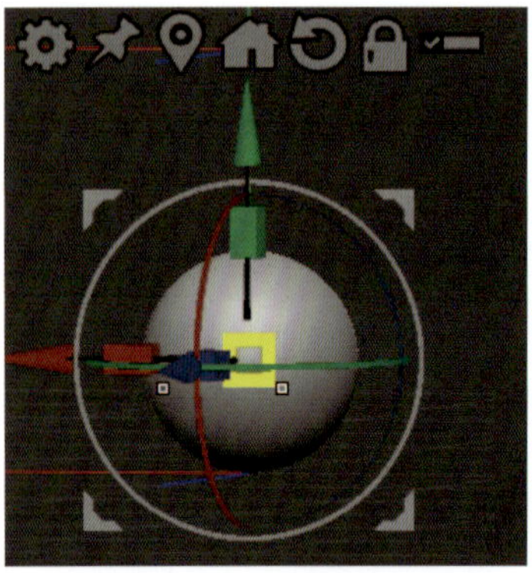

存储文件后再次打开时，如果出现 3D 操纵器与物体分开且距离过远不便于操作的情况，那么可以单击图标，尝试让它自动归位。

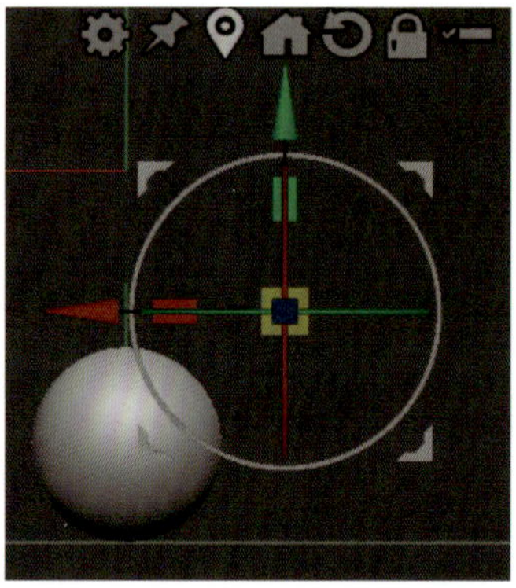

如果自动归位失败，或出现 3D 操纵器需要调整的情况，那么可以先单击图标，解锁后调整位置，然后再次单击该图标将位置锁定。在解锁位置的情况下，也可以调整 X 轴、Y 轴、Z 轴的方向。

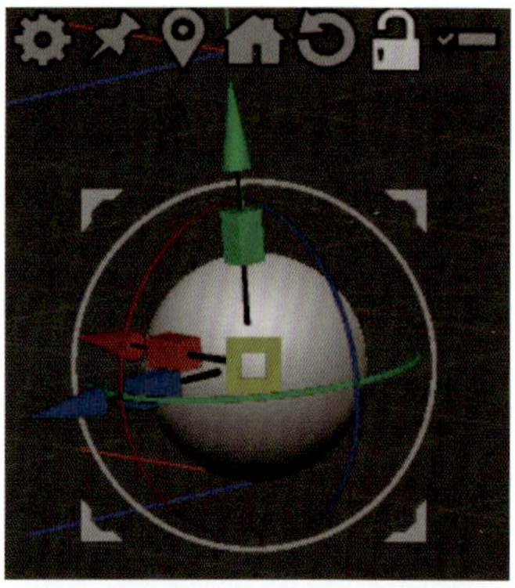

在存在多个图层的情况下，要想使用 3D 操纵器同步调整多个图层中的子工具，可以单击图标进行多选。在该图标显示 3 个图层的情况下，所有可见图层中的子工具都将会被 3D 操纵器同步调整状态。注意，调整完成后记得再次单击该图标以取消多选状态。

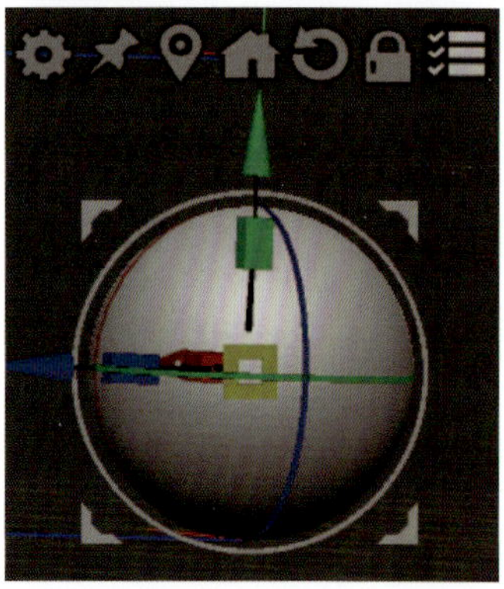

2.3 视图窗口

视图窗口为软件主要的编辑区域。左上角的白色方块显示了编辑中物体的剪影，角度与视图角度对应。

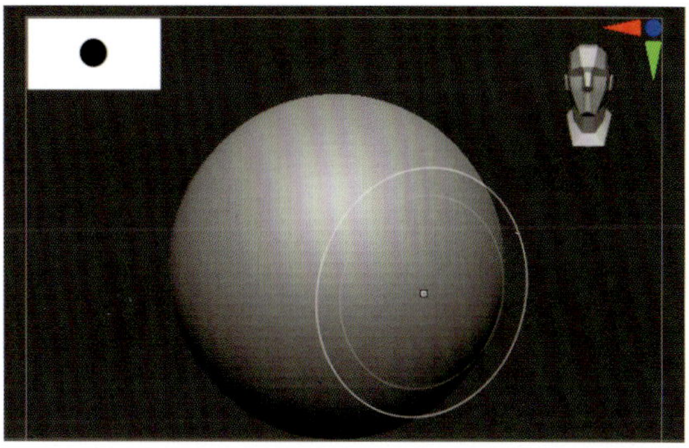

3D 头像用于在锁定一定角度的情况下旋转编辑中的物体。

右上角的红色三角形代表左、右；绿色三角形代表顶部与底部；蓝色圈体代表前、后。可以根据需要单击所需的图标，以快速切换物体的角度检查状态。

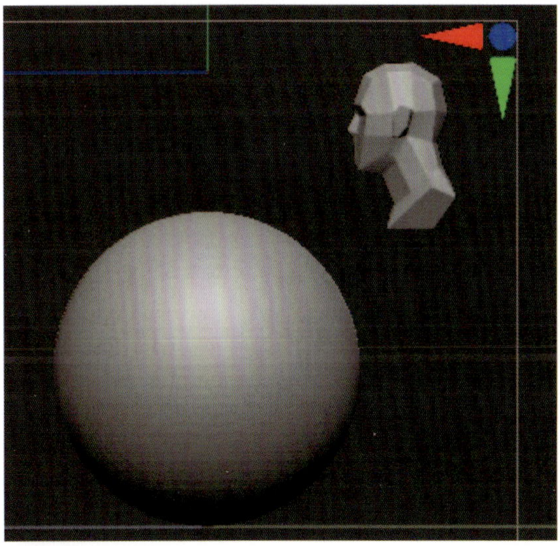

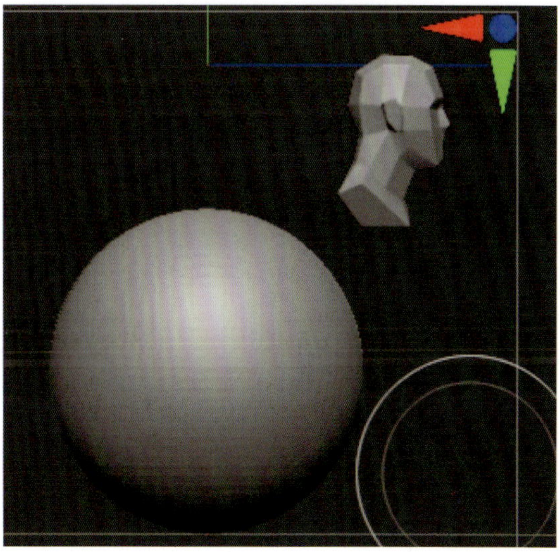

2.4 选择器

选择器位于视图窗口的左侧，呈竖列排放。

2.4.1 笔刷选择器

笔刷选择器在默认情况下选择 Standard 笔刷，可以在激活“Edit”按钮后直接使用。

若需选择其他笔刷，则可以单击“笔刷选择器”图标以展开笔刷选择器。

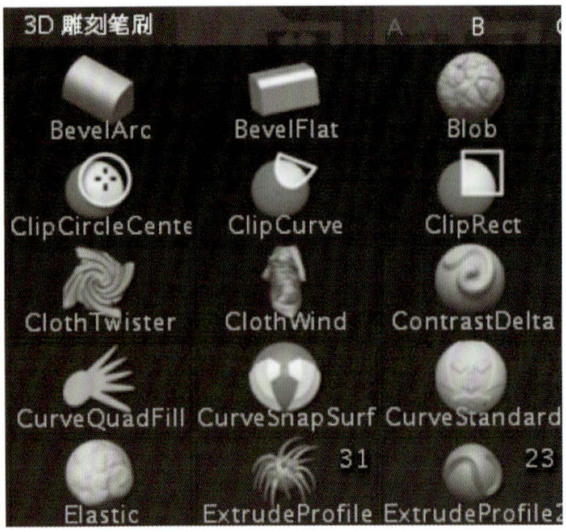

选择某笔刷后，该笔刷将会被加载到“笔刷”面板中以供再次选用。

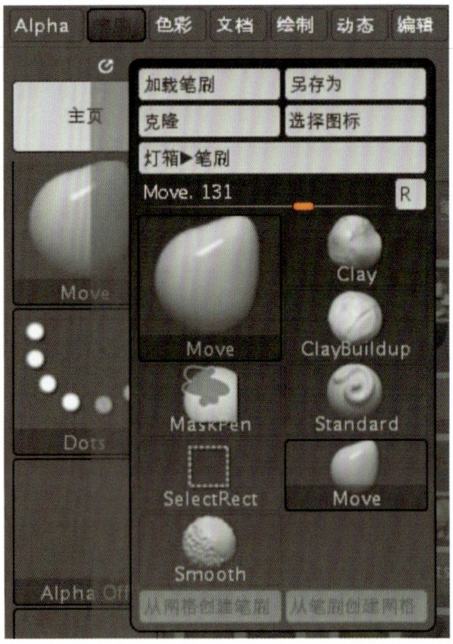

2.4.2 材质选择器

材质选择器在通过选择“打开文件”选项打开文件时默认显示的材质为MatCap Red Wax。而在通过选择“项目”或“最近”等选项打开文件时显示的材质为保存时的材质。

若需选择其他材质，则可以单击所需的材质图标以展开材质选择器。

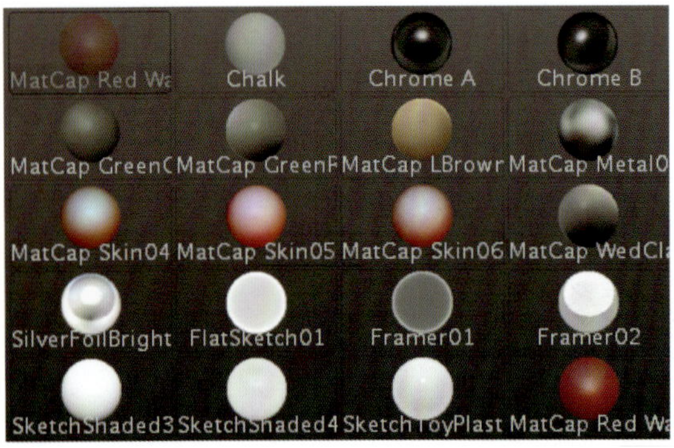

推荐材质为MatCap Gray，单击即可选择。

2.4.3 颜色选择器

在物体的材质上还可以叠加颜色。颜色选择器在默认状态下显示为白色。外圈用于选择色调，内圈用于选择灰度。

只需单击或拖曳即可选择所需的颜色，颜色将与材质球的本色有一定的叠加。可以通过这种方式模拟 BJD 的肤色来感受效果。

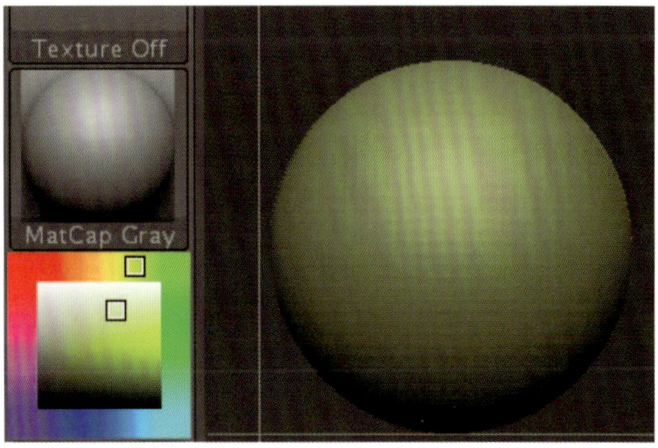

2.5 视图辅助功能区

视图辅助功能区位于视图窗口的右侧，呈竖列排放。

“Zoom2D”按钮、“100%”按钮、“AC50%”按钮都可以用于控制视图窗口的大小。

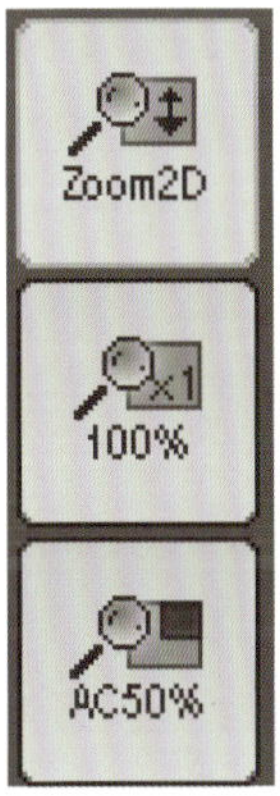

按住鼠标左键并拖曳“Zoom2D”按钮，可以放大或缩小视图窗口。

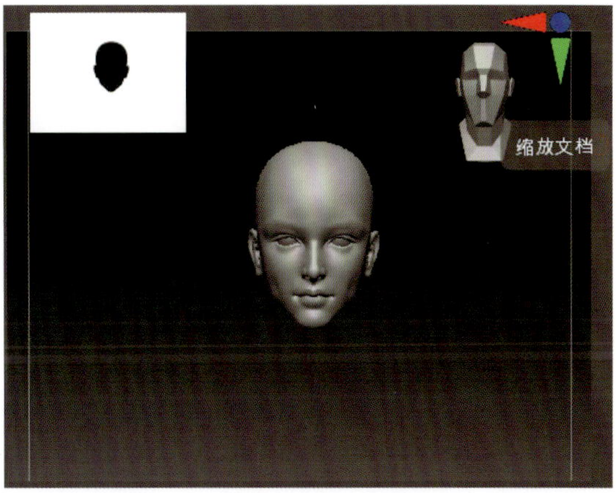

“100%”按钮用于让视图窗口恢复为实际大小。“AC50%”按钮用于让视图窗口缩小 50%。

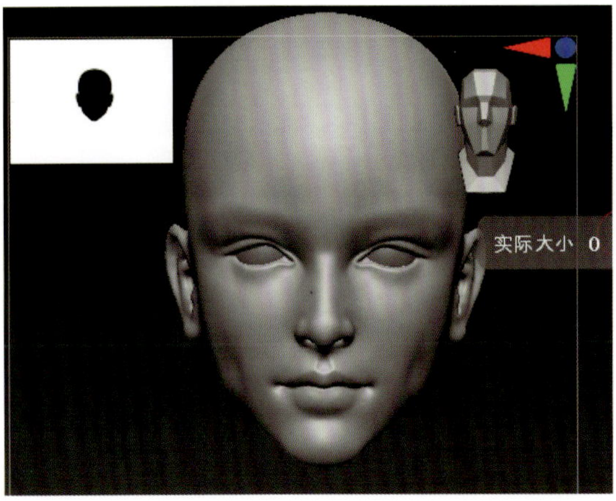

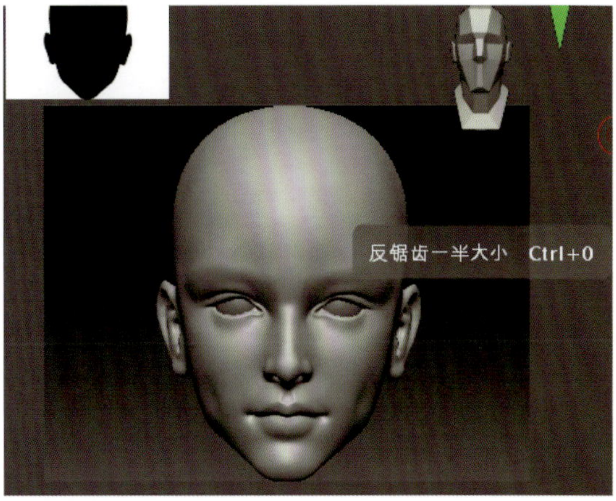

单击“透视”按钮，即可查看模拟出的焦距效果。在“绘制”面板中可以调整焦距。

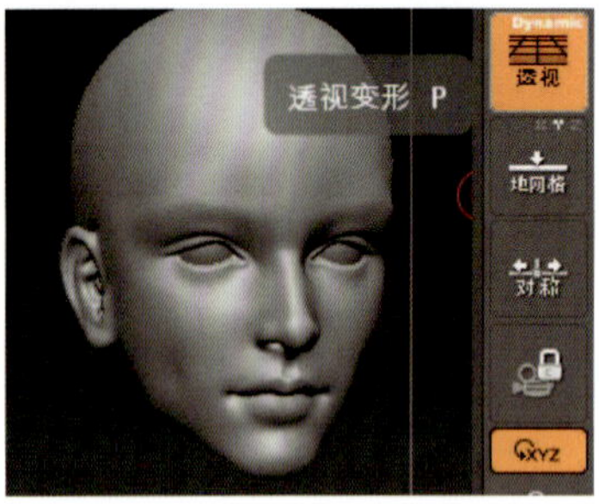

“地网格”为软件模拟的“地面”，“地网格”按钮用于帮助确认物体所在的位置，用户可以根据需要选择是否激活。

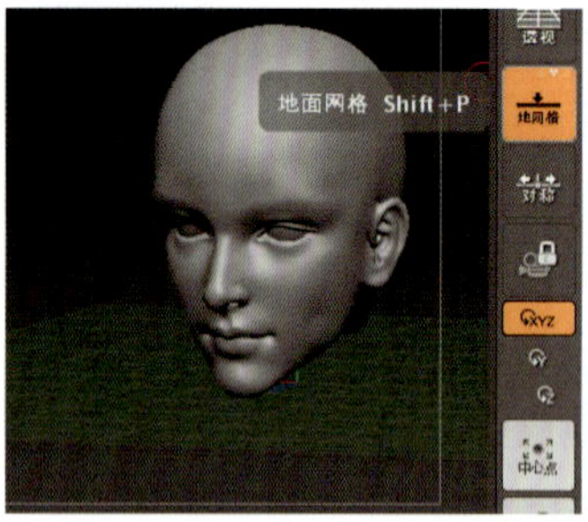

单击“中心点”按钮将会把已选择的图层中的子工具放大至占满整个视图窗口。“中心点”按钮用于在子工具过多时，快速将处于边缘位置的子工具居于画面中心。

单击“移动”按钮，按住鼠标左键并拖曳，即可在画面中移动子工具的方位。其快捷键是按住 Alt/Option 键 + 拖曳画笔。

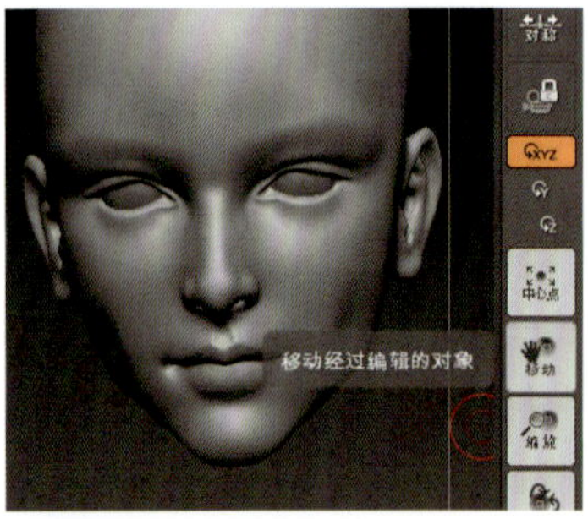

单击“缩放”按钮，按住鼠标左键并拖曳，即可在画面中放大或缩小子工具。其快捷键是按住 Ctrl 键 + 按住画笔上的下键，悬空拖曳画笔。若画笔没有按键，则建议直接拖曳。

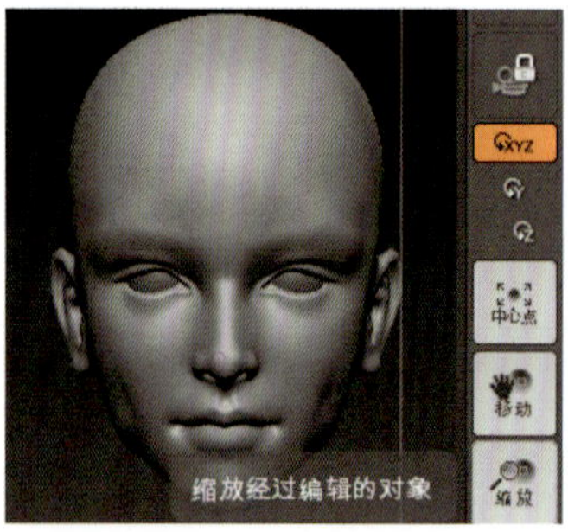

“透明”按钮可以让除已选择的图层外的其他所有子工具都呈半透明状，多用于调整内芯、眼珠的位置。若屏幕过小，在视图辅助功能区中无法放置“透明”按钮，则可以在“变换”面板中激活该按钮。

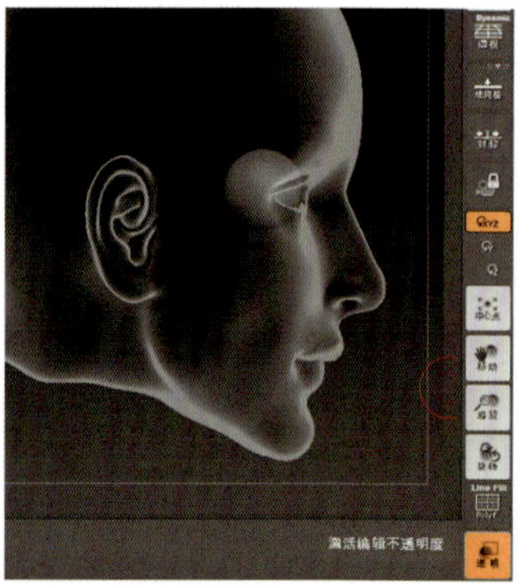

2.6 工具

“工具”位于最右侧工具栏的顶部，如打开软件后最右侧只显示“子工具”，用画笔向下拖曳“子工具”左侧的空白处即可找到“工具”。

“载入工具”按钮用于打开 ZTL 文件。

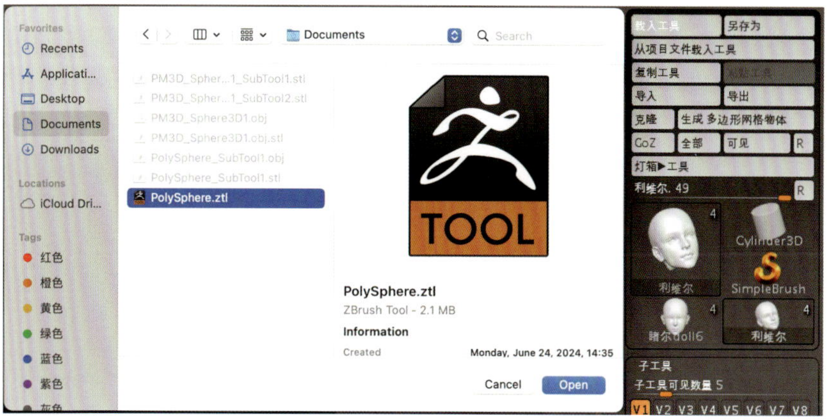

“另存为”按钮用于保存 ZTL 文件，具体操作参照 1.4.4 节的步骤 1。

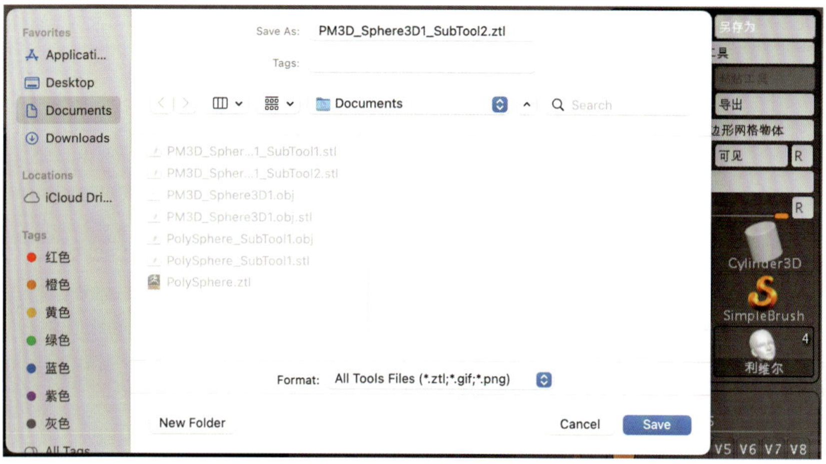

“导入”按钮用于打开已保存的 STL 或 OBJ 文件，具体操作参照 1.4.5 节的步骤 1 和步骤 6。

“导出”按钮用于将单个图层中的子工具保存为 STL 或 OBJ 等文件，具体操作参照 1.4.4 节的步骤 2~ 步骤 5。

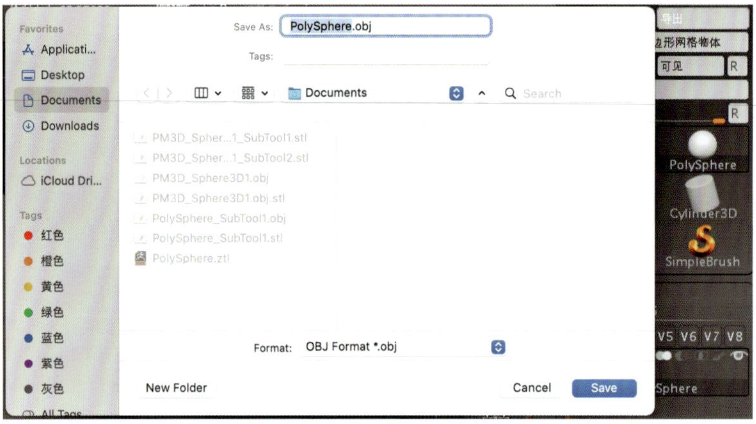

2.7 子工具

子工具位于最右侧工具栏的第 2 栏。

2.7.1 图层

“子工具可见数量”表示子工具栏中可显示的图层数，用户可以根据需要拖曳下方的横向滑块调整图层显示数量。若图层过多，则其余图层将隐藏在下方，可以拖曳左侧的竖向滑块显示。

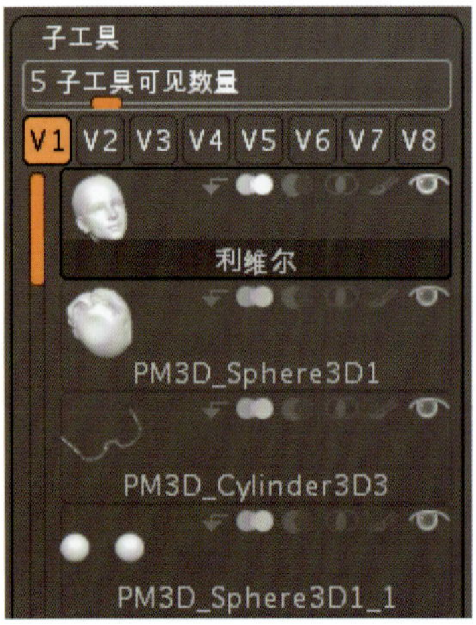

单击“新建文件夹”按钮，即可给图层新建分类文件夹，将需要分类放好的文件拖曳到该文件夹中。分类后，可自由展开或关闭该文件夹。

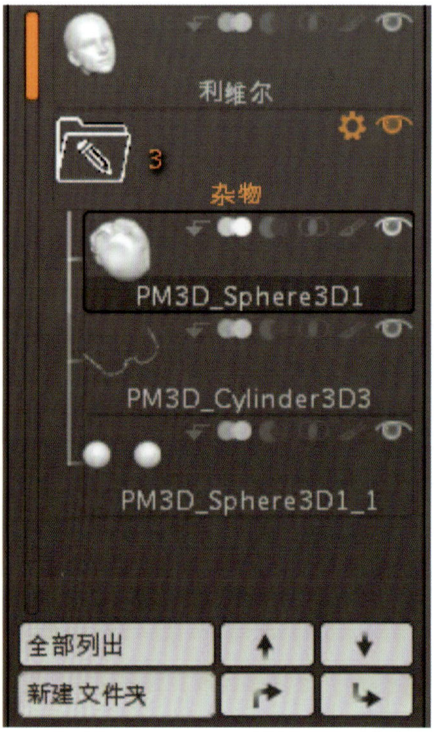

单击“创建副本”按钮，即可复制已选择的图层。

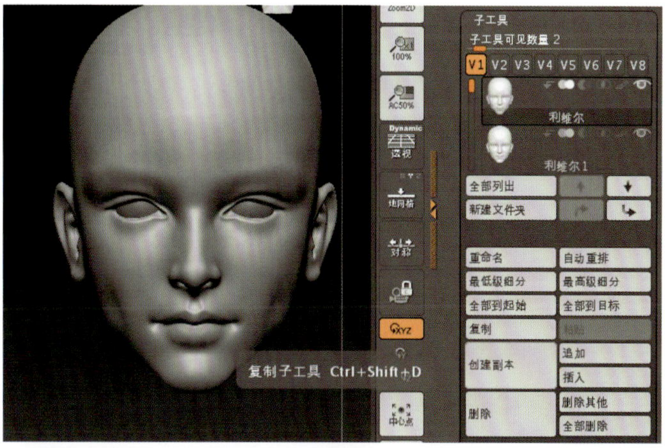

单击“删除”按钮，在弹出的对话框中，单击“确定”按钮，即可删除已选择的图层。

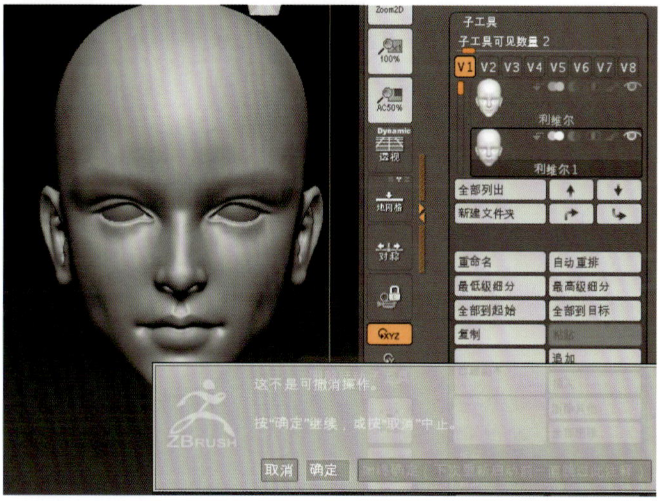

“追加”按钮与“插入”按钮用于在弹出的窗口中选择一项新增为图层。其区别为，使用“追加”按钮新增的图层位于所有图层的末尾；使用“插入”按钮新增的图层位于当前已选择的图层的后面。

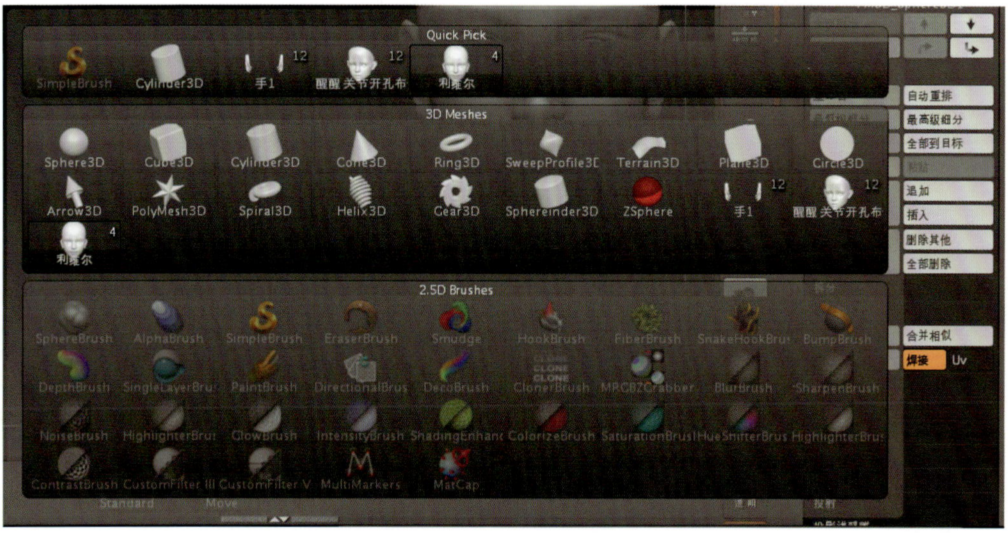

2.7.2 拆分与合并

❶ 按住 Ctrl 键并在空白处拖曳画笔，或按住 Ctrl 键涂抹子工具，建立蒙版。

❷ 单击“子工具”→“拆分”面板中的“拆分未遮罩点”按钮或“拆分已遮罩点”按钮，即可将未遮罩部分或已遮罩部分拆分为两个图层。

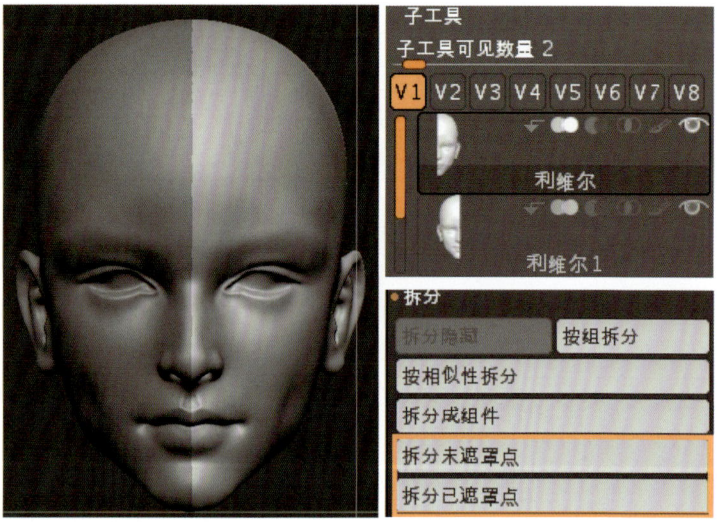

❸ 拆分后，两个图层中的子工具都处于未封闭实体的状态，无法进行布尔运算。

❹ 收起子工具，打开“几何体编辑”→“Dynamesh”面板，调整所需的分辨率之后，激活“Dynamesh”按钮，封闭实体。

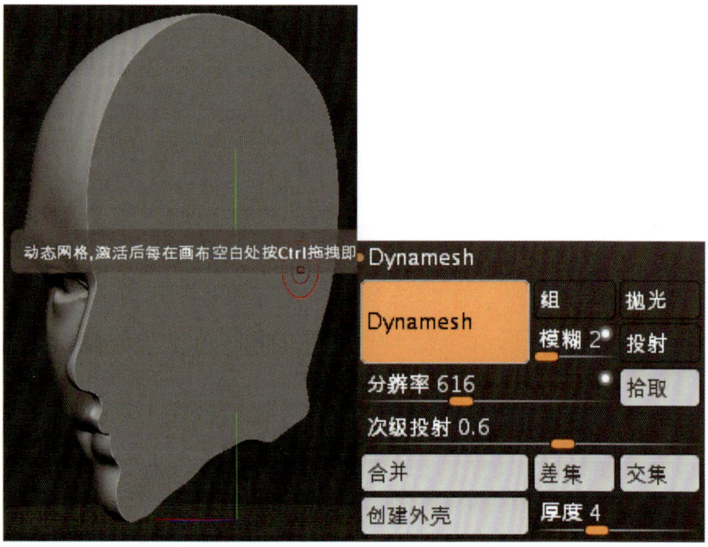

❺ 若需将两个图层合并，则可以直接选择上方的图层，单击“子工具”→“合并”面板中的“向下合并”按钮。

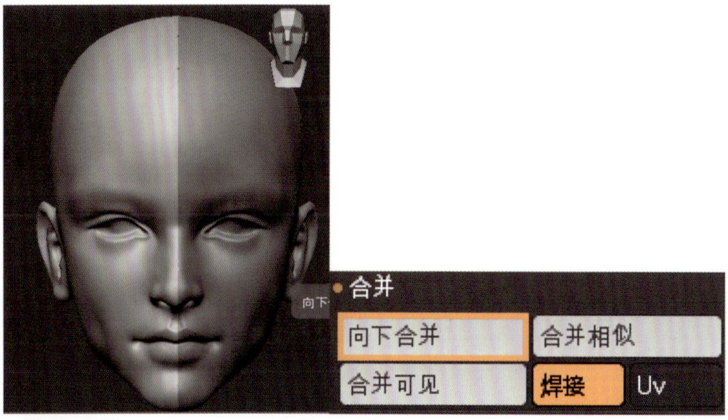

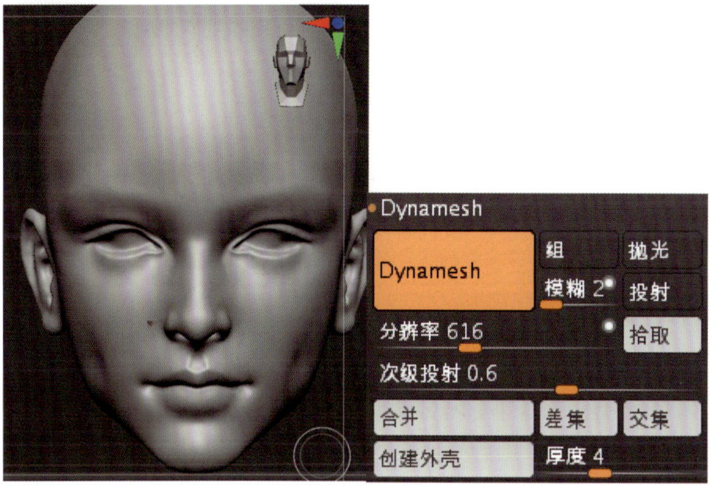

❻ 此时，两个子工具并没有真正结合，用模糊笔触检查接缝处可以发现存在缝隙。

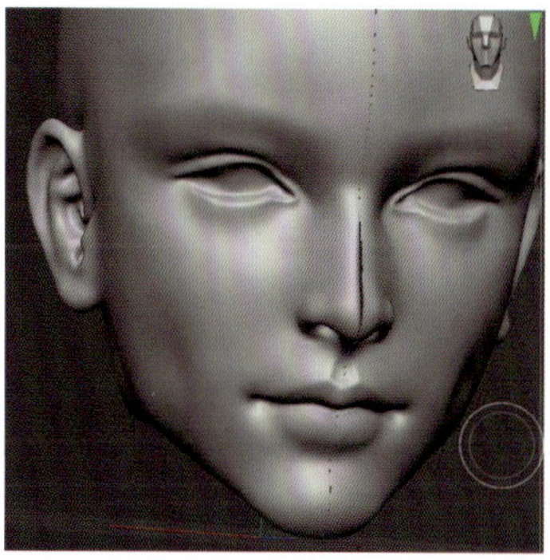

❼ 收起子工具，打开“几何体编辑”→“Dynamesh”面板，调整所需的分辨率之后，激活“Dynamesh”按钮，即可结合两个子工具，之后进行下一步编辑。该操作为布尔运算的“合并”操作，不需要布尔运算的参与即可完成。

2.7.3 布尔运算

布尔运算可以用来切割子工具的形状，是切内芯、做关节、掏眼珠时非常重要的工具。

它实际上是一种数学上的逻辑运算模式，分为“联合”“相减”“相交”3 种，在软件上会显示为“合并”“差集”“交集”。三者都需要结合“Dynamesh”按钮进行操作，但“合并”操作不需要布尔运算的参与即可完成，而“差集”与“交集”操作则需要布尔运算的参与才能完成。

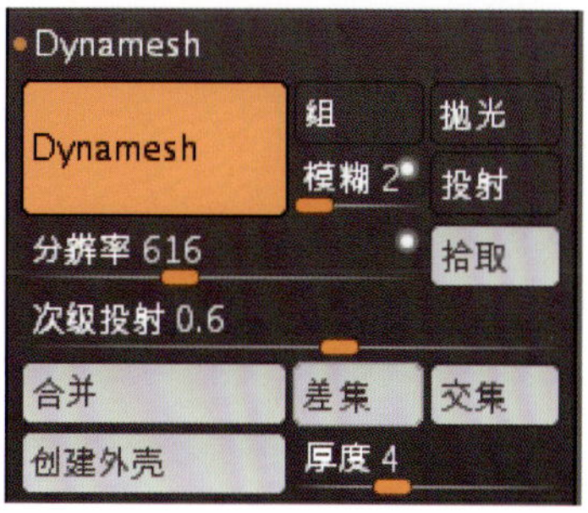

另外，由于在进行布尔运算时需要“预览布尔渲染”按钮全程处于激活状态，因此建议打开软件后养成立刻激活“预览布尔渲染”按钮的习惯。

小贴士

关于差集与交集的具体操作方式将在 2.8.3 节、2.8.4 节中详细讲解。

2.8 几何体编辑

“几何体编辑”位于最右侧工具栏的第 3 栏。

2.8.1 细分网格

“细分网格”按钮用于多次增加子工具的整体精度，创建新的细分级别，并保留多个分辨率。该按钮在游戏原型建模等方面非常重要，但对于 BJD 的制作来说，更推荐初学者用可以反复调整分辨率级别的功能来练习。

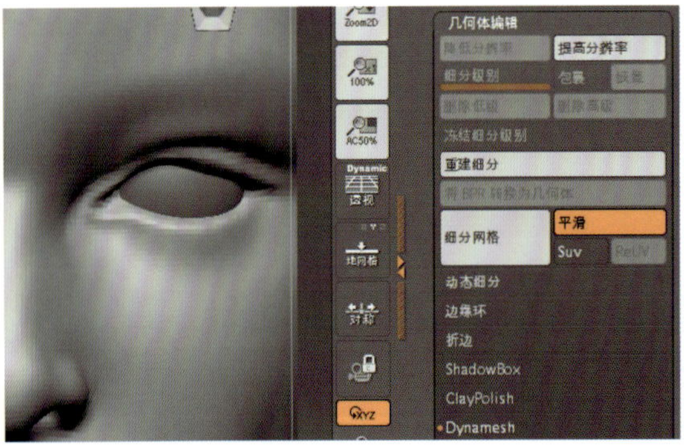

单击“细分网格”按钮，即可整体提高分辨率，使表面更加光滑，并可以雕刻更多细节。

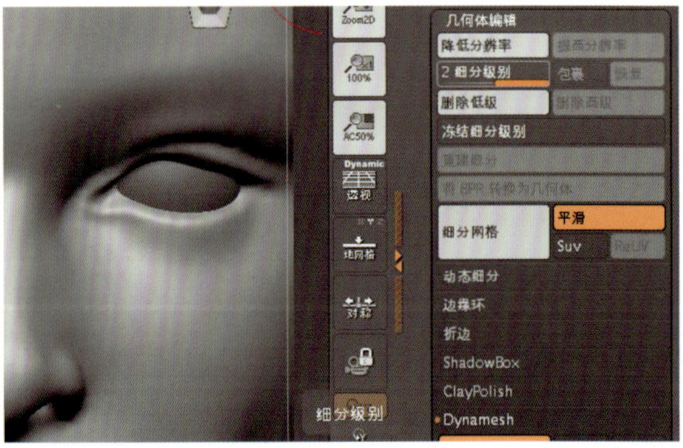

提高细分级别之后，依然可以通过下方的横向滑块，或“降低分辨率”按钮、“提高分辨率”按钮来调整子工具表面的细致度，以进行更便捷的操作。

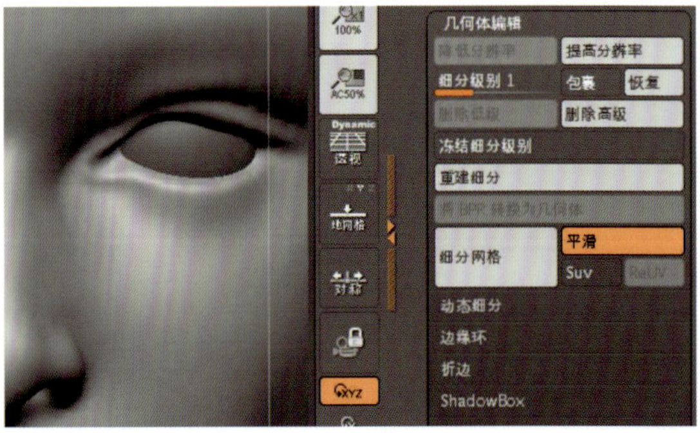

但要注意，在细分级别较高的情况下，子工具的分辨率会呈指数增长，有较大可能会出现文件过大、计算机卡顿等现象。因此，只推荐在初学阶段使用“细分网格”按钮作为练习工具。“当前激活点数”为一个 BJD 头部进行 5 次增加细分后的点数，已远远超过一个 BJD 头部的需求。

当无须低级细分时，可以将细分级别调整为所需的级别，并单击“删除低级”按钮，将低级细分删除。▶

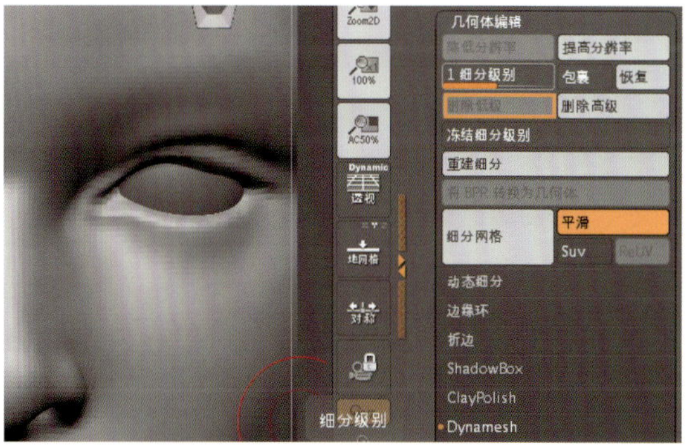

在使用细分级别将子工具制作完一半以上后，也可以调整合适的分辨率，使用“Dynamesh”按钮转换编辑模式。▼

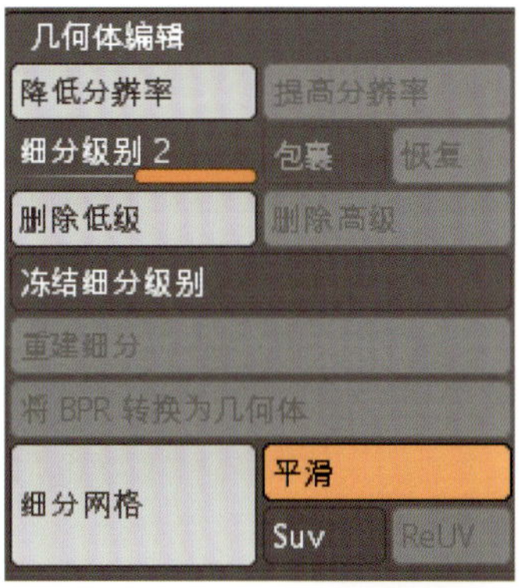

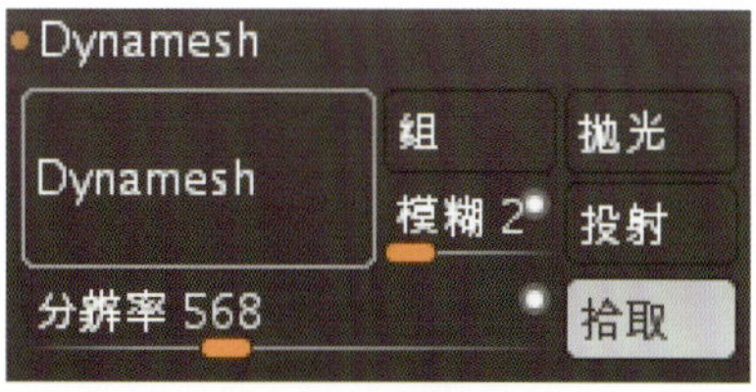

调整分辨率后，单击“Dynamesh”按钮，在弹出的对话框中根据需要选择是否冻结细分级别。若单击“是”按钮，则将在保持细分级别的情况下激活“Dynamesh”按钮。若单击“否”按钮，则将删除一切细分级别。这里可以根据需要进行选择，但由于将子工具制作完一半以上后，细分级别的保留并无太大意义，因此更推荐单击“否”按钮。▶

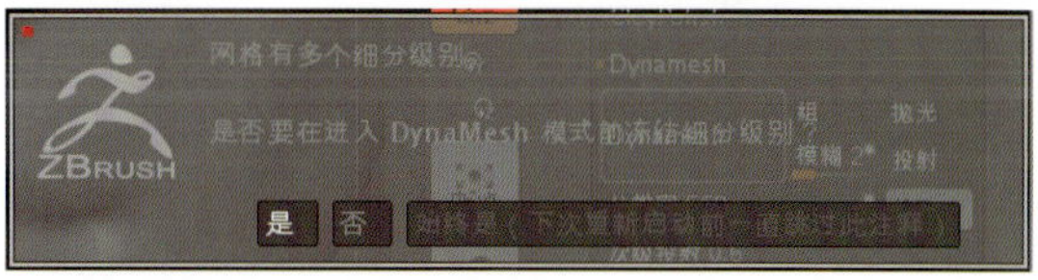

单击“否”按钮，图层处于“Dynamesh”按钮被激活的状态。可以调整分辨率后，通过多次激活“Dynamesh”按钮来提高或降低细腻度，但无法同时保留多个分辨率。▶

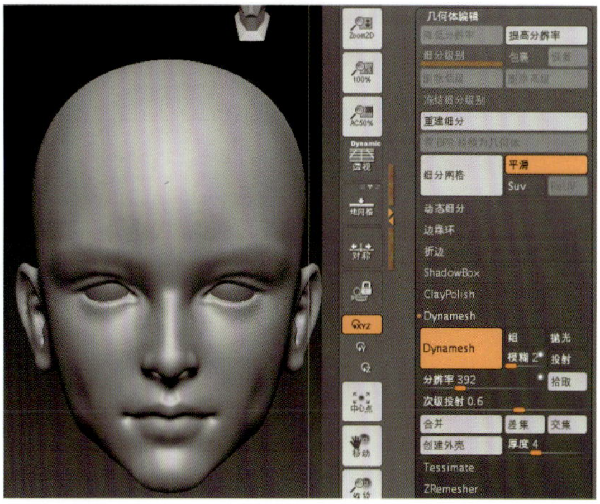

2.8.2 Dynamesh

调整分辨率后，单击“Dynamesh”按钮，即可给子工具均匀布线及调整光滑度。

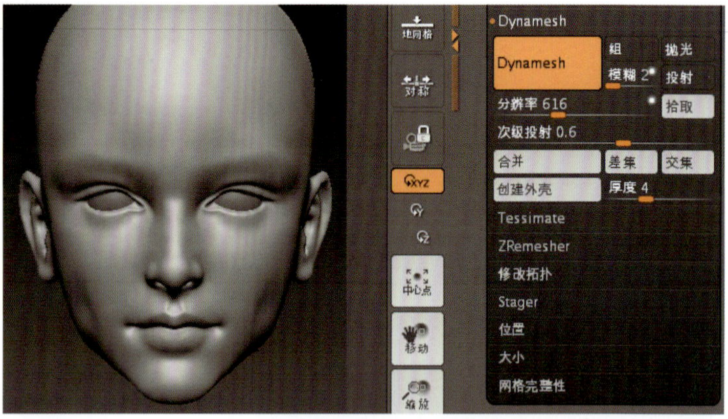

子工具表面的精度与分辨率有关，如将分辨率调低至 104 像素，子工具的网格数变少，表面变粗糙。

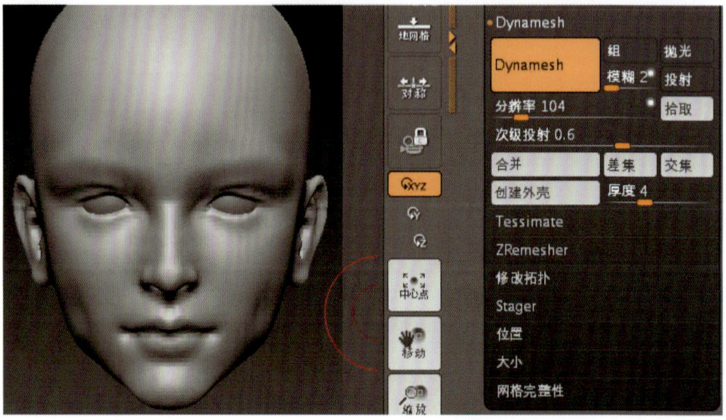

在同样的分辨率下，如果网格被拉扯得过大，那么将无法继续雕刻细节。

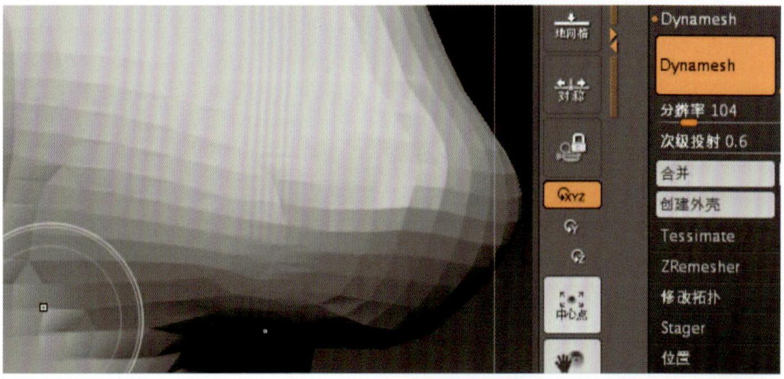

在激活“Dynamesh”按钮的情况下，按住 Ctrl 键并在空白处拖曳画笔，即可在保持同样分辨率的情况下重新均匀布线。如未激活“Dynamesh”按钮，单击即可激活。建议在制作过程中保持随手重新布线的习惯。

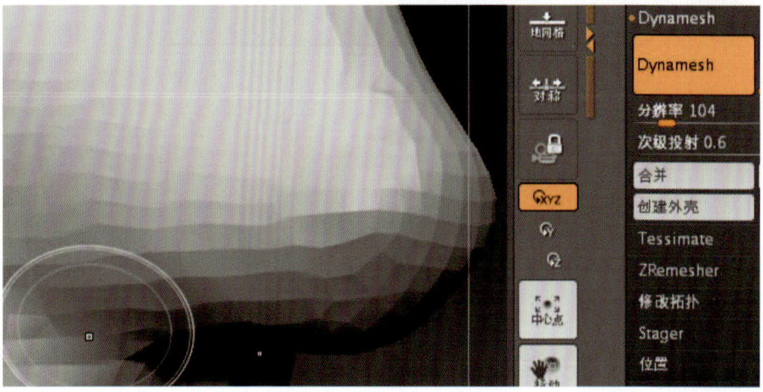

建议每次提高的分辨率不超过 100 像素，以防出现越级补面的情况。虽然子工具在重新布线之后依然是粗糙的样子，但实际放大模糊以后会发现网格已经得到补充，此时需要大量的模糊笔触才能将子工具表面全部处理光滑。

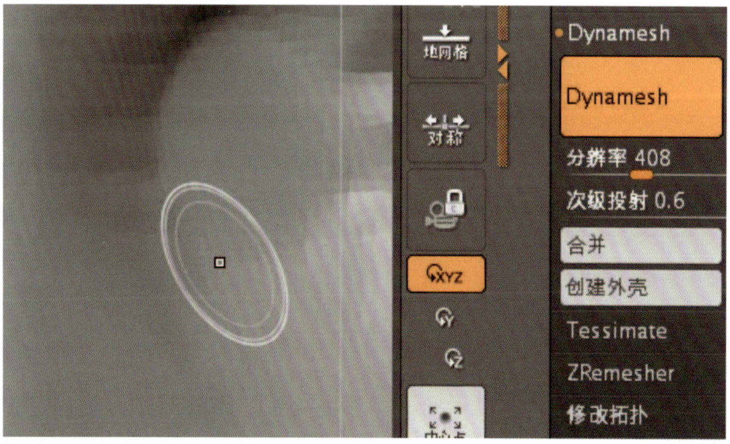

2.8.3 差集运算

差集运算需要结合单击“子工具”→“布尔运算”面板中的“生成布尔网格”按钮进行操作。同时，需要激活“预览布尔渲染”按钮。它是掏空内芯、制作筋槽等的重要工具，需要熟练运用。

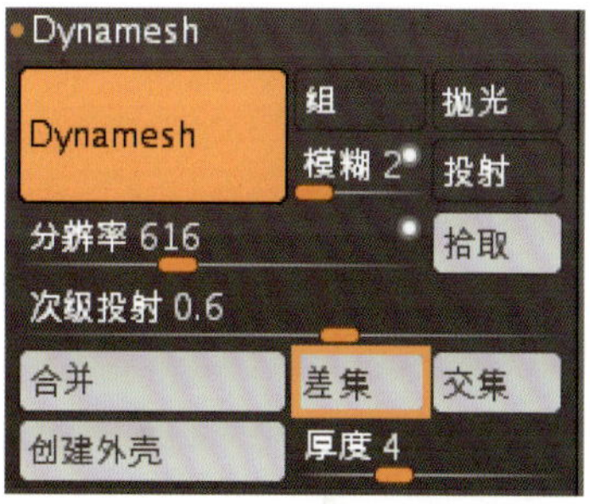

❶ “差集”按钮用于删除位于下方的图层所笼罩的部分。将一个球体调整大小后，将球体图层放到头部图层的下方。

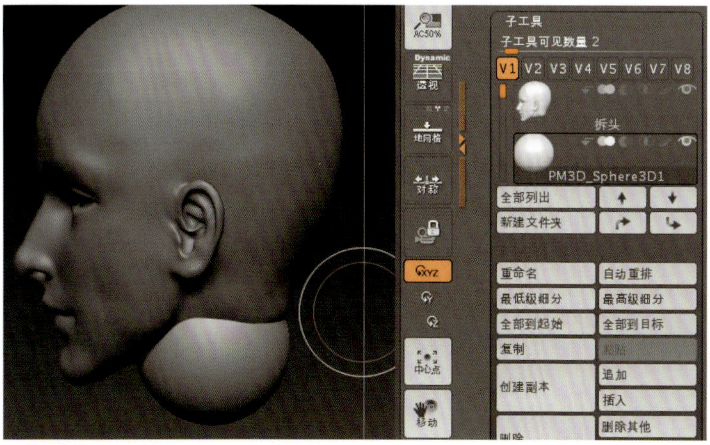

❷ 激活“透明”按钮，即可检查头部将要被删除的部分。

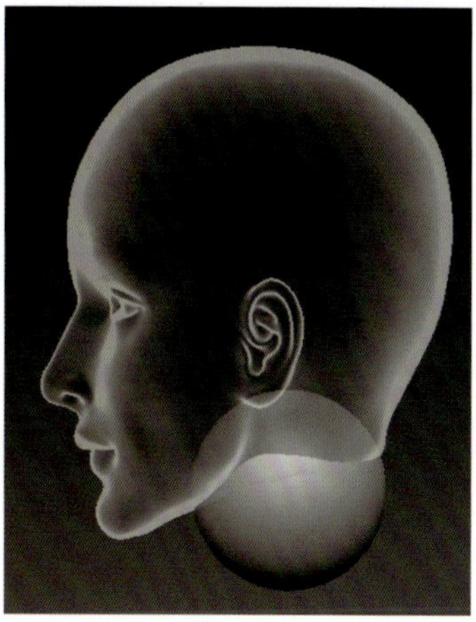

❸ 此时应确保第 1 个图层或两个图层都处于“Dynamesh”按钮被激活的状态，这是差集运算成功的关键因素之一。

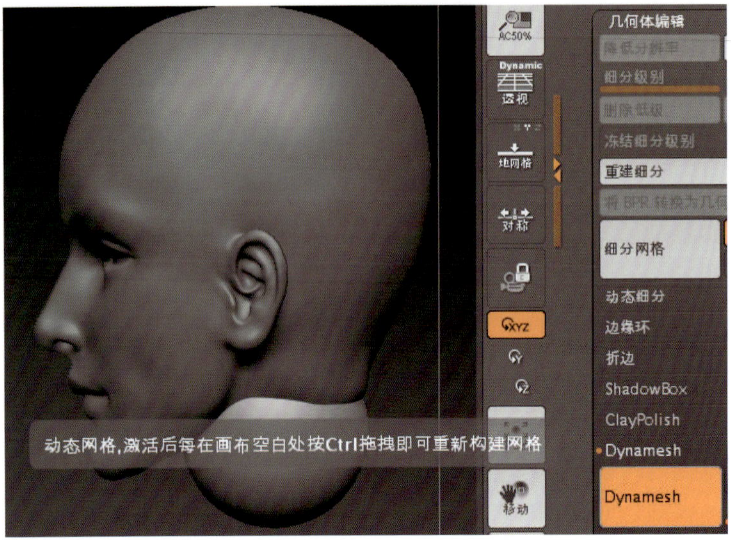

❹ 将球体图层的状态选择为第 2 个，也就是“差集运算”。

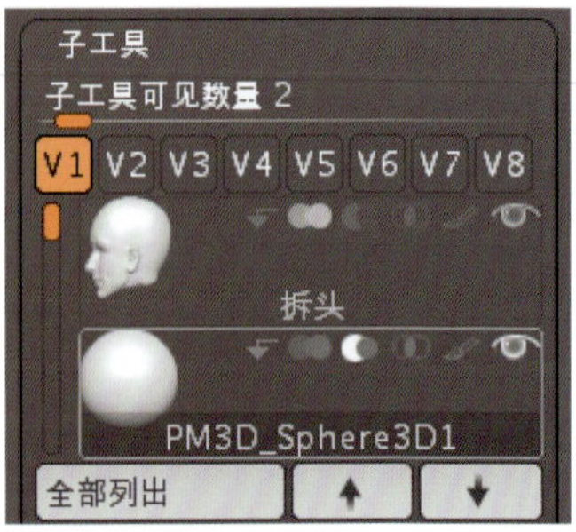

❺ 可以看到，视图窗口中出现了差集运算后的预览状态，但目前还只是预览状态，并没有真正完成操作。

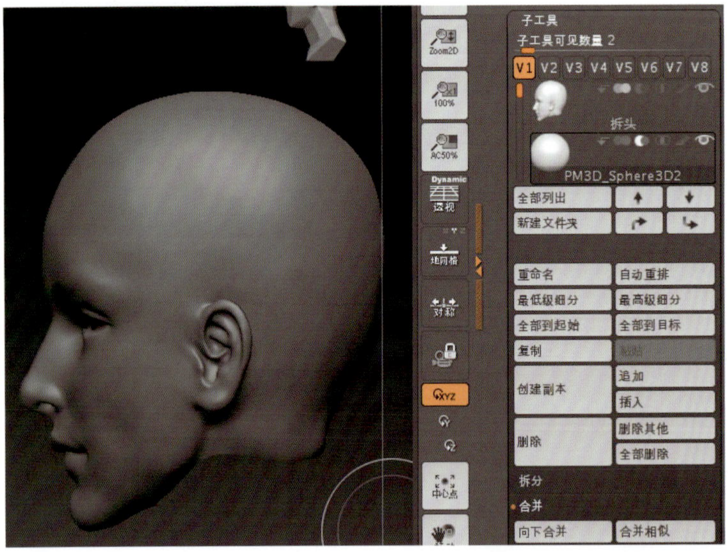

❻ 任意选择其中一个图层，单击“子工具”→“布尔运算”面板中的“生成布尔网格”按钮。

❼ 将两个图层合并，此时看到两个子工具同时出现。

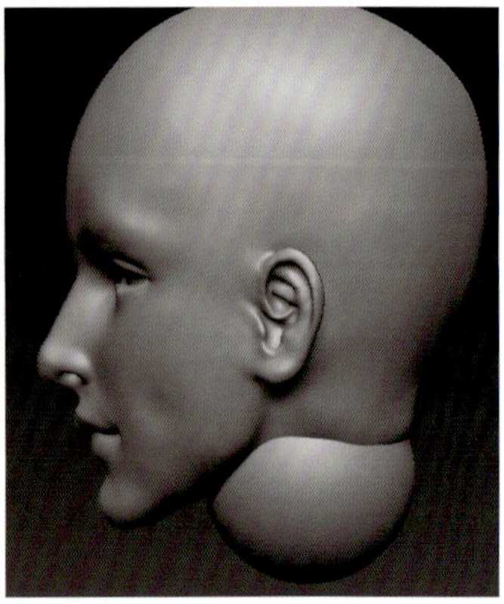

❽ 按住 Ctrl 键并在空白处拖曳画笔，或双击“Dynamesh”按钮重新布线，即可完成差集运算。

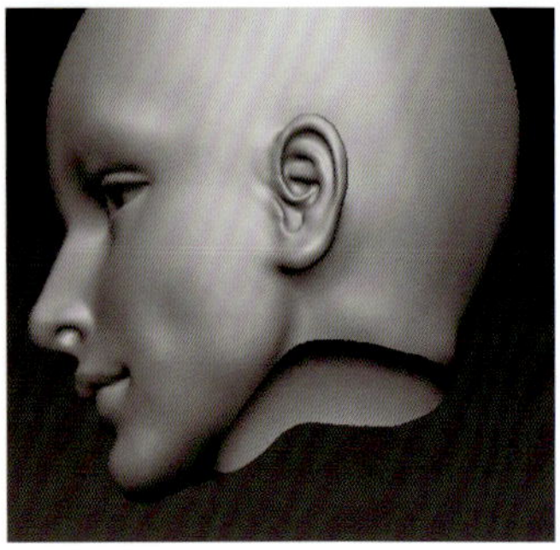

2.8.4 交集运算

交集运算的前置操作与差集运算相同。但交集运算会保留两个子工具相交的部分。

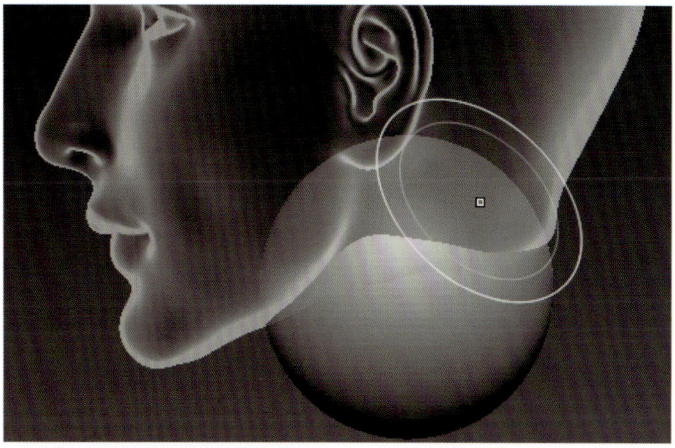

❶ 在进行差集运算时，两个子工具的上、下位置并不重要。只需要将下方图层的状态选择为第3个，也就是“交集运算”。此时，可以看到视图窗口中出现了交集运算后的预览状态。

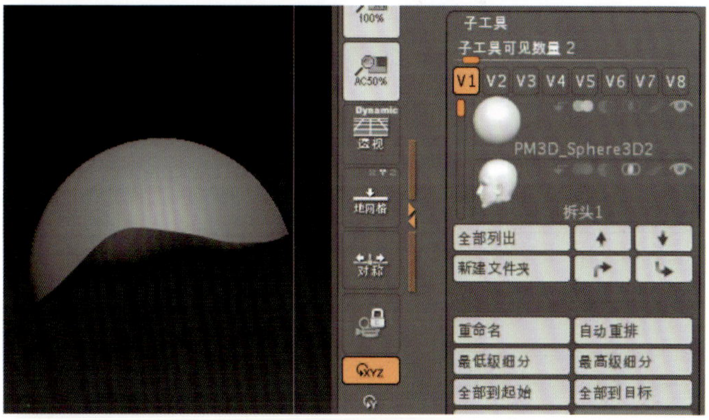

❷ 依然需要确保第1个或两个图层都处于“Dynamesh”按钮被激活的状态。

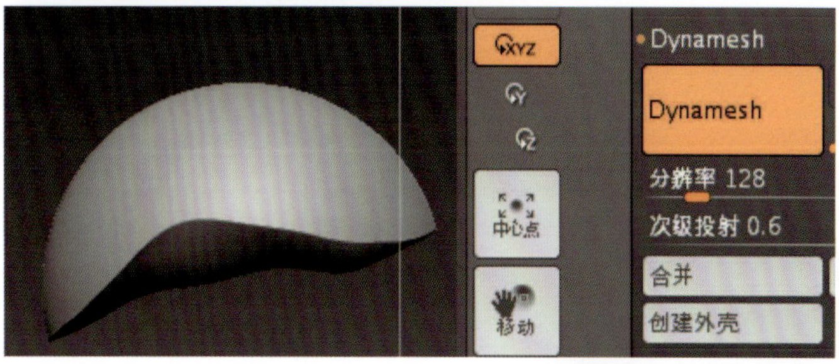

❸ 任意选择其中一个图层，单击“子工具”→“布尔运算”面板中的“生成布尔网格”按钮，将两个图层合并。

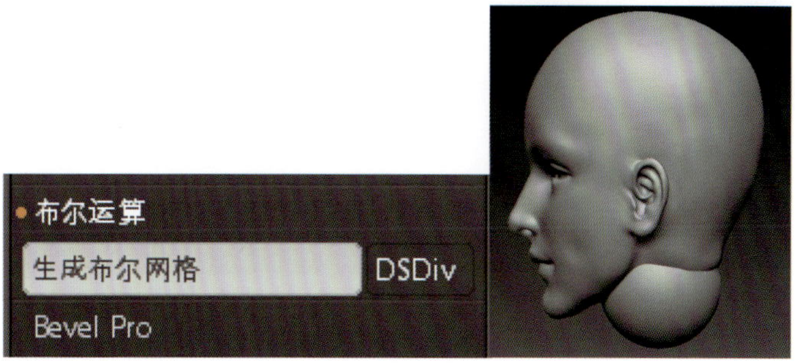

❹ 单击“几何体编辑”→“Dynamesh”面板中的“交集”按钮，即可完成交集运算。

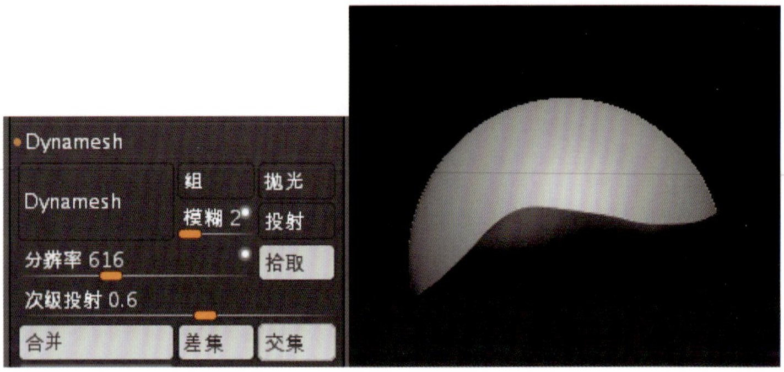

2.9 镜像与遮罩

下面介绍镜像与遮罩。

2.9.1 镜像

BJD 在后期拆分时，为节省计算机的运行内存，建议先制作左侧或右侧的胳膊、腿部，制作完成后，再镜像复制另一侧来完成整体的制作。

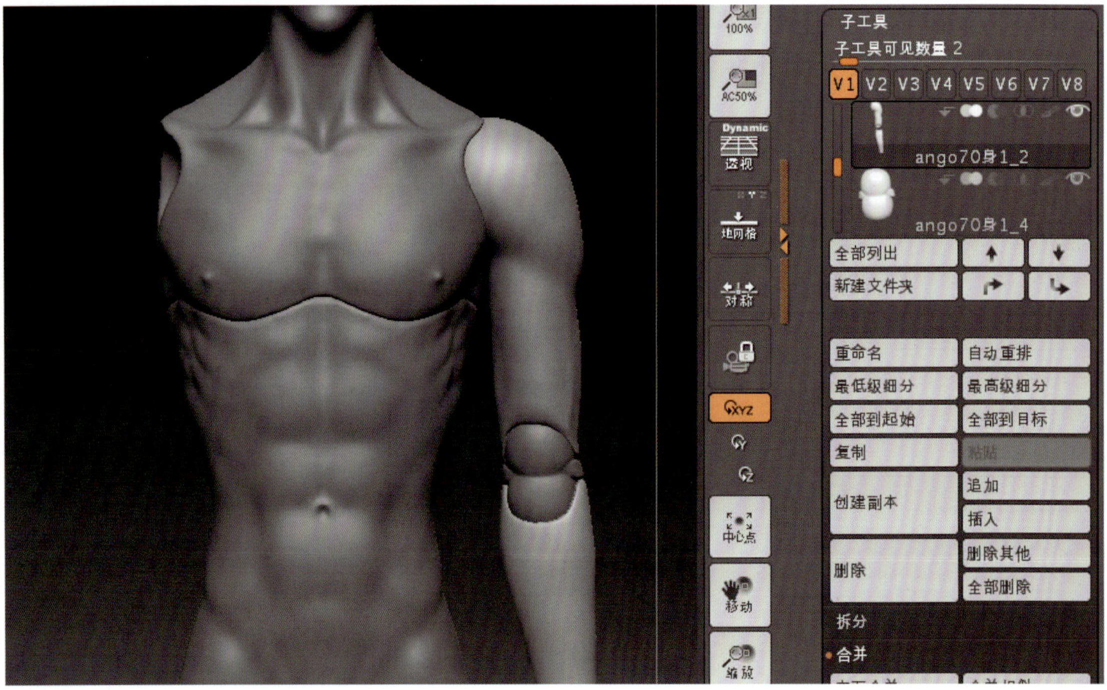

❶ 复制一个需要镜像的子工具。

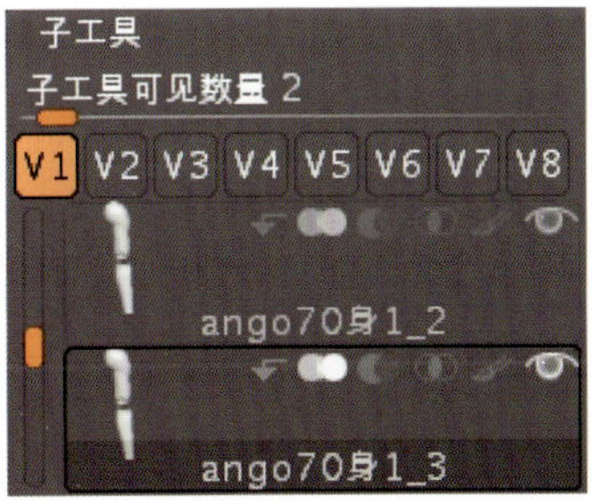

❷ 收起子工具，单击“变形”→“镜像”按钮。

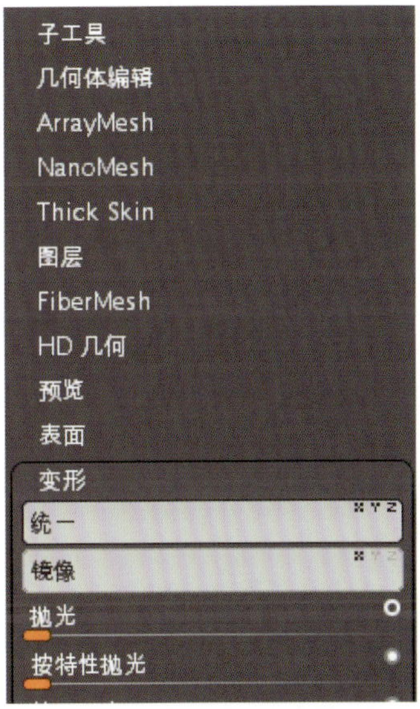

❸ 子工具将会使轴对称到身体的另一侧。

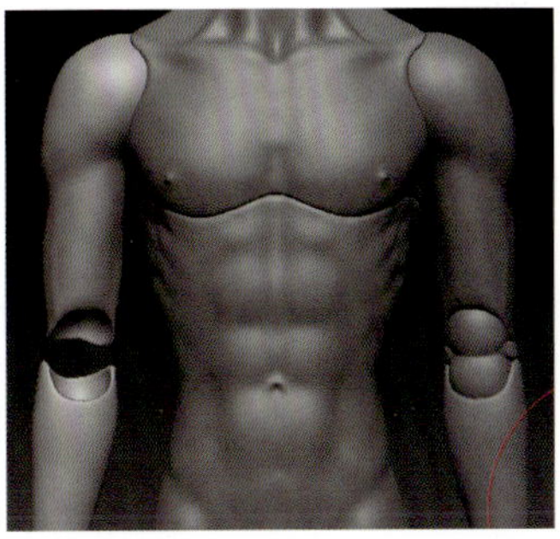

2.9.2 遮罩

按住 Ctrl 键并在空白处拖曳画笔，即可激活遮罩笔刷。按住 Ctrl 键并拖曳遮罩笔刷，即可以方形遮罩子工具。

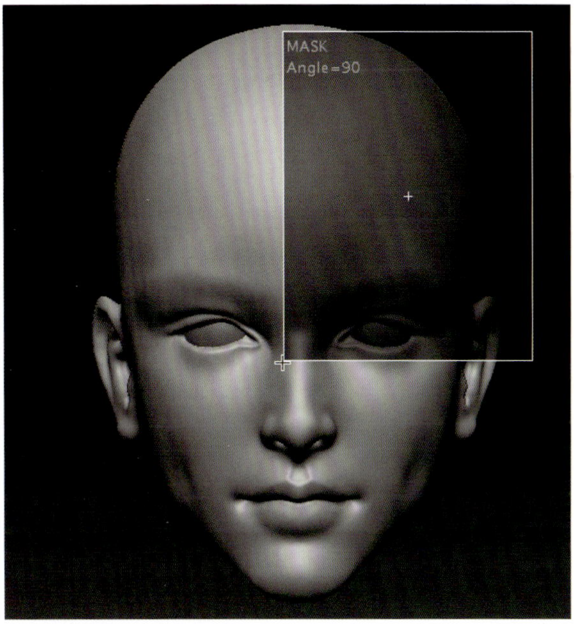

也可以调整笔刷大小，按住 Ctrl 键并涂抹子工具。遮罩后，被遮罩的部分处于不可编辑状态。

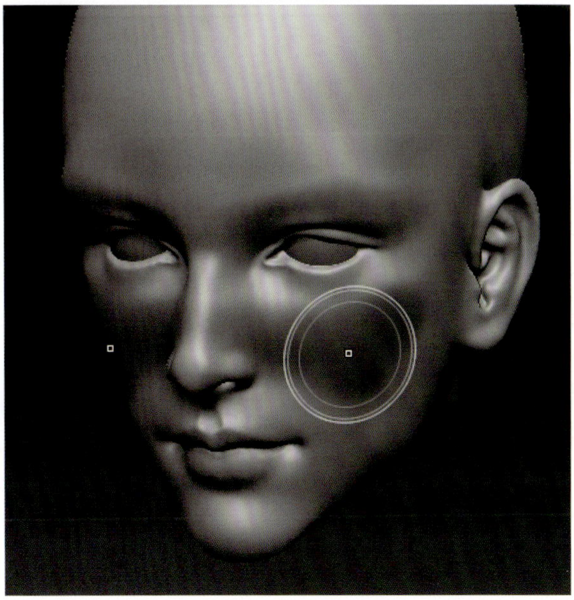

激活遮罩笔刷，单击“笔刷选择器”图标，展开笔刷选择器，根据需要选择遮罩笔刷进行遮罩。

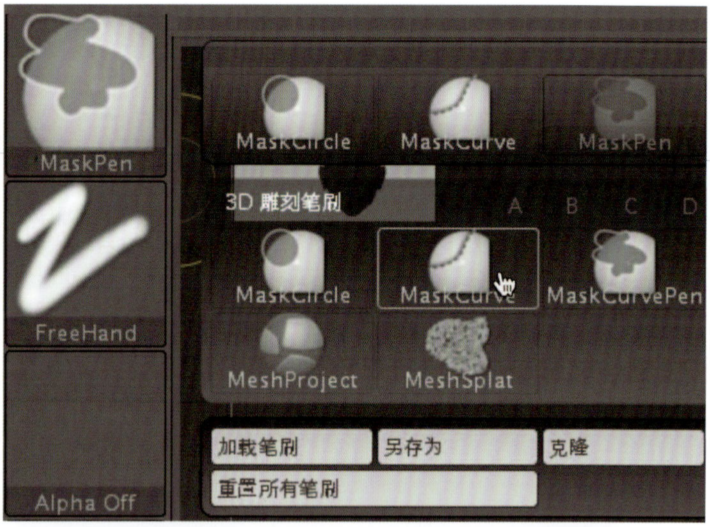

遮罩后，按住 Ctrl 键并在空白处单击，即可反转遮罩。

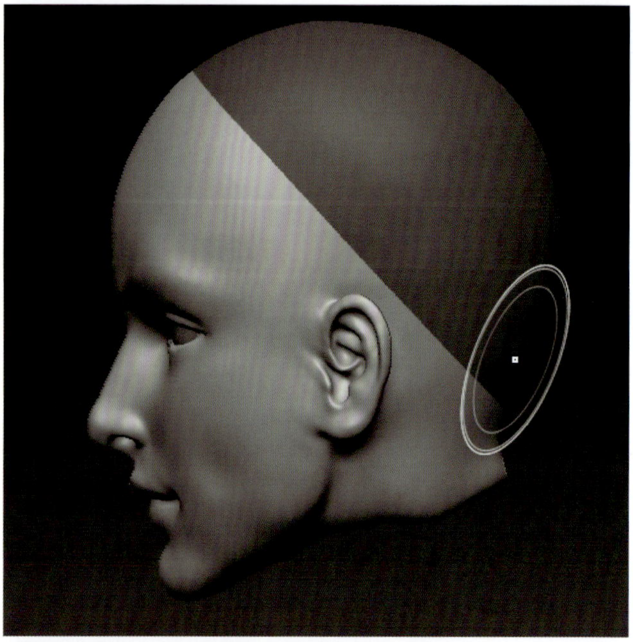

单击“子工具”→“拆分”面板中的“拆分未遮罩点”按钮或“拆分已遮罩点”按钮，即可将未遮罩部分或已遮罩部分拆分为两个图层。

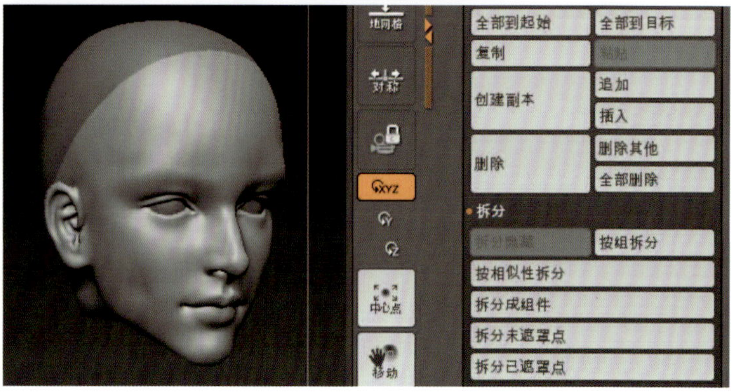

2.10 快捷键合集

以下操作需要切换为英文输入法进行。

笔刷：空格键。

Standard 凹陷笔触：Option/Alt 键 + 涂抹。

模糊笔触：Shift 键。

对称：X 键。

撤销：快捷键 Ctrl+Z。

移动：Alt/Option 键 + 拖曳。

缩放：Ctrl 键 + 按住画笔上的下键，悬空拖曳画笔。

回正子工具视图角度：Shift 键 + 单击空白处。

清除多余模型：快捷键 Ctrl+N。

遮罩：Ctrl 键 + 拖曳 / 涂抹。

Chapter

03

人体结构

3.1 人体比例

本节将重点讲解容易出错的部分——人体比例问题，读者尤其要注意写实头部与 BJD 头部比例的差别。

3.1.1 男女人体比例

通常人体比例以头身为单位。普通人大致的比例是 7.5 头身，身材较好的人的头更小、腿更长。例如，部分模特可以达到 8.5 头身，甚至达到 9 头身。与成年人相比，幼童的头部占比较大，躯干与四肢占比较小。幼童可以达到 3 头身、5 头身等，而成年人可以达到 7 头身、9 头身等。

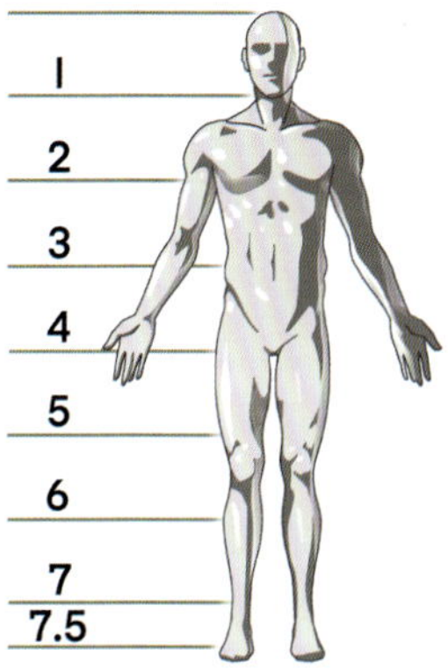

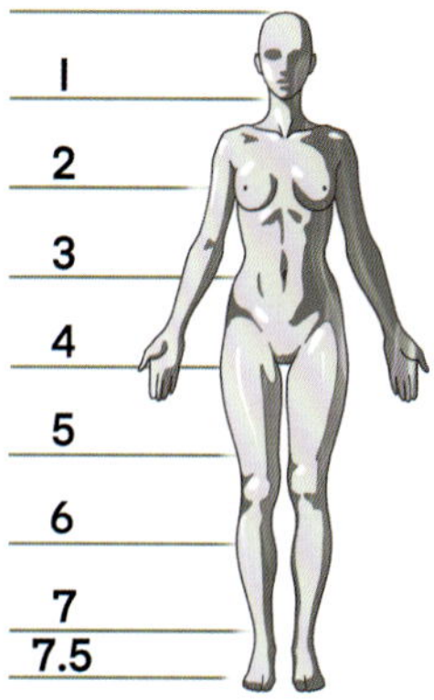

2.7 头身的位置为腰部最细处，也是手肘的位置。3 头身的位置为胯骨的最高点，肚脐的位置会根据每个人的情况上下浮动一些，但可以定在这条线附近。4 头身的位置为裆部，可以以此将上半身与下半身分开，以确定腿长。手腕也在 4 头身的位置。4.5 头身的位置为指尖自然下垂处。5.5 头身的位置为膝盖底部。7 头身的位置为脚踝上方。

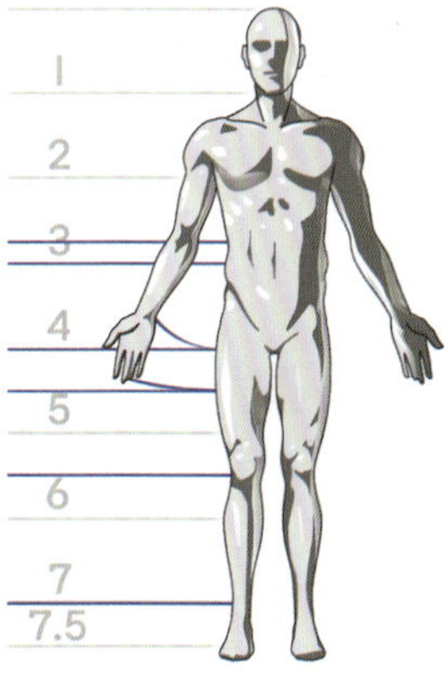

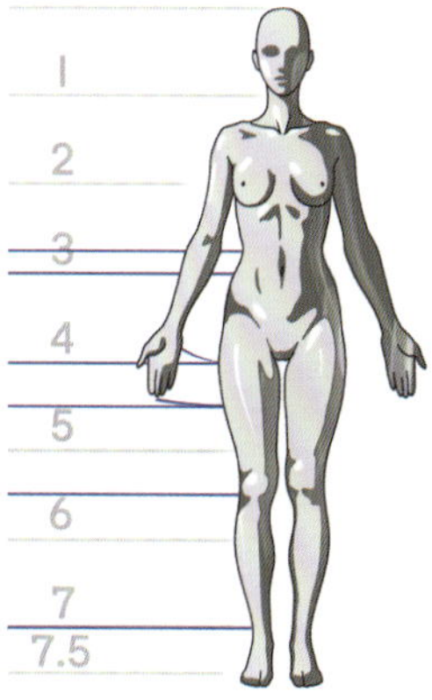

男性的肩宽大约为头宽的 3 倍。女性的肩宽则大约为头宽的 2 倍。在肩宽与胯宽的比例上，男性与女性的差别较大。男性的胯部比肩部窄很多，通常略小于头宽的 2 倍。女性的盆骨较为宽大，胯宽约等于头宽的 2 倍，也就是约等于肩宽。

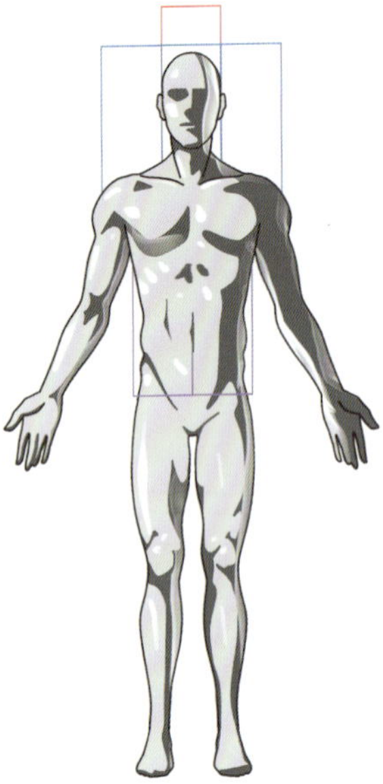

3.1.2 写实人体与 BJD 人体比例的差别

在 BJD 的制作上，可以采用一些夸张的艺术手法对比例进行调整。例如，对于男性，可以加宽肩部，缩窄胯部，拉长胳膊、腿部等，使其更接近标准的模特身材。但如果有适配市面上 BJD 服饰等配件的需求，那么应注意不要过于夸张，适当调整肩宽与腰围即可，以免陷入无配件可用的窘境。

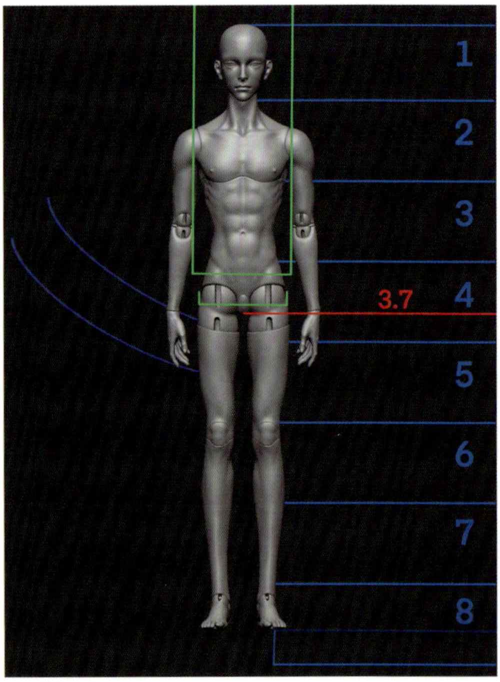

对于女性，可以缩窄肩部，加宽胯部，拉长胳膊、腿部等，以更好地凸显线条。同理，如果有适配市面上 BJD 服饰等配件的需求，那么也应注意肩宽与腰围。

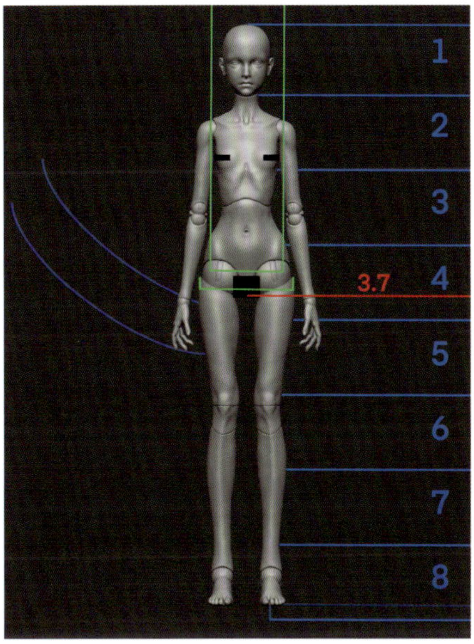

除此之外，可以尽情调整为各种想要的比例，以制作出更加多元化、更有创造性的 BJD。

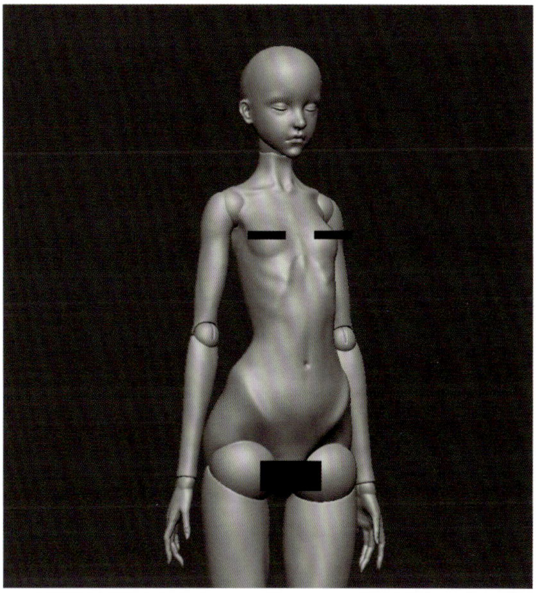

3.1.3 头部比例

头部有“三庭五眼”之分。三庭为上庭、中庭、下庭。上庭为发际线到眉毛的距离，中庭为眉毛到鼻底的距离，下庭为鼻底到下巴的距离。三庭的长度相等。要注意，三庭的最上方还有发际线到头顶的距离。

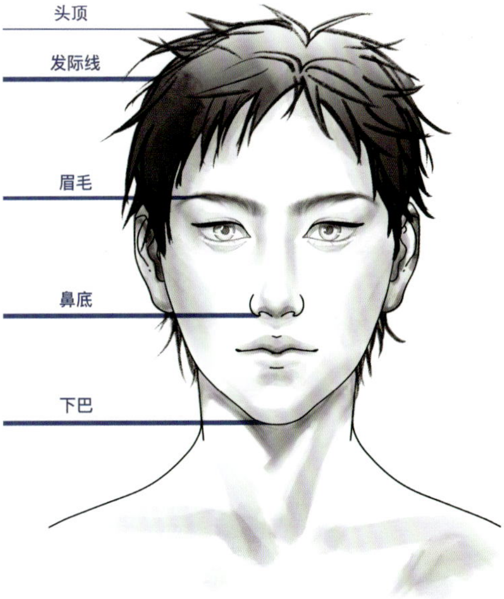

五眼则是用眼睛的宽度作为丈量标准。左、右耳外侧到外眼角的宽度都是一只眼睛的宽度，两个内眼角相连的宽度也是一只眼睛的宽度，加上两只眼睛，横向测量下来，面部宽度为五眼。

眼睛在头顶到下巴的大约1/2处。嘴角在下庭的大约1/3处。鼻翼稍宽，在内眼角往外一些的位置。嘴角在眼黑的内侧边缘处。

耳朵的长度是眉毛到鼻底的距离，在头部正侧面的大约1/2处。

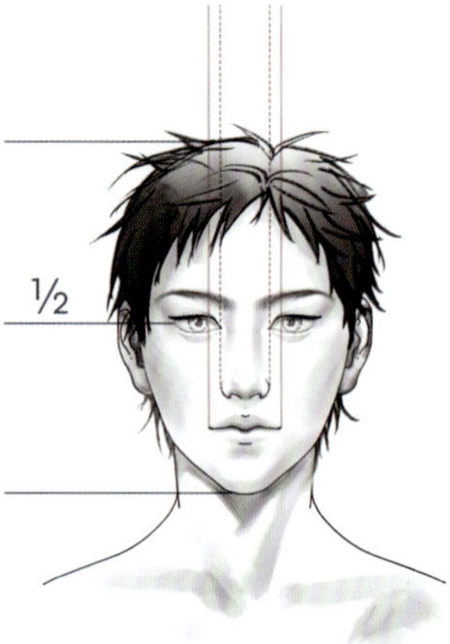

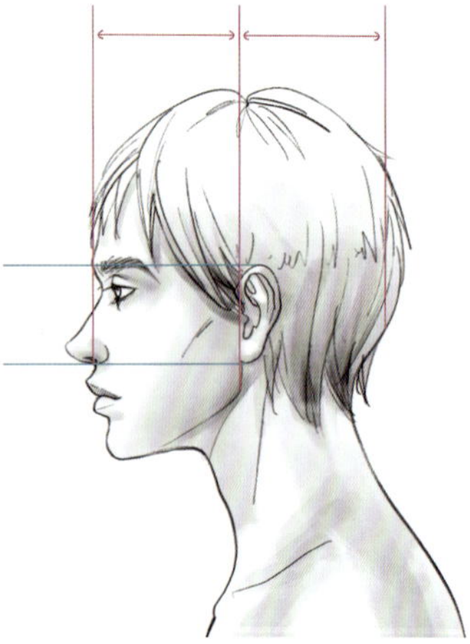

3.1.4 写实头部与 BJD 头部比例的差别

在制作 BJD 头部时要注意有戴假发的需求，总结大量的 BJD 面部结构后可以发现，以上眼皮左右的位置为界线将头部一分为二是一个较为通用的比例。也就是说，需要将五官稍稍往下挪一些，留出较多的额头，以免假发过长，遮挡眼部。

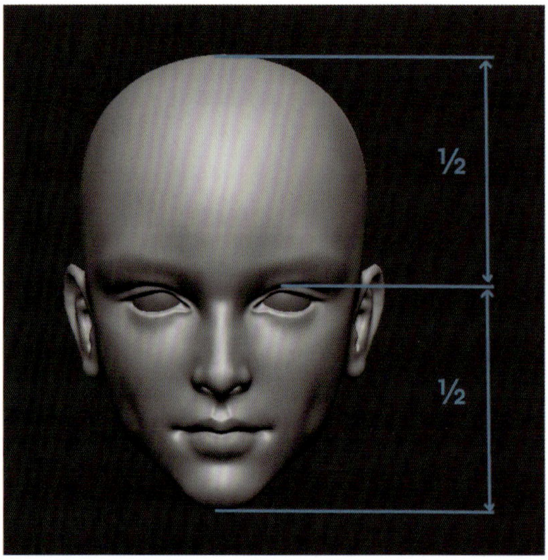

在五官比例上，可以放大、加宽眼部，将鼻翼和嘴唇缩窄，以缩小下颌的宽度，让面部线条更流畅。

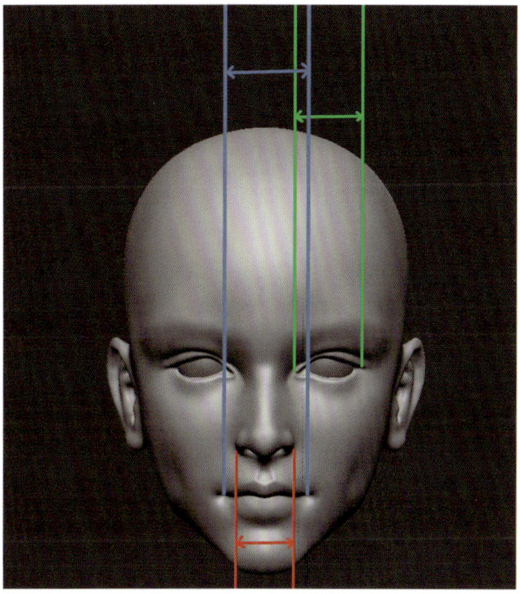

在侧面，可以增强山根与鼻梁的落差感。在制作嘴部时要注意下嘴唇边缘与下巴的衔接处有一段距离，用户可以根据自己的喜好来创作。

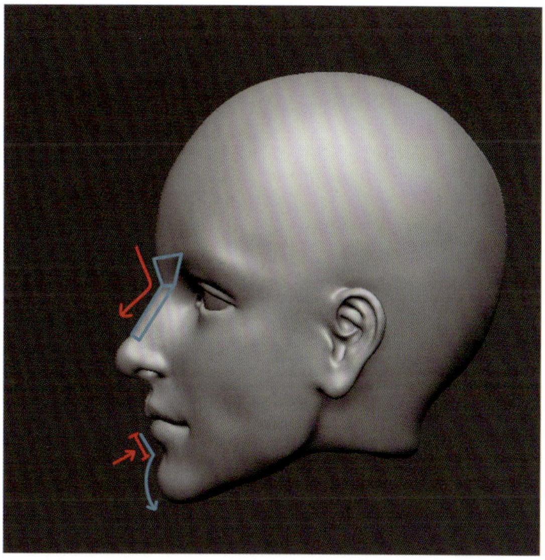

下颌骨和枕骨处的落差不要太大，在枕骨下制作脖托，以留出头部卡在脖子上的位置。

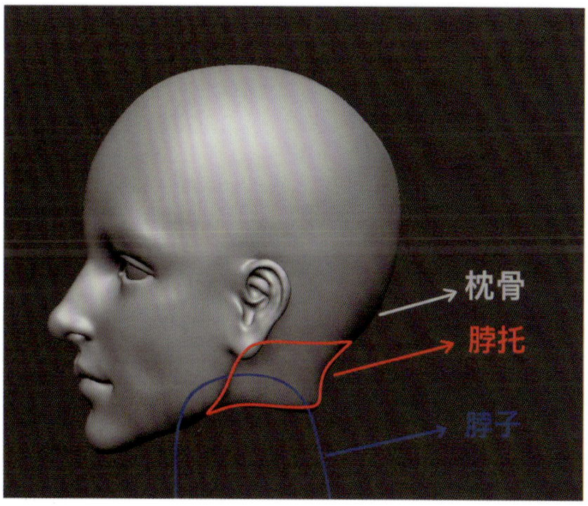

3.2 人体骨骼

本节将重点讲解初学者容易出错的部分——人体骨骼问题，读者尤其要注意胸锁关节与肩锁关节。

3.2.1 头部骨骼

人体骨骼的区块主要分为：头部、胸部、大臂、小臂、手部、盆骨、大腿、小腿、脚部。

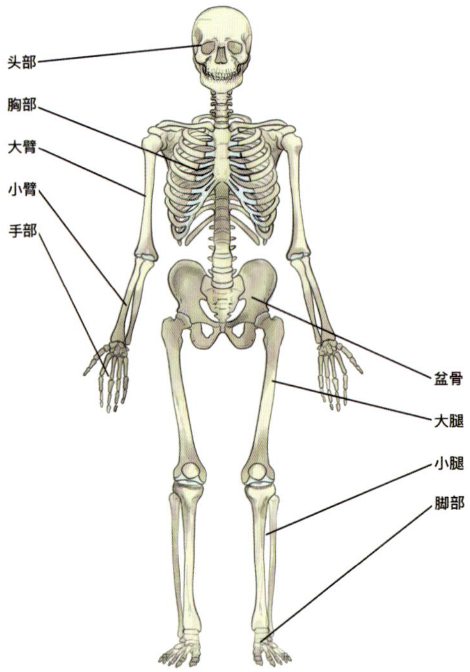

在头部，眼眶是极为重要的点。要注意，眼眶要比眼珠略宽，并呈现出平行四边形，而不是圆形。两个眉头衔接了山根，向下是山根与鼻梁的衔接处。山根在这里呈现出倒梯形。

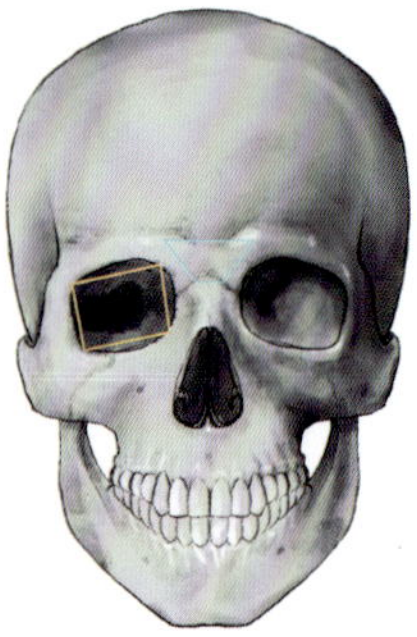

在 1/4 斜侧的位置眼眶和额头这个区域中，眉骨相对凸出，向上与额头衔接的位置轻微凹陷，向下与眼窝衔接的位置有较大凹陷，且有一定的距离。用户可以根据自己的喜好调整这个距离。

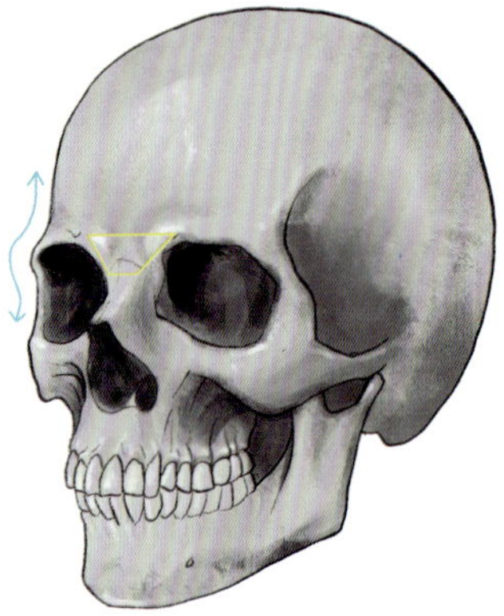

在 1/4 斜侧的位置，颧骨与下颌骨的连线即斜侧的面颊形状，可以以此为依据进行拉宽或缩窄，以调整胖或瘦的效果。

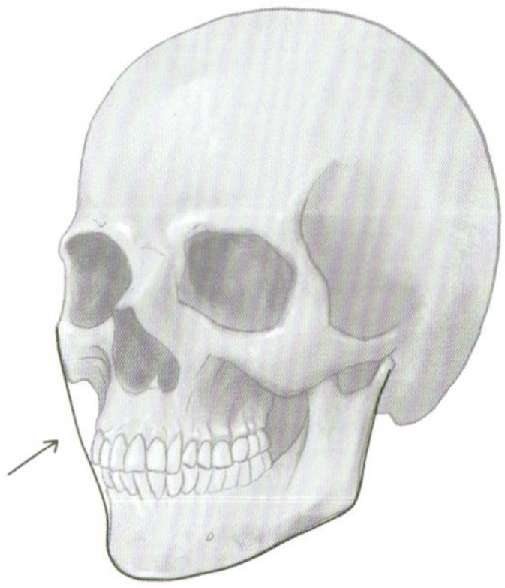

从正面看，颧骨与下颌骨相连，它们的外侧线条决定了整体面部轮廓。同理，也可以通过调整凹凸程度来决定胖或瘦的效果。

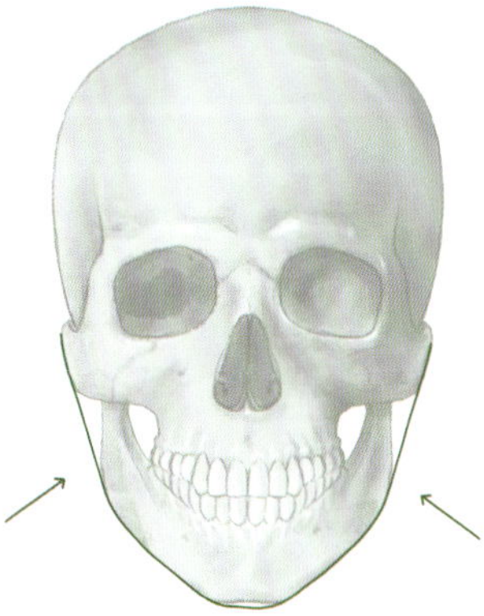

3.2.2 胸锁关节与肩锁关节

胸锁关节为锁骨与胸骨相接的部分，从正面看稍低于肩部的衔接处，但几乎持平。因此，要注意锁骨中间衔接胸骨的部分不要过于凹陷。

肩锁关节为锁骨与肱骨头、肩胛骨相接的部分。由于肱骨头处于锁骨下方，因此要注意肩部不要过于凸起，以防造成耸肩的姿态。

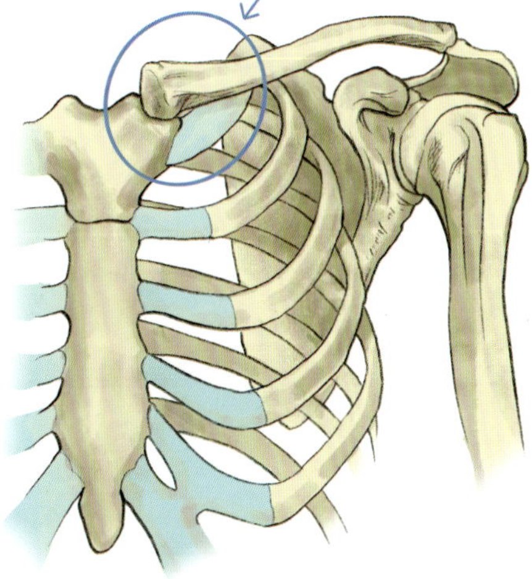

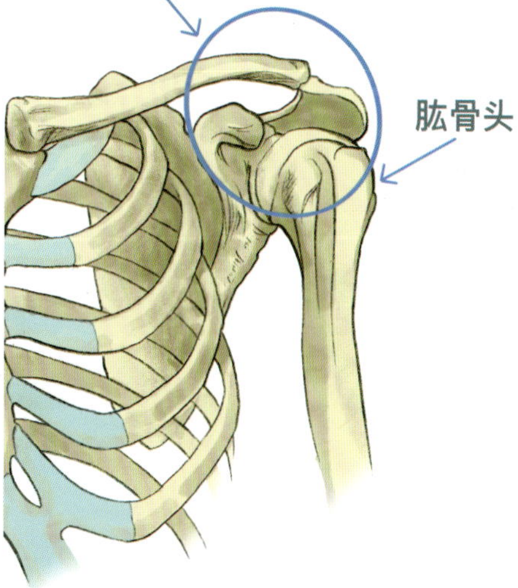

要注意，锁骨从胸骨出发，搭在两侧肩部的中间处，而非前方。搭在前方是初学者在制作时很容易犯的一个小错误。

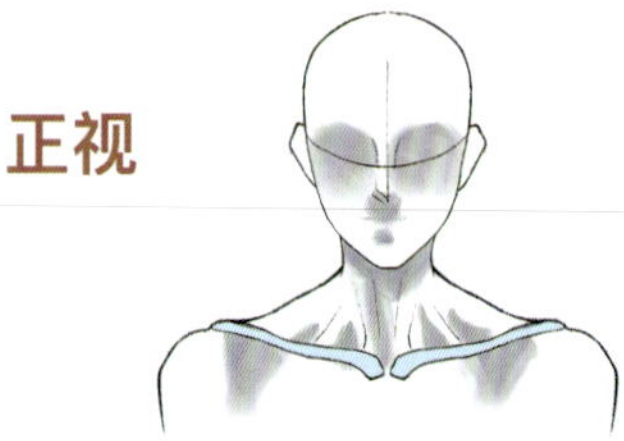

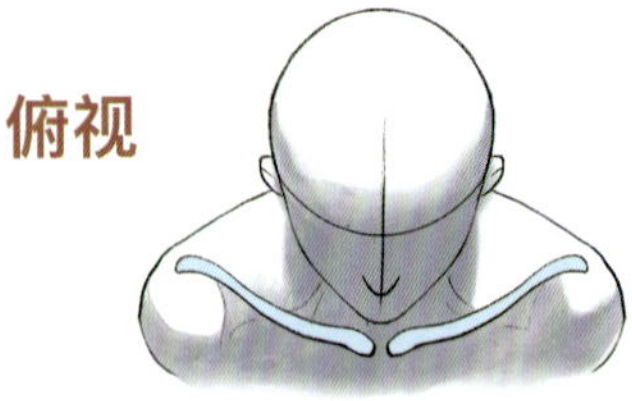

3.2.3 胸部

胸部从正面看呈卵状。肩锁关节与胸部在腋窝下形成了夹角，用于保证肩部的正常活动。

在肋骨的排列上，胸部呈现出逐渐向下倾斜的趋势。上半部分相对较平，越往下越倾斜。在肋骨形状较为明显的女体，或较为清瘦的男体上，要注意肋骨倾斜的朝向。

上端第 1~5 根肋骨独立衔接在胸骨上。下端第 6~10 根肋骨急剧向上收拢，粘连在肋弓上。第 11 根肋骨则分离在最下方，稍稍往后。第 12 根肋骨最短，在背后的位置。

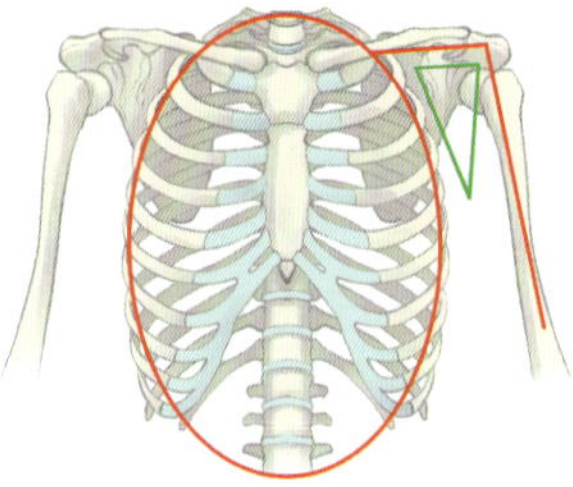

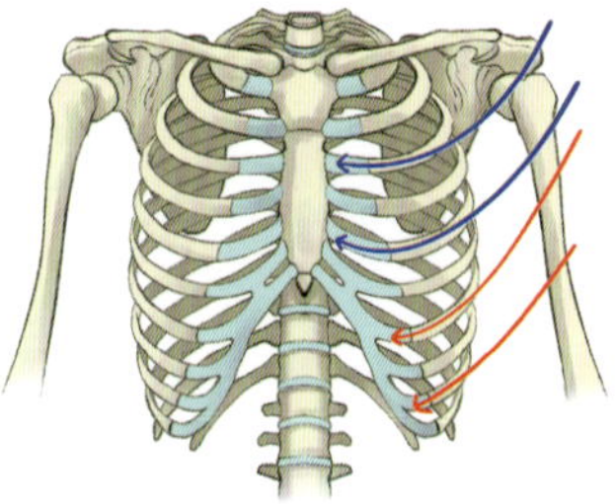

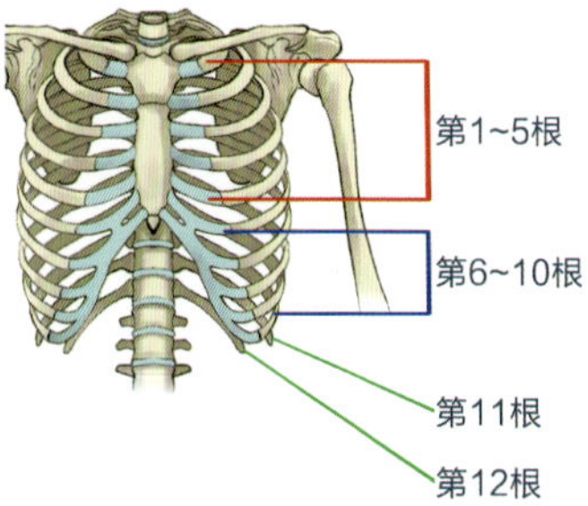

3.2.4 盆骨

盆骨较为凸显的部分为髂结节到髂前上棘这段线条。在髂前上棘处，不论男女都较为明显地表现为轻微凸起的状态。如果是极瘦的状态，那么整个盆骨的髂前上棘都较为清晰。

盆骨与股骨的关系较为特殊，在坐着的状态下，臀部线条较为饱满；而在站立的状态下，髂骨与大转子之间的空隙将形成凹陷，也就是所谓的臀部凹陷。

从正面看，臀部凹陷。

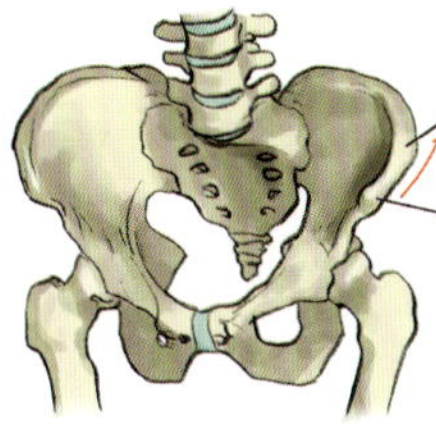

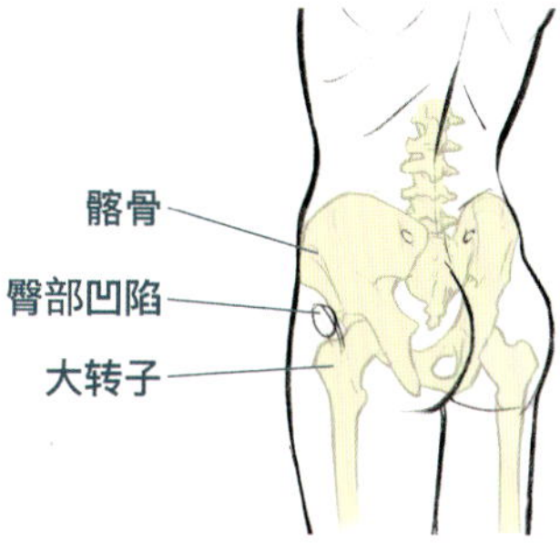

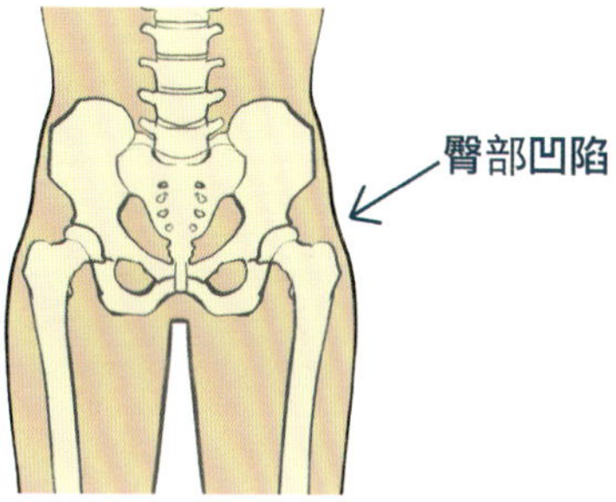

3.2.5 小臂与小腿

小臂与小腿有类似的结构，都由两根骨头组成。小臂由尺骨与桡骨组成，小腿则由胫骨与腓骨组成。

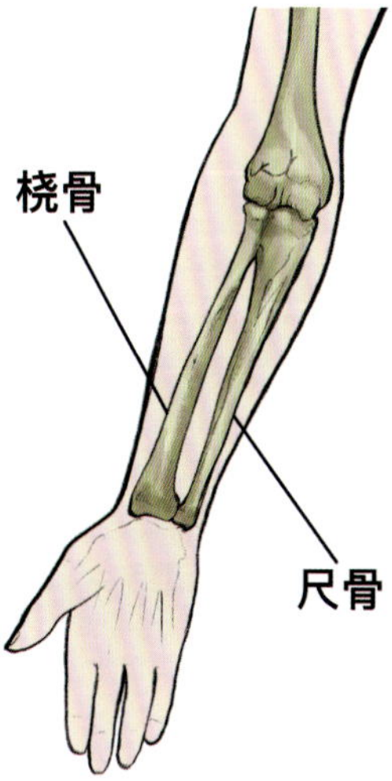

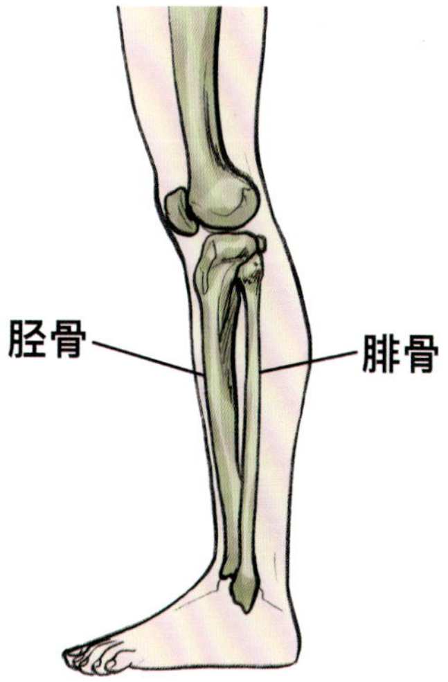

不同的是，组成小臂的骨头相对特殊，桡骨可以在手腕的转动下与尺骨进行交叉运动，又称旋后位与旋前位。

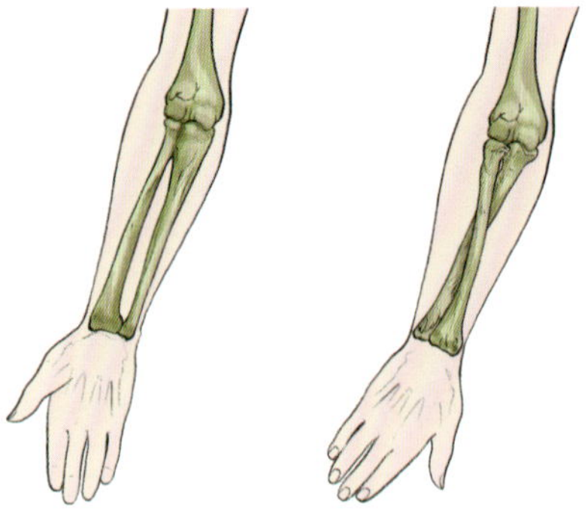

在胳膊自然下垂的情况下，肘窝朝前，手腕朝内。但在制作 BJD 时，可以忽略手腕的朝向，直接制作成圆形手腕。

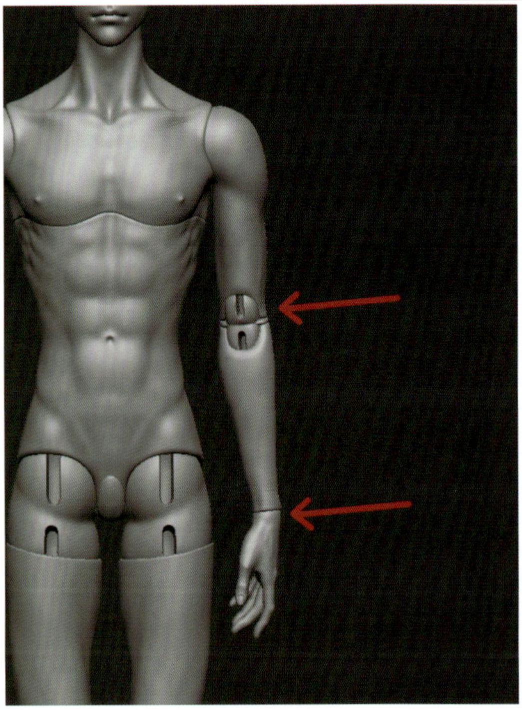

胫骨与腓骨的位置相对比较固定。胫骨更加粗壮，在前方。腓骨较细，在后方稍稍靠外的位置。

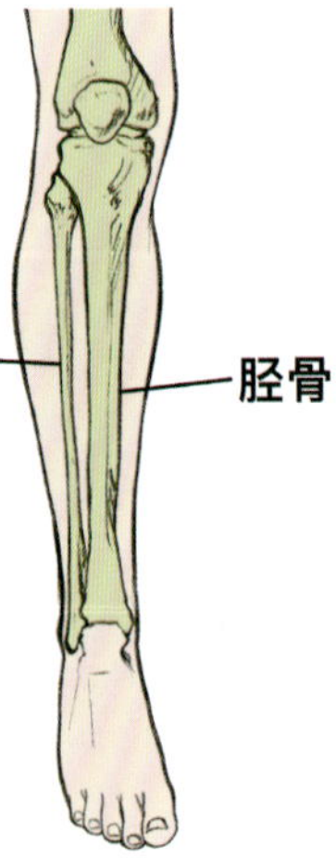

胫骨前肌从外侧向内，包裹了几乎一半的胫骨。而在内侧，胫骨形状依然明显。在制作小腿时，需要注意这个形状。

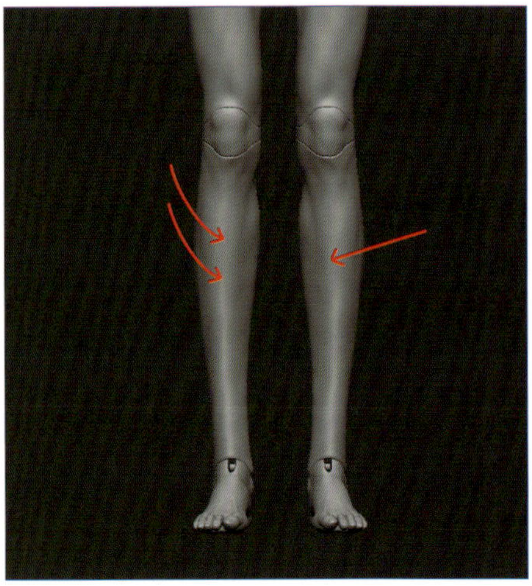

Chapter

04

男性BJD头部的制作

4.1 头部轮廓的制作

注意，以下操作皆为数位板、数位画笔与键盘的操作。

下面从零基础的角度尝试制作。

❶ 启动 ZBrush，在灯箱中选择“项目”选项中的 DynaMesh_Sphere_32.ZPR 文件，关闭“透视”按钮，确认 *X* 轴已打开。

❷ 交替使用 Move 笔刷与 Standard 笔刷，压缩左、右两侧，拉长下方，稍加调整。注意，以下操作中皆交替使用 Move 笔刷与 Standard 笔刷。

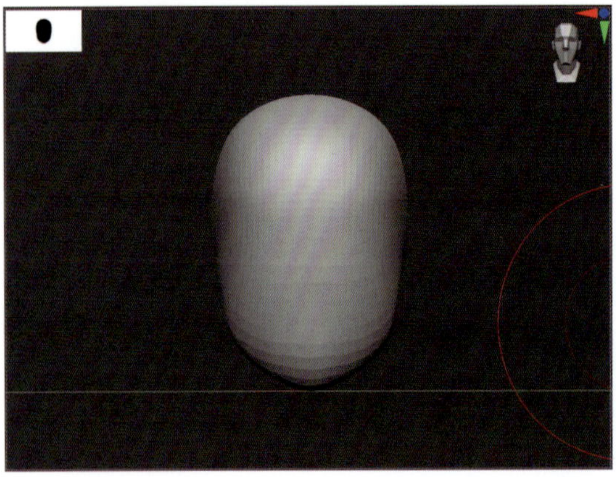

❸ 转到侧面，按住 Shift 键并单击空白处，将头部居中至正侧面，调整头部方向。

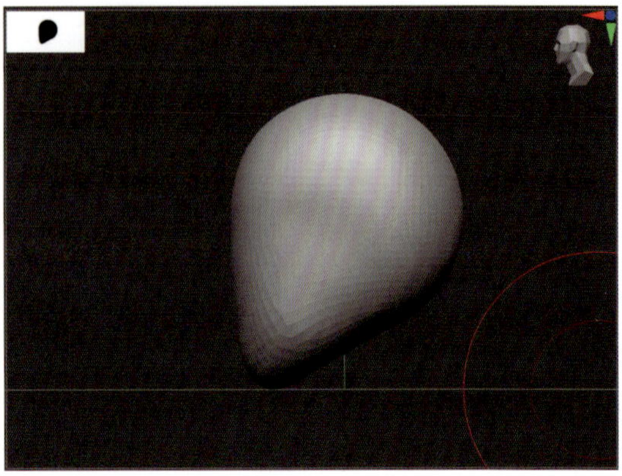

❹ 打开“几何体编辑”→“Dynamesh”面板，激活“Dynamesh”按钮，按住 Ctrl 键并在空白处拖曳画笔，即可重新布线。如未激活“Dynamesh”按钮，单击即可激活。在制作过程中，当细节处布线不够或不合理时，可以通过该操作随时重新布线。

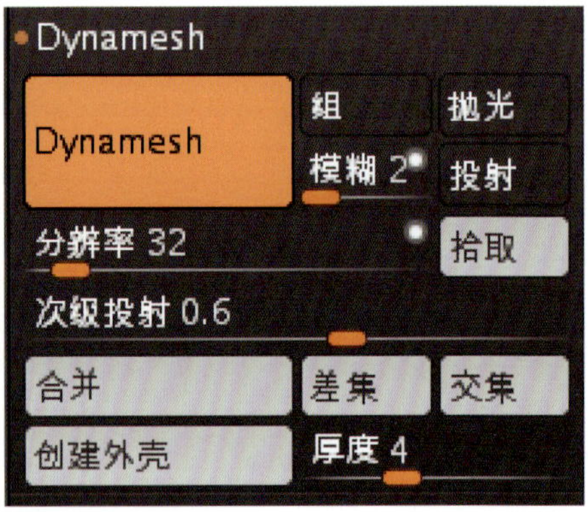

4.2 定位五官比例

❶ 在头部约 1/2 处用 Standard 笔刷横向画一道凹槽，此处为眼窝的位置。在凹槽的下方衔接一个“八”字形凹槽，代表脸颊凹陷。

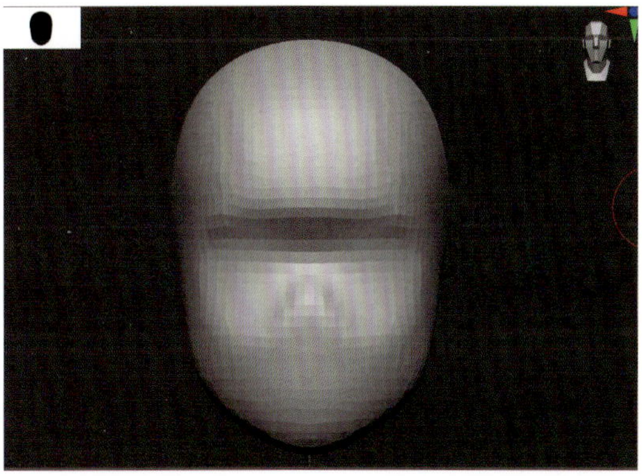

❷ 需要注意，眼窝至鼻子的长度应与鼻底至下巴的长度接近，以给嘴巴留出空间。

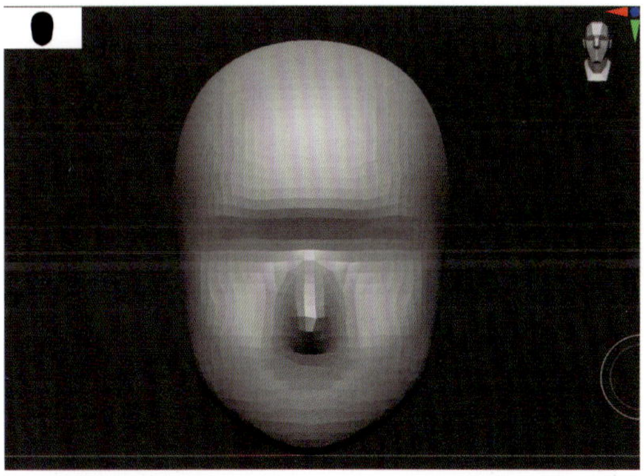

❸ 画出嘴巴，并显示下巴的形状。

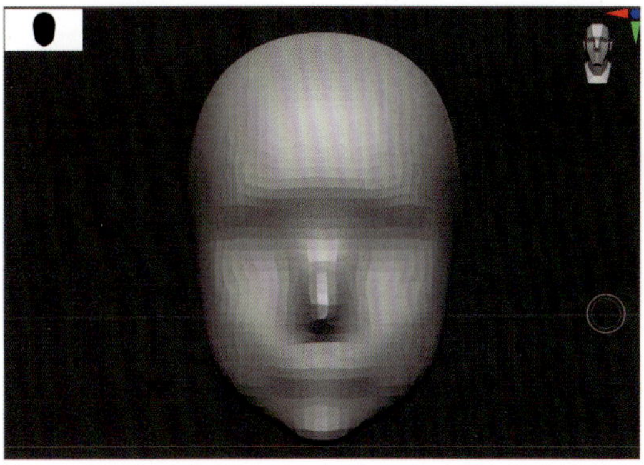

❹ 在“几何体编辑”→“Dynamesh”面板中将分辨率提高到 104 像素，按住 Ctrl 键并在空白处拖曳画笔，提高布线精度，可以雕刻更多细节（之后每次提高分辨率，都以 100 像素左右为基准阶梯式提高布线精度）。

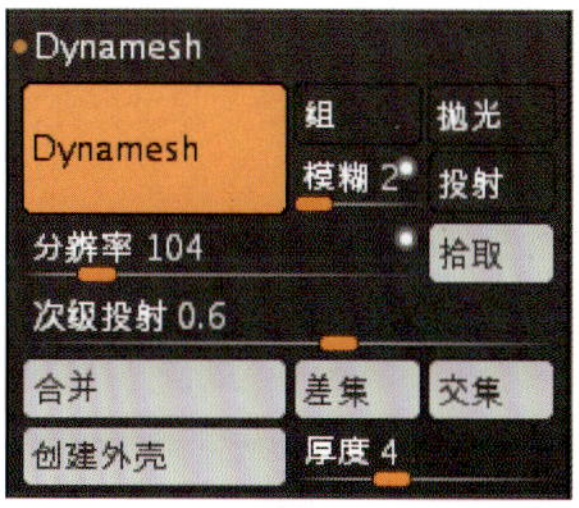

❺ 将笔刷调小，用 Standard 笔刷在鼻子上画出两个球体代替鼻翼，在两个球体中间画出鼻头，同时刻画鼻梁。

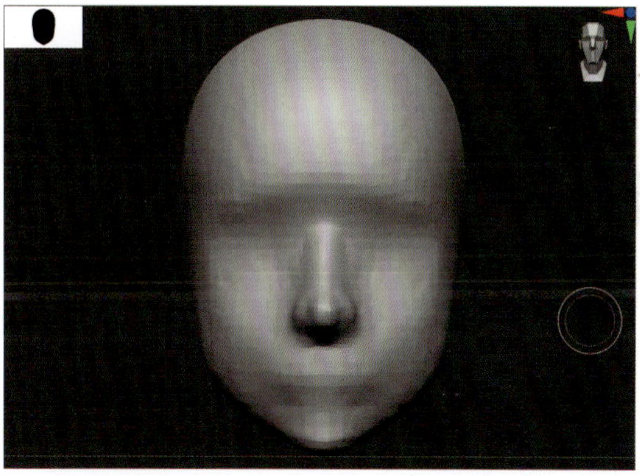

❻ 在鼻梁上端画出眼窝的形状。

❼ 用 Move 笔刷调整脸形，收窄两侧，根据需要进行大致调整。

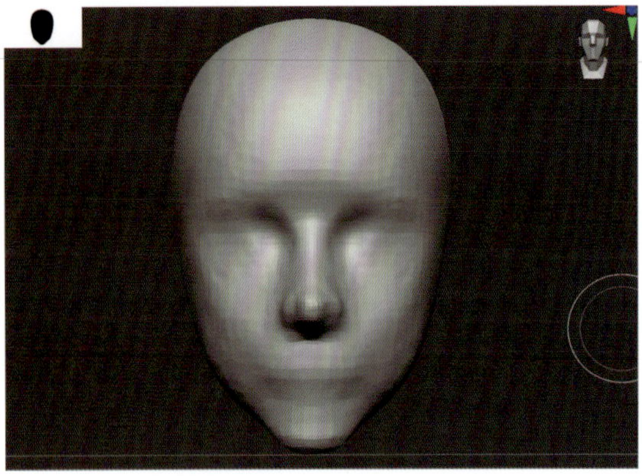

❽ 检查侧面，用 Move 笔刷拉出右侧下端的脖口，调整整体形状。

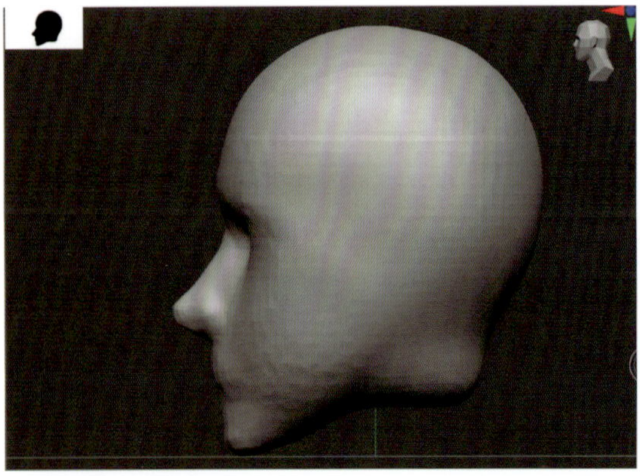

❾ 画出眼球的形状与区域。

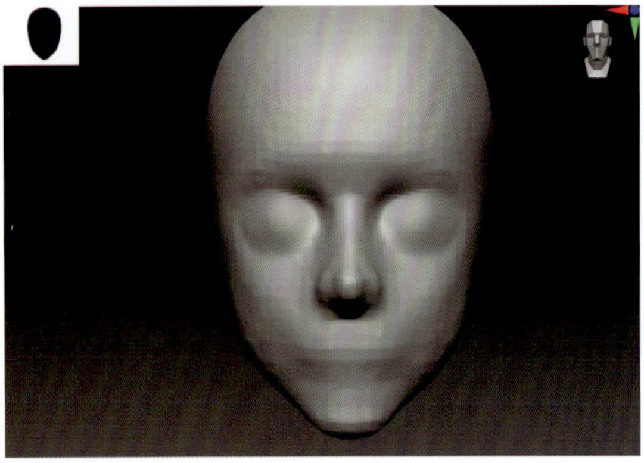

❿ 将笔刷调小，用凹陷笔刷整理出眼眶的大致形状。注意，通常外眼角的高度不可低于内眼角。

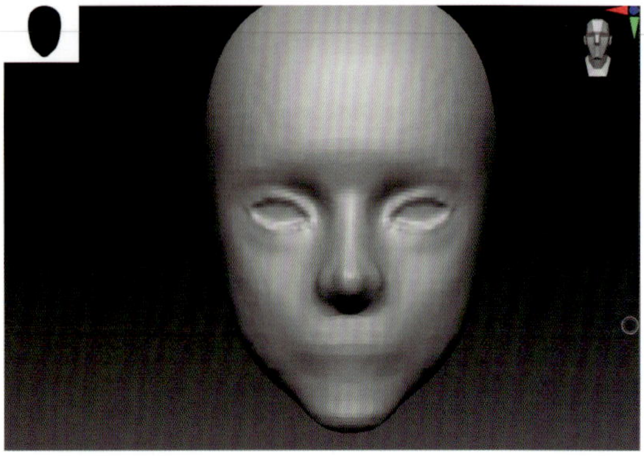

⓫ 在嘴巴的位置画出凹陷。

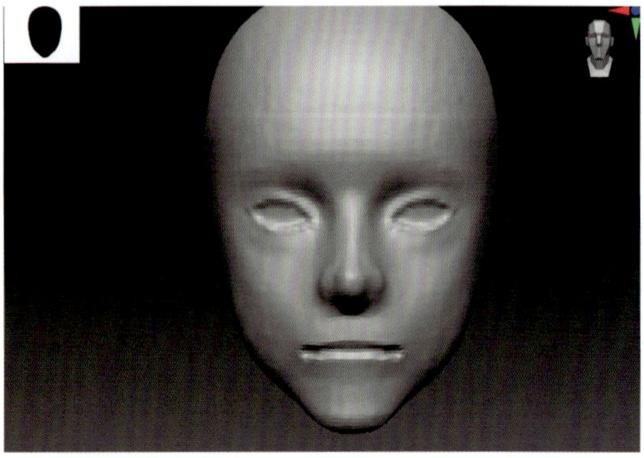

⓬ 画出上嘴唇与下嘴唇大概的范围。

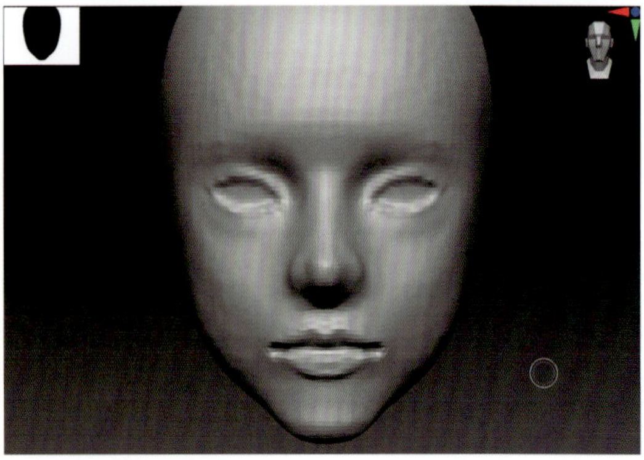

⑬ 一边画一边不断地重新布面，在头部两侧画出耳朵的雏形。耳朵的长度为眉骨与鼻底的距离。

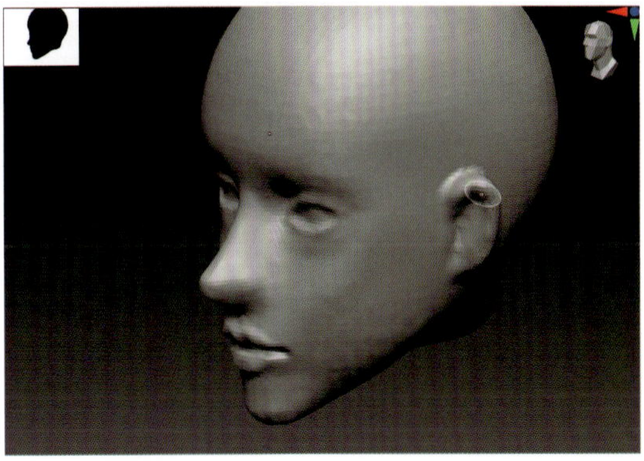

⑭ 调整耳朵的正面。

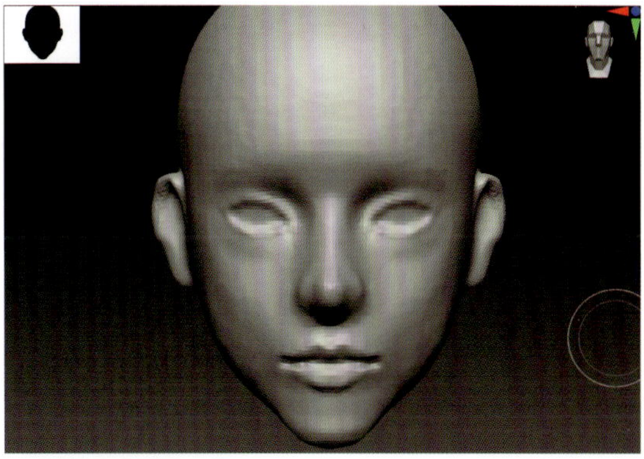

⑮ 在耳朵侧面的下方画出凹陷的下颌线，并在“几何体编辑”→“Dynamesh”面板中将分辨率调整为 160 像素左右，重新布线。

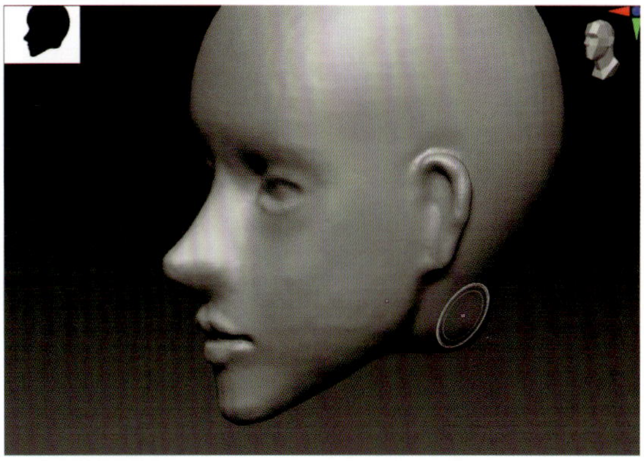

4.3 面部肌肉结构的制作

❶ 在面部肌肉结构中，要注意眼轮匝肌应包裹眼眶与眼球。

小贴士

眼轮匝肌、口轮匝肌及降口角肌在面部肌肉结构的制作中较为重要。

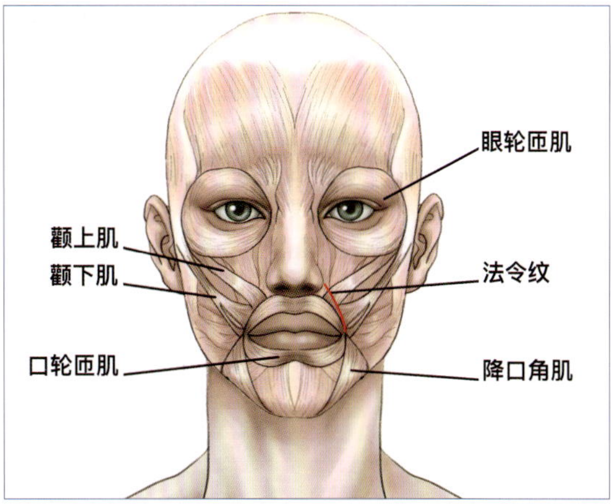

❷ 眼轮匝肌分两个部分，分别为内侧包裹眼球的眼睑（包括上眼睑与下眼睑），以及外侧包裹眼眶骨骼的肌肉。

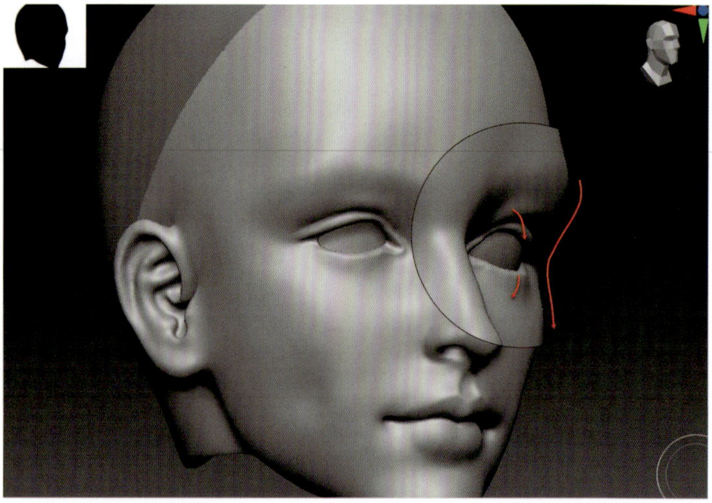

❸ 注意，口轮匝肌与降口角肌会紧紧包裹牙齿与牙床周围，在3/4 侧面的面颊处勒出线条。

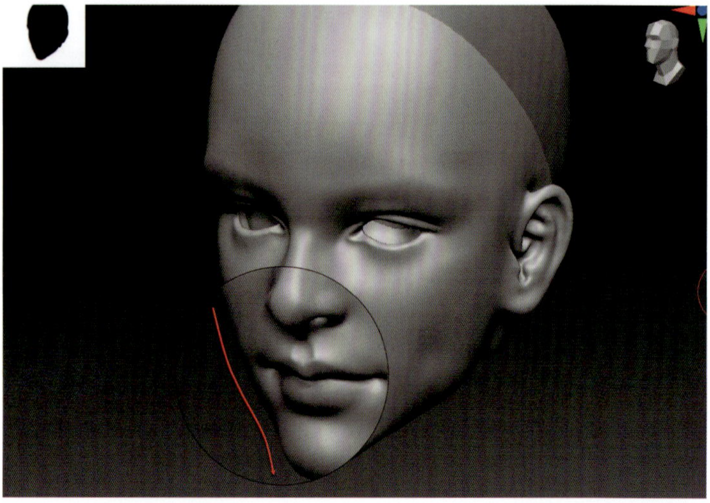

❹ 在制作面部肌肉结构时，可以适当降低大块面部肌肉之间的衔接强度以制作出流畅的脸形，并强调小块面部肌肉的形状以制作出风格化、个性化的作品。

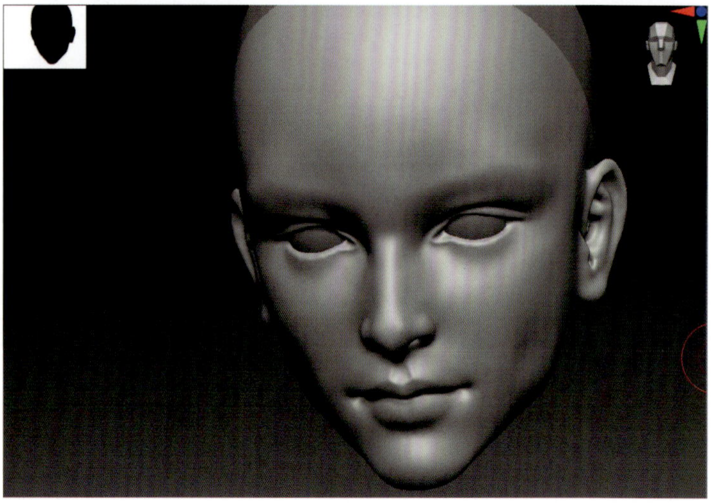

4.4 细化五官

❶ 沿着下眼线的弧度把眼睛下方的凹陷画出来。

❷ 增加颧骨的厚度。

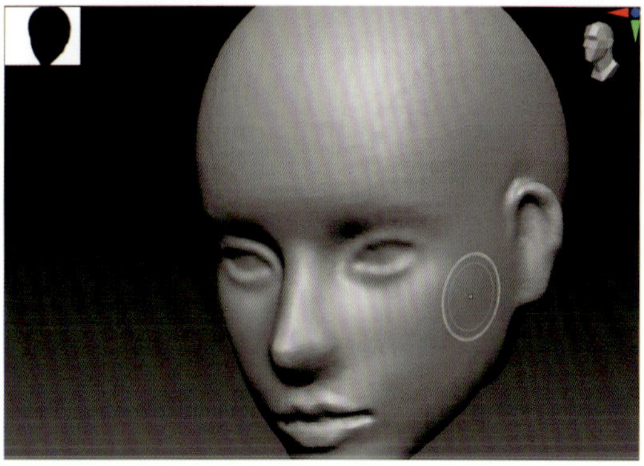

❸ 大致画出想要的眼形（可以在制作过程中随时调整眼形），并在“几何体编辑”→“Dynamesh”面板中将分辨率调整为 270 像素左右，重新布线。

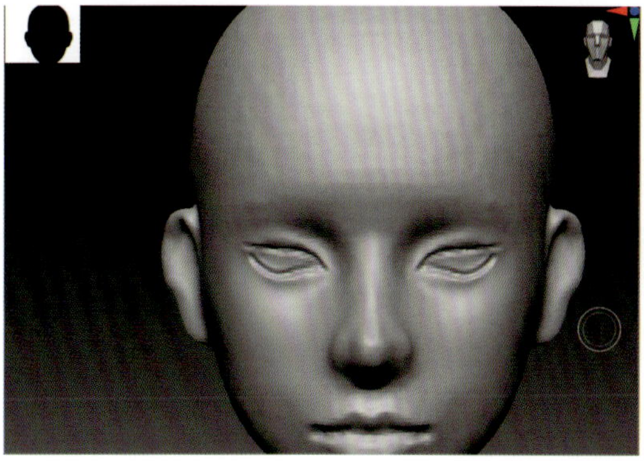

❹ 画出上眼皮与下眼皮。

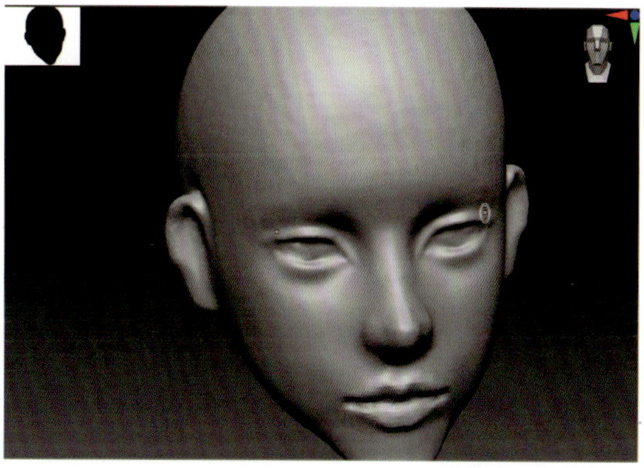

❺ 将笔刷调小，整理出想要的细节。

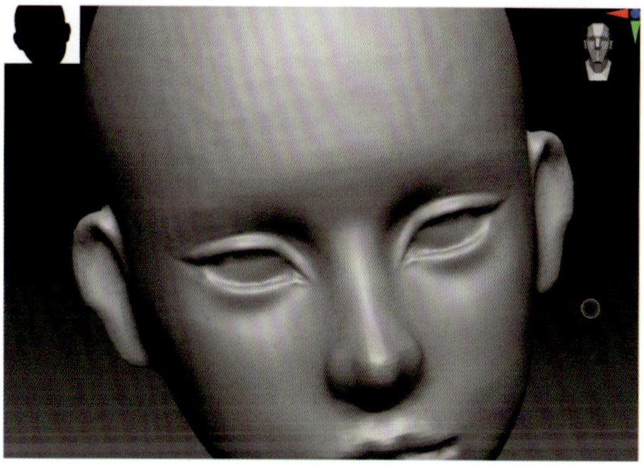

❻ 在鼻子下方挖出鼻孔。

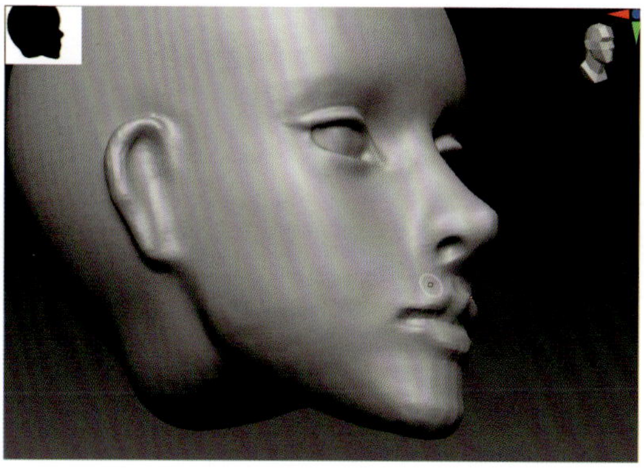

❼ 在侧面画出鼻翼的范围。

❽ 分离鼻翼与鼻头，整理出鼻翼的形状。

❾ 交替使用 Move 笔刷和 Standard 笔刷，在正面整理出鼻翼与鼻头的高度和宽度。

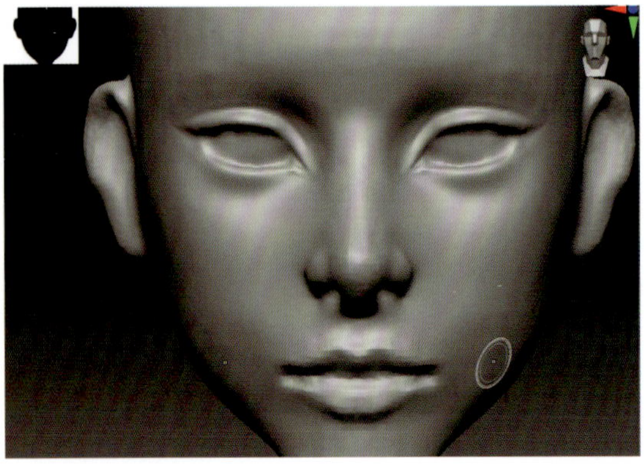

❿ 画出人中的区域与宽度。

⓫ 把上嘴唇、下嘴唇的厚度与区域画出来。

⓬ 把人中两边填补好，并对嘴唇稍加调整。

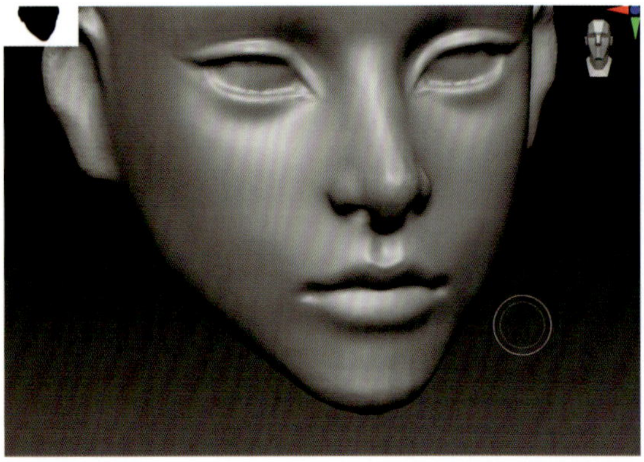

⑬ 画出下嘴唇下方中间部分的凹陷，该处凹陷是口轮匝肌带来的形状。

⑭ 画出嘴角的凹陷。

⑮ 整理嘴角，根据自己的喜好调整嘴角的角度。

⑯ 根据自己的喜好调整嘴唇的最终形状。

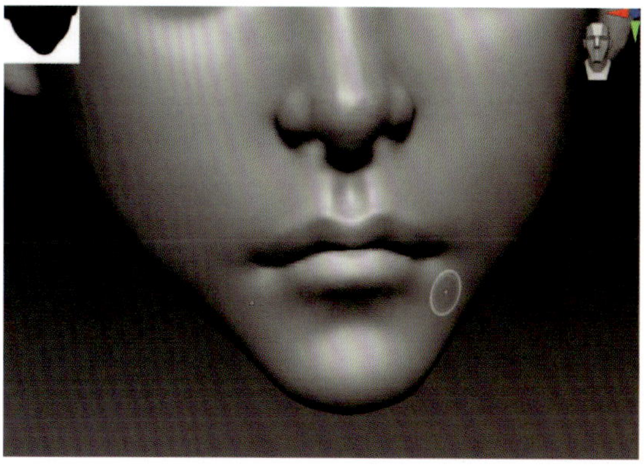

⑰ 在耳朵的上半部分画出一个 Y 型结构。此为对耳轮脚。

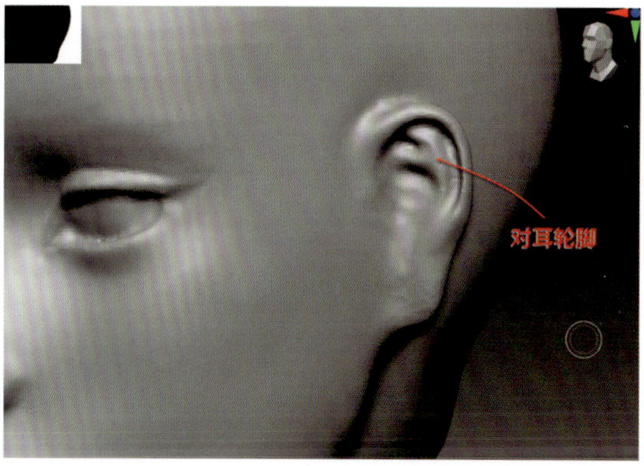

⑱ 整理耳轮，从外到内绕进耳郭。

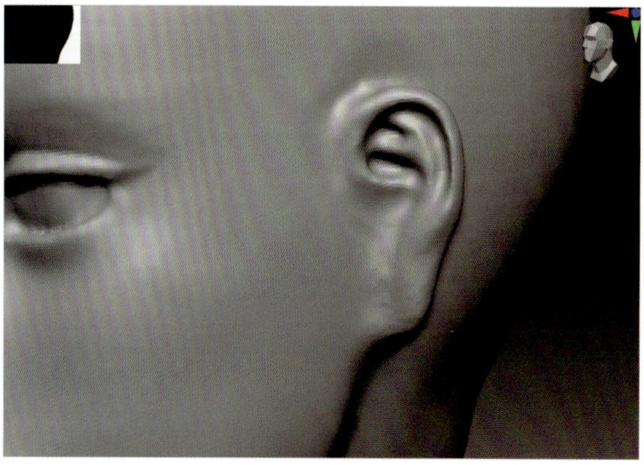

⑲ 将耳屏与对耳屏画好，并与对耳轮脚衔接。

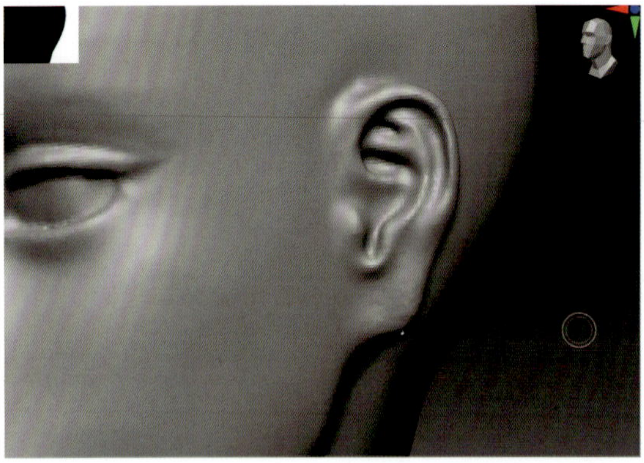

⑳ 增加耳垂的厚度，调整耳朵的形状。

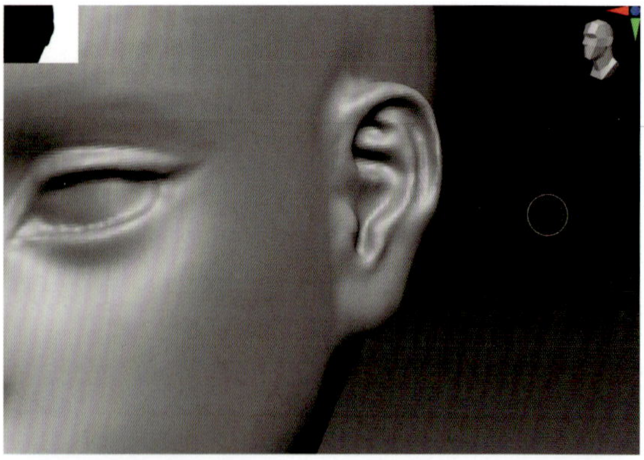

㉑ 细致检查头部表面，包括头顶、后脑勺、脖子等部位，用模糊笔刷将不平整的地方刷至平滑。对于细节处，需先将笔刷调小再操作，以免细节刻画得不准确。

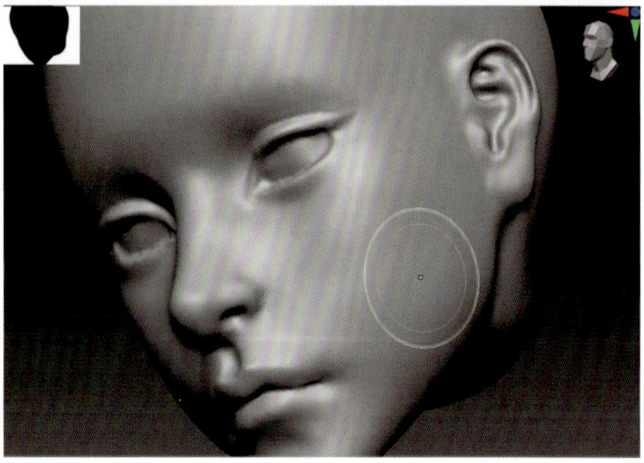

㉒ 以下为细化五官后的面部。大致细化五官后，可以通过交替使用 Move 笔刷与 Standard 笔刷来进行大量调整，以达到满意的效果。

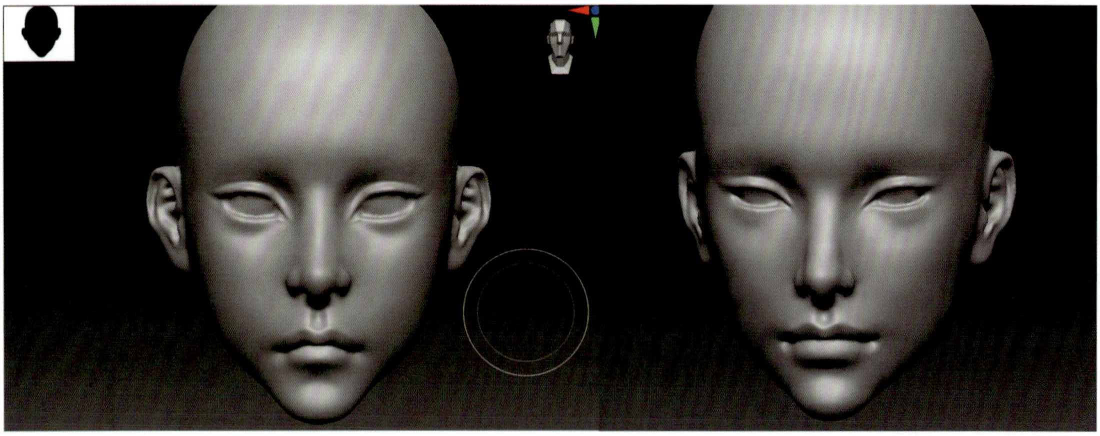

细化五官后的面部　　经过大量调整后的面部

小贴士

步骤 22 应将焦距调整为 80mm 左右，或自己喜欢的数值。在调整五官时，应不断切换“透视”按钮的状态，以检测头部在打印出来的状态下的肉眼效果。

4.5 规范制作

适应操作后，可以尝试用更规范的方式来制作头部。下面将省略对笔刷与其他工具的详细描述，且每个步骤都需要多次调整。

❶ 在灯箱中选择“项目”选项中的 DynaMesh_Sphere_32.ZPR 文件，调整头部。

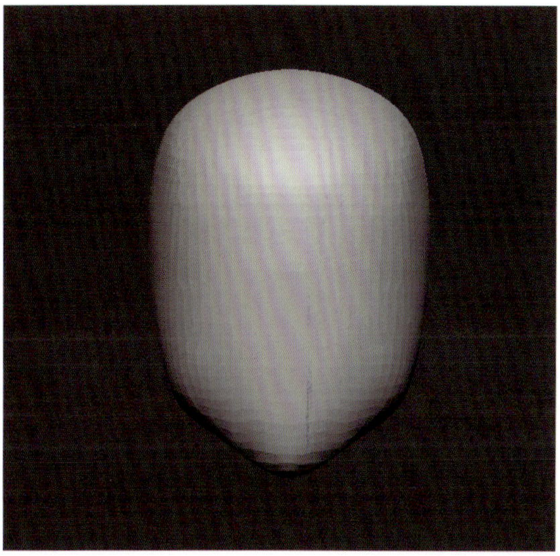

❷ 画出眉骨、鼻子，并调整下巴和脸颊。

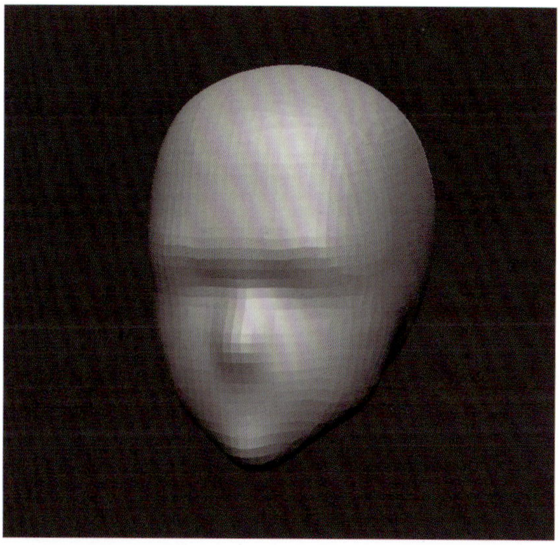

❸ 提高分辨率，制作出鼻子的大致形状，画出嘴部凸起，将耳朵的位置大概制作出来。

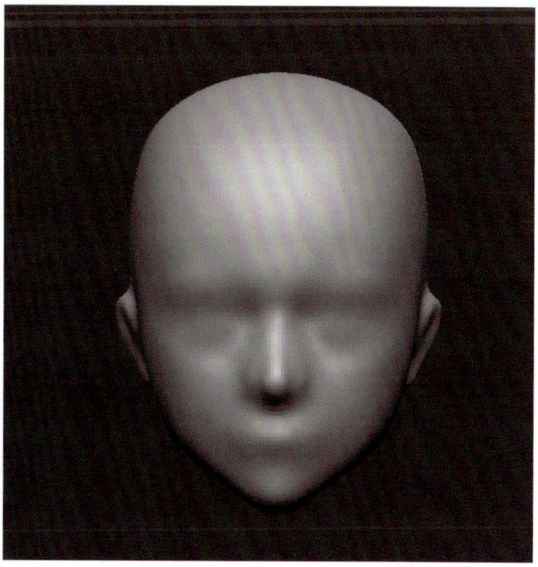

❹ 缩窄头部，增加面部骨骼结构，并继续制作五官轮廓。

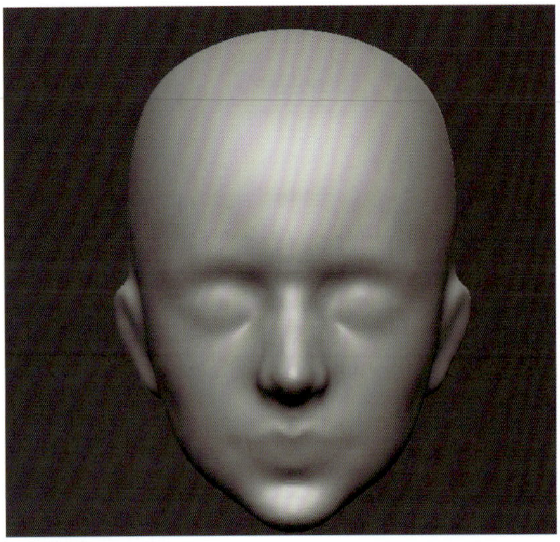

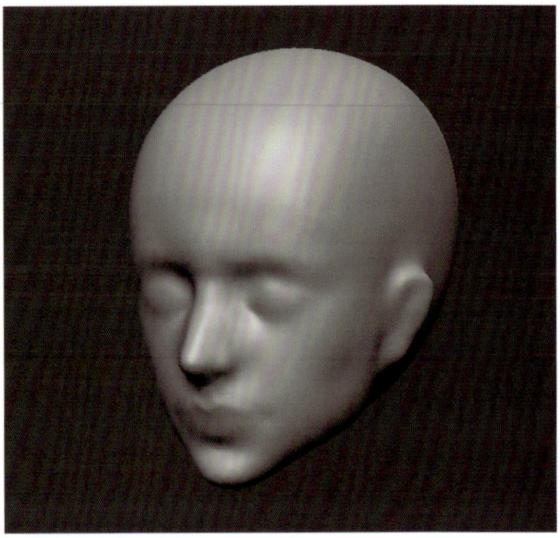

❺ 刻画五官细节，并调整面部轮廓与胖瘦度。

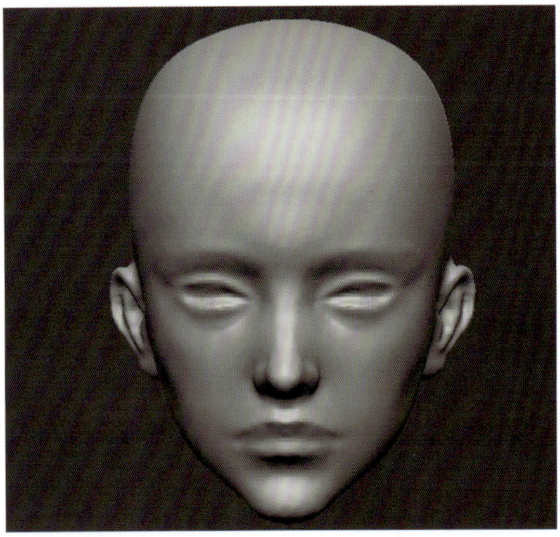

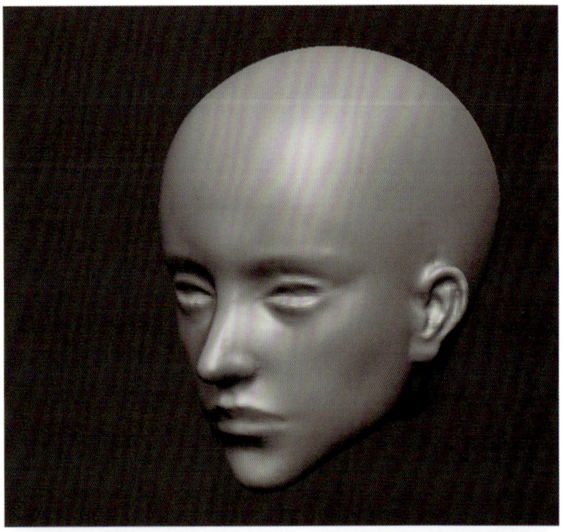

❻ 在制作面部的同时要注意调整后脑勺的形状，并将耳后、脖子下方制作好。

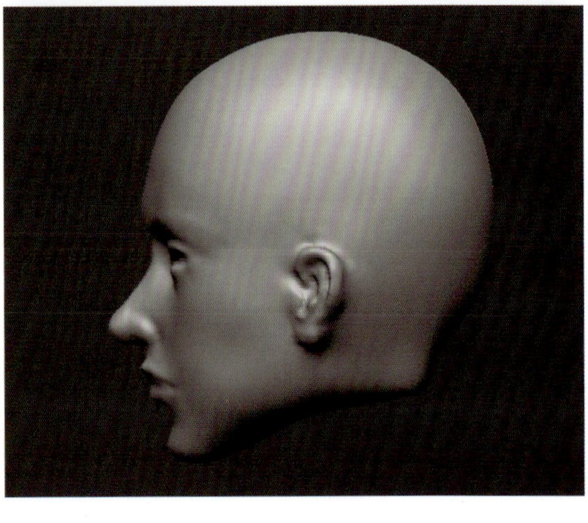

❼ 提高分辨率，根据自己的喜好细化五官，并增加想要的面部特征。与此同时，不要忘记刻画耳朵细节。

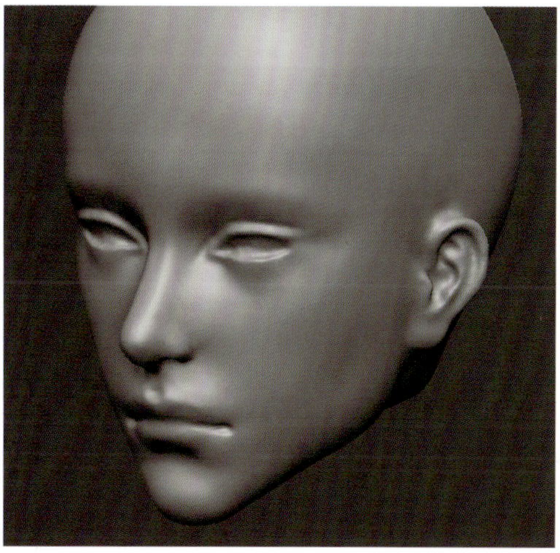

❽ 再次提高分辨率，继续细化五官，并调整面部的整体细节，完善耳朵的细节。

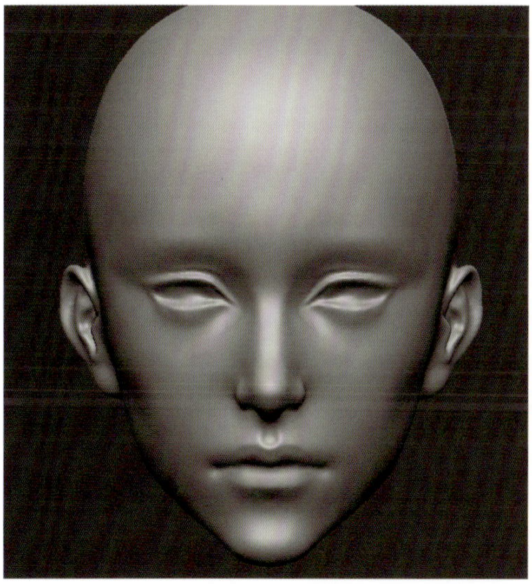

❾ 提高分辨率，使细节部分没有网格，细化整个面部，并对五官与脸形进行最终调整。

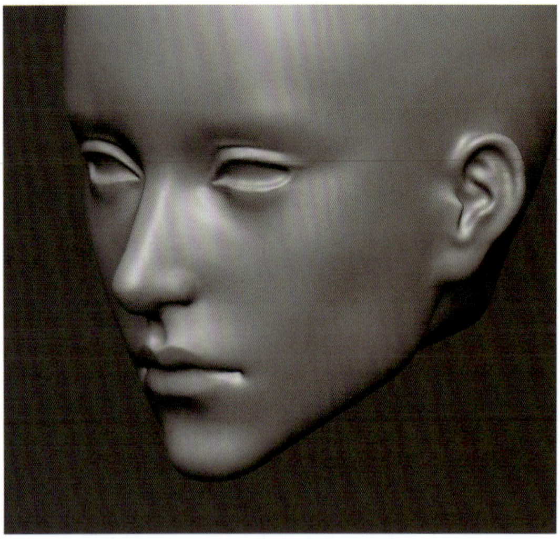

⑩ 制作完成后，依然用笔刷进行调整。对五官特征进行微调，即可改变娃娃的气质，可以通过多次尝试来达到满意的效果。

Chapter

05

BJD头部功能的拆分

5.1 内芯的制作

小贴士

Chapter 05 讲解的操作将全部在一个 ZTL 文件中完成。在操作时，将用“第 X 个图层”来指代所有子工具。

❶ 创建 BJD 头部图层的副本，将其放到下方，用于制作内芯。单击第 1 个图层状态最右侧的小眼睛，取消其可见。

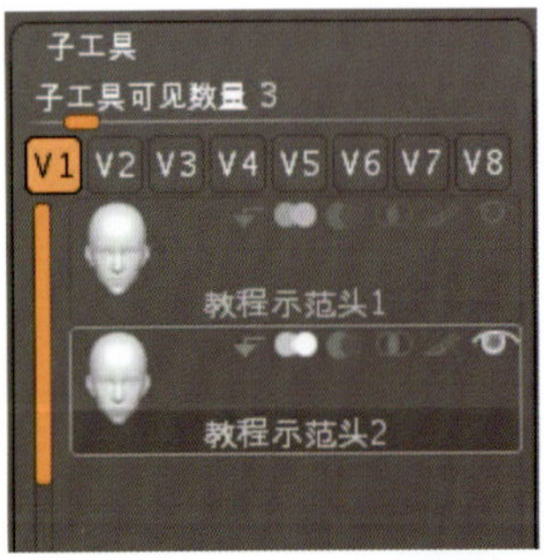

❷ 选择第 2 个图层进行操作。由于内芯不需要多精致，因此可以打开“几何体编辑”→“Dynamesh”面板，将分辨率调整为 288 像素，或调整为合适的像素，按住 Ctrl 键并在空白处拖曳画笔重新布线，降低第 2 个图层的分辨率。

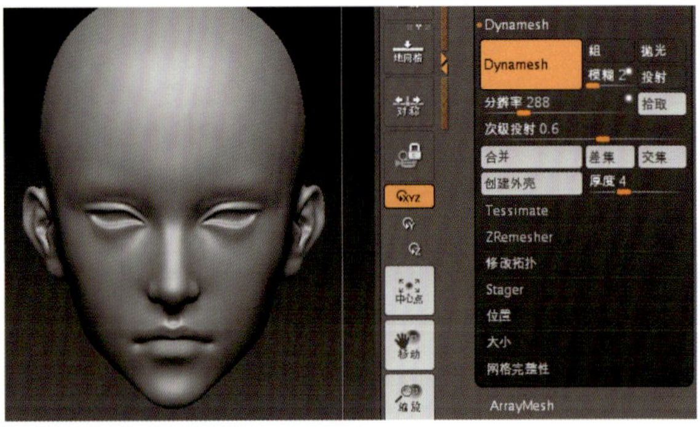

❸ 按住 Ctrl 键并涂抹，遮罩后，单击“子工具”→“拆分”面板中的“拆分未遮罩点”按钮或“拆分已遮罩点”按钮进行拆分，将拆分出来的耳朵图层删除。

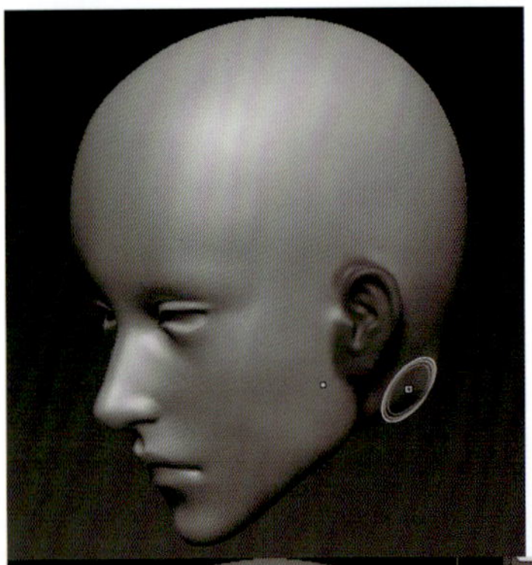

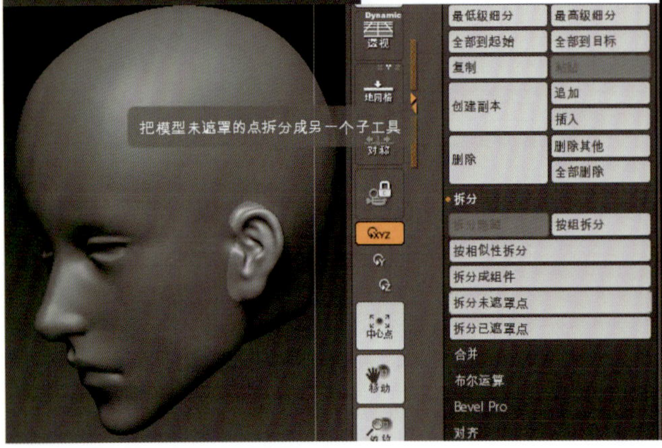

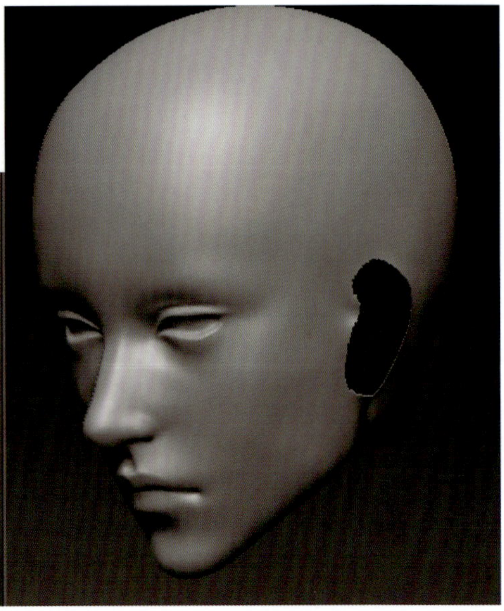

❹ 按住 Ctrl 键并在空白处拖曳画笔，封闭实体。

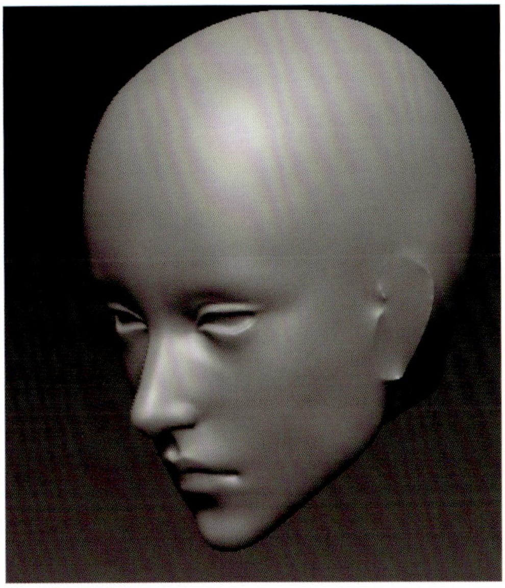

❺ 使用大笔刷，最大限度地模糊轮廓。

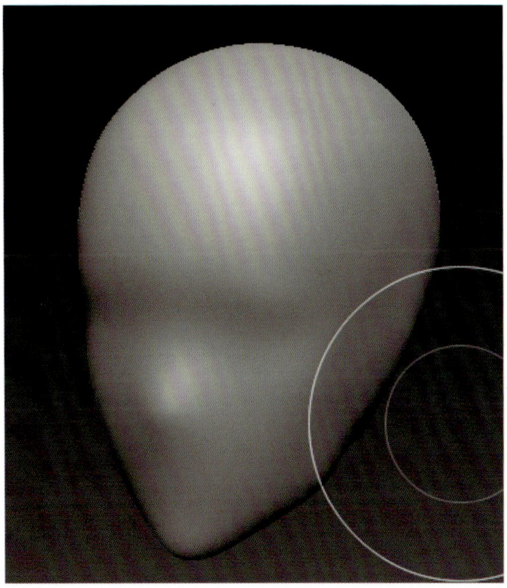

❻ 激活“透明”按钮，并单击第 1 个图层状态最右侧的小眼睛使其可见。单击“移动轴”按钮、“缩放轴”按钮或“旋转轴”，拖曳黄色方块，将第 2 个图层缩小到合适的厚度。

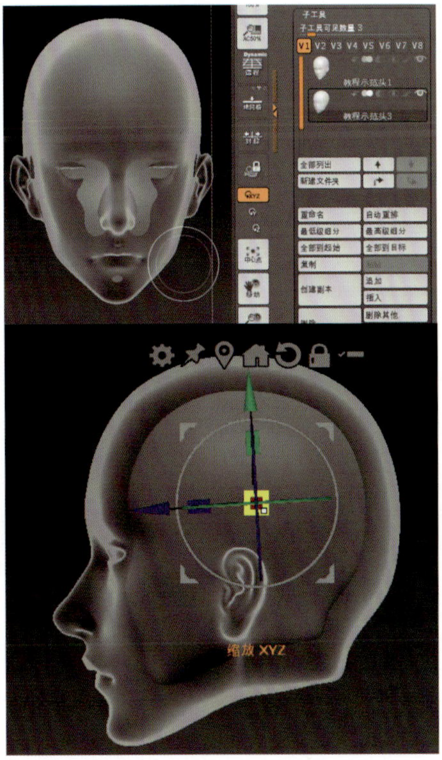

❼ 追加或插入一个 Sphere3D 球体，并将其调整到合适的位置。由于该球体用来拆分脖洞，因此要注意其位置与大小。

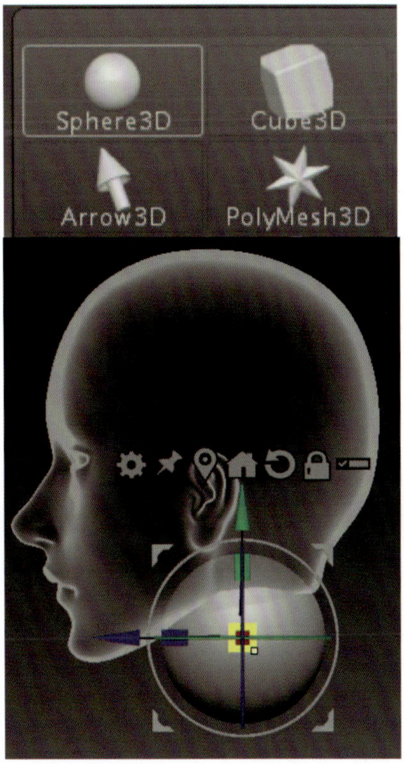

❽ 为 Sphere3D 球体图层创建副本，选择第 3 个图层，增加厚度。可以对第 1 个图层与第 2 个图层取消可见，以观察球体的厚度。此厚度为脖洞的厚度。

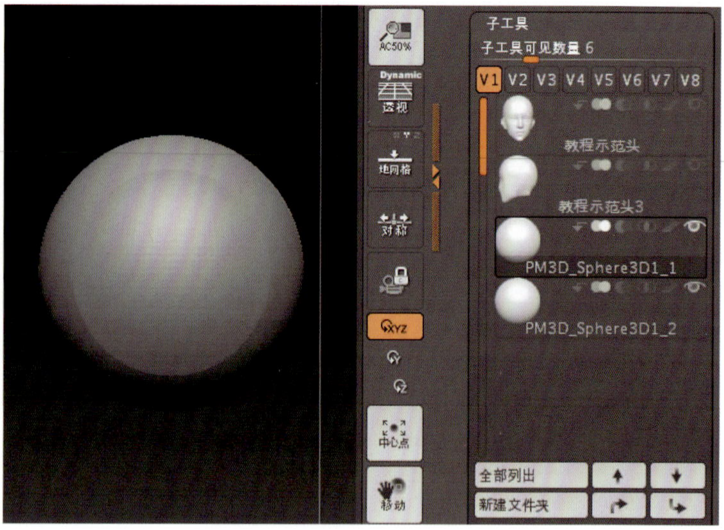

❾ 关闭“透明”按钮。对第 1 个图层与第 4 个图层都取消可见，确认第 2 个图层处于“Dynamesh”按钮被激活的状态，或第 2 个图层与第 3 个图层都处于“Dynamesh”按钮被激活的状态，并将第 3 个图层设置为差集模式。

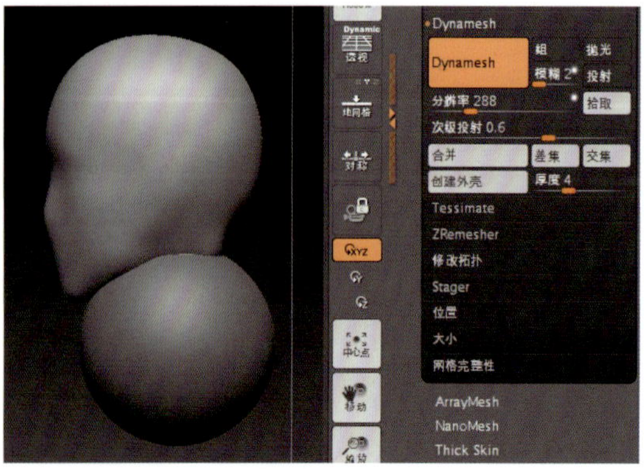

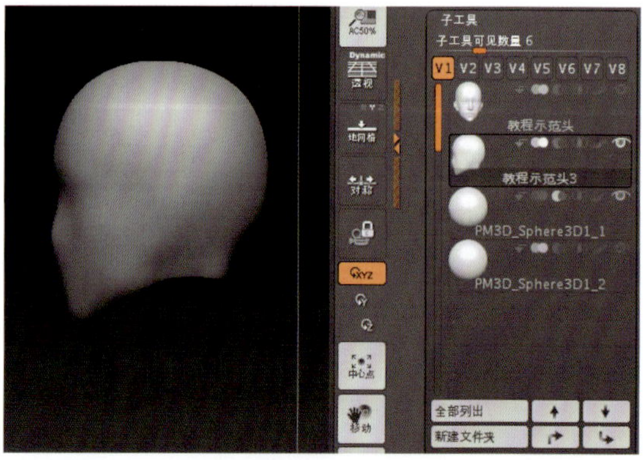

❿ 先单击“子工具”→“布尔运算”面板中的“生成布尔网格”按钮，然后单击“子工具”→“合并”面板中的“向下合并”按钮，按住 Ctrl 键并在空白处拖曳画笔，或关闭“Dynamesh”按钮后再次激活，完成差集运算。

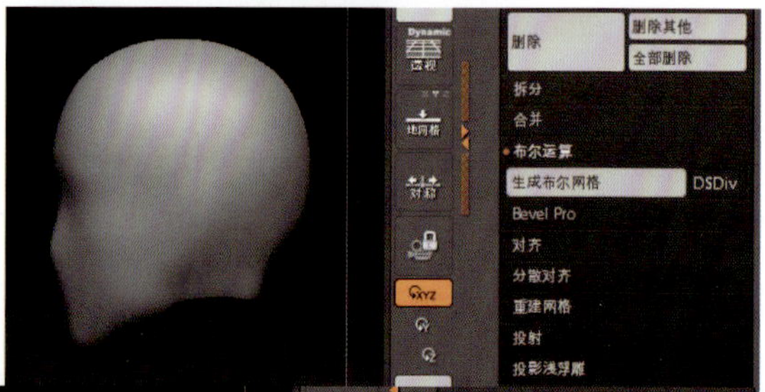

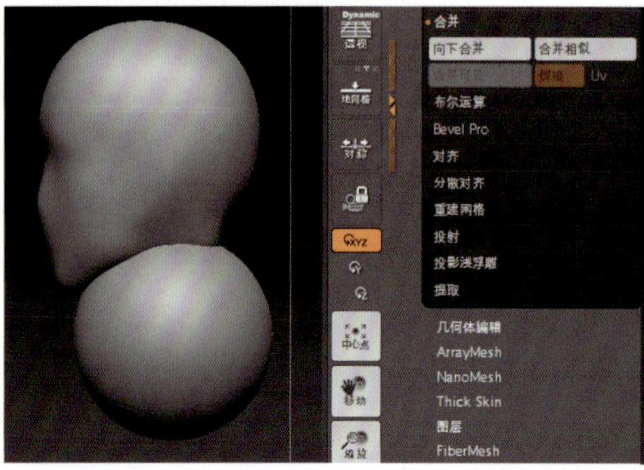

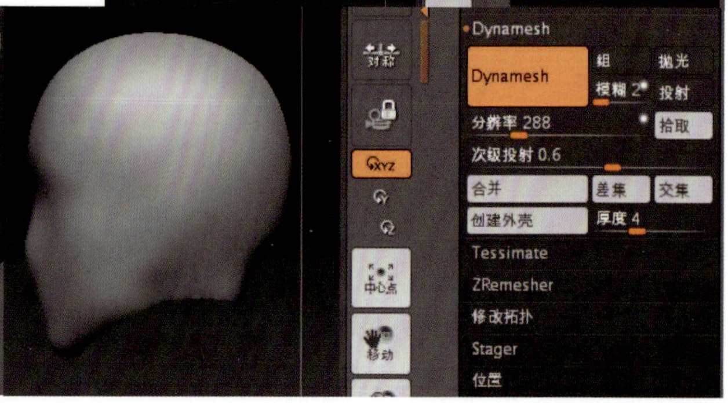

⑪ 追加或插入两个 Cylinder3D 圆柱体，按住 Shift 键并单击空白处回正画面，调整两个 Cylinder 3D 圆柱体的大小，并将其放到额头与后脑勺磁铁槽的位置，也可以根据自己的喜好放置。

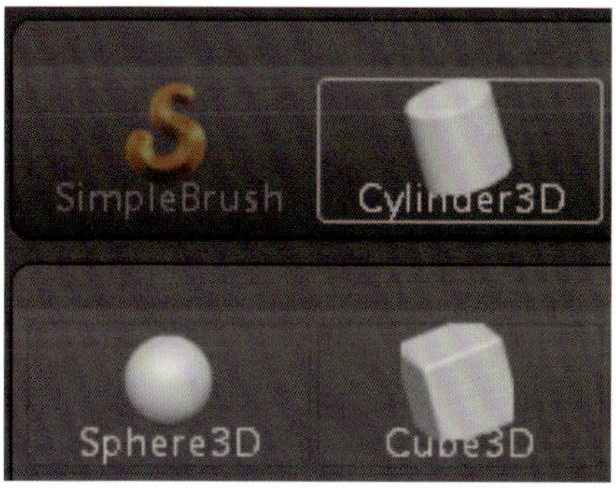

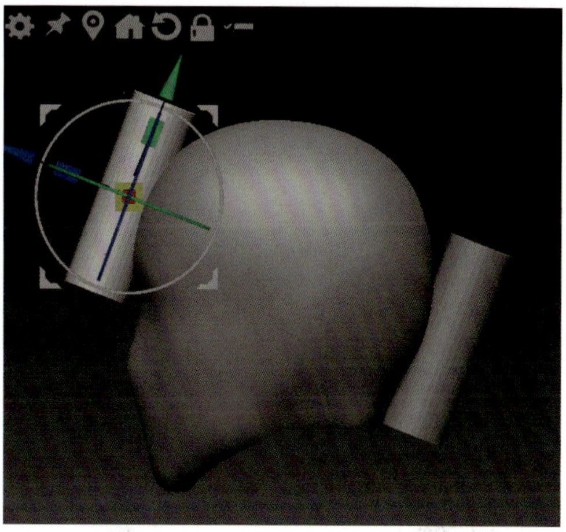

⑫ 仍然使用差集运算切割出磁铁槽。

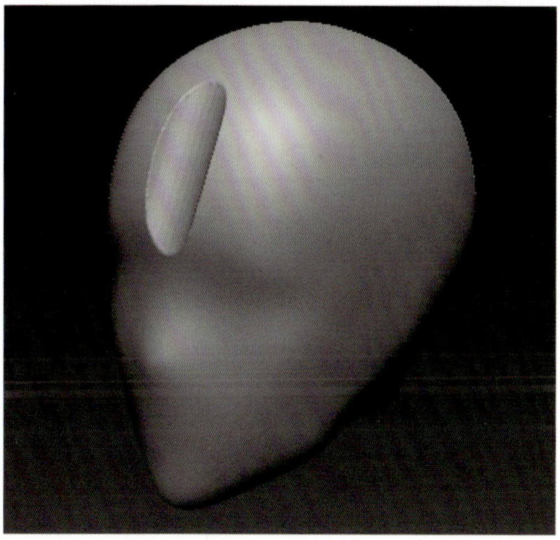

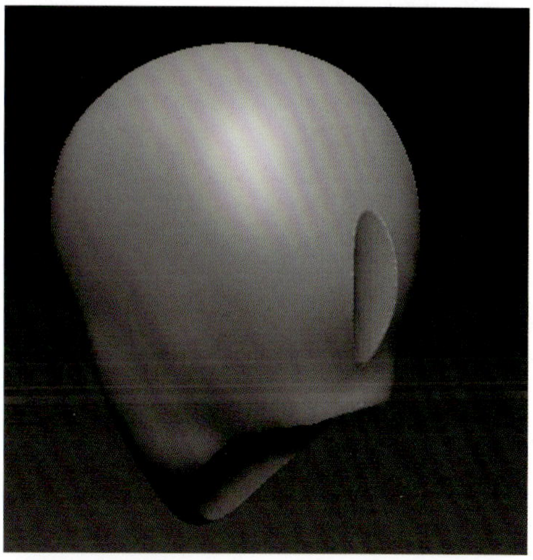

⑬ 根据自己的喜好选择是否模糊处理。

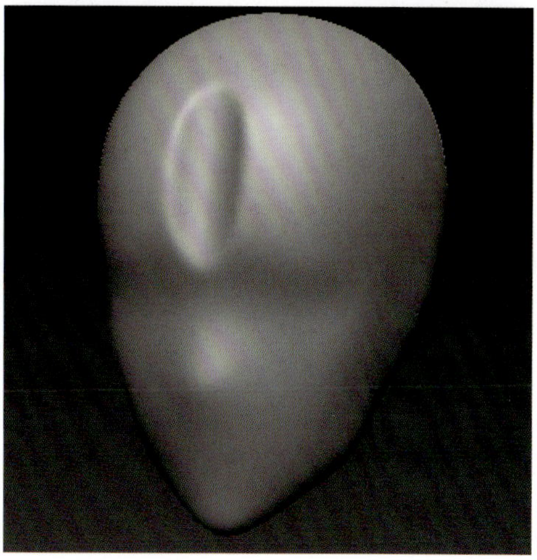

⓮ 至此，内芯制作完成。

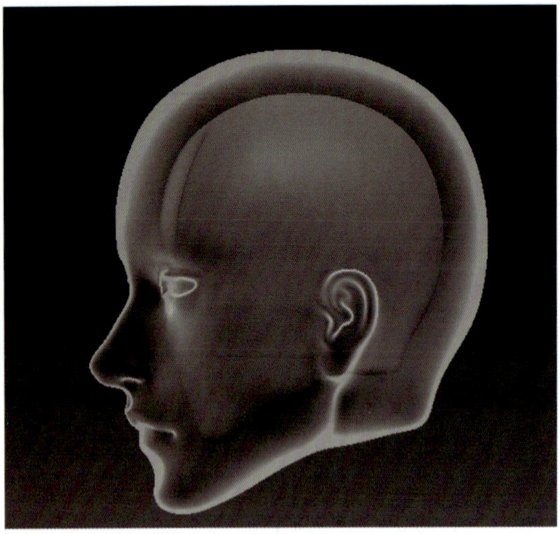

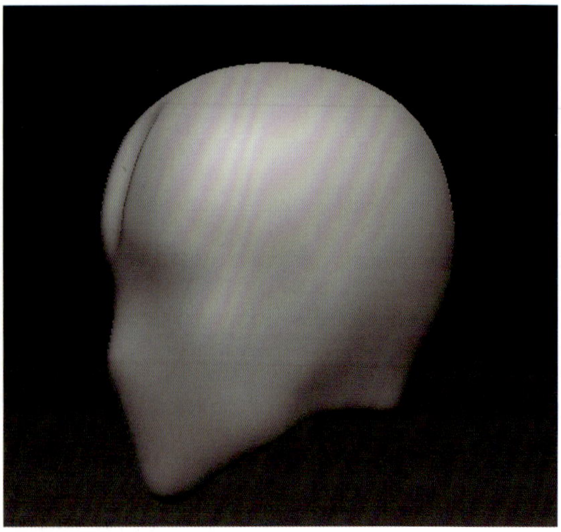

5.2 拆分头部

❶ 将 5.1 节步骤 7 中调整好的 Sphere 3D 球体拖曳到第 1 个图层的下方。

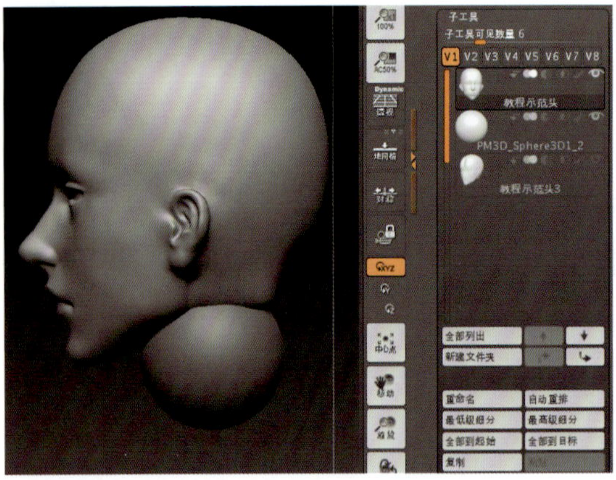

❷ 使用差集运算切割出脖洞。

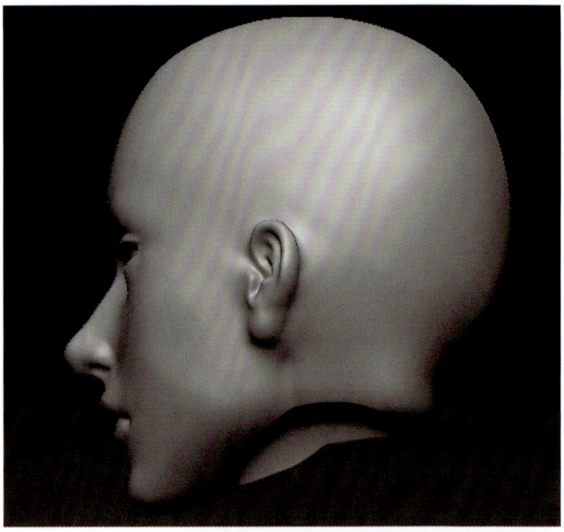

❸ 按住 Ctrl 键，单击笔刷选择器中的 MaskCurve 笔刷。先按住 Shift 键并单击空白处回正画面，然后按住 Ctrl 键并在空白处拖曳画笔，遮罩住头盖或面部。单击“子工具”→“拆分”面板中的“拆分未遮罩点”按钮或“拆分已遮罩点”按钮进行拆分。

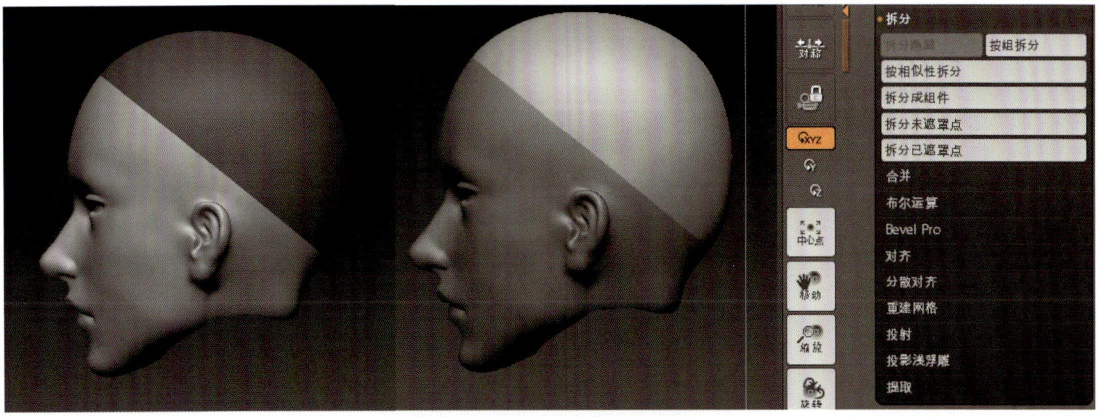

❹ 头盖与面部将分为两个图层，但此时二者都处于未封闭状态。

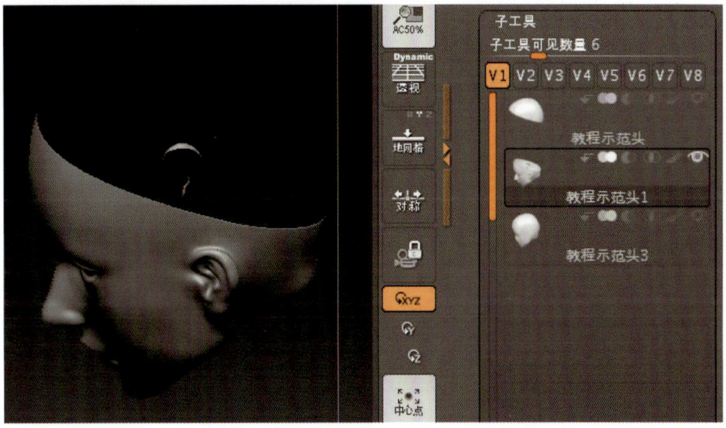

❺ 按住 Ctrl 键并在空白处拖曳画笔，或在“几何体编辑”→“Dynamesh”面板中，再次激活“Dynamesh”按钮，封闭实体。

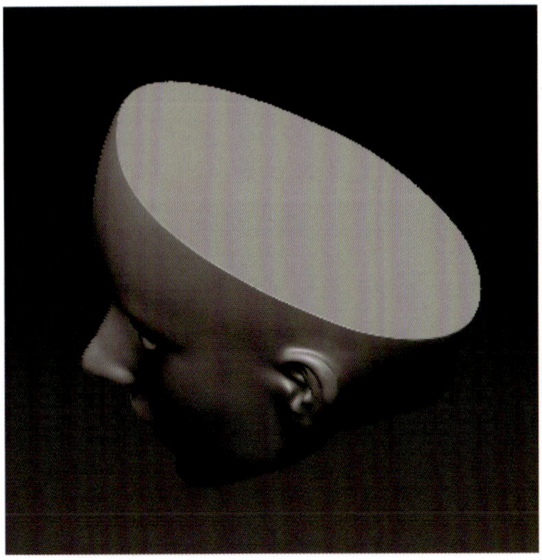

5.3 切割内芯与眼珠

❶ 为第 3 个内芯图层创建副本，并选择其中一个，将其拖曳到头盖下方。

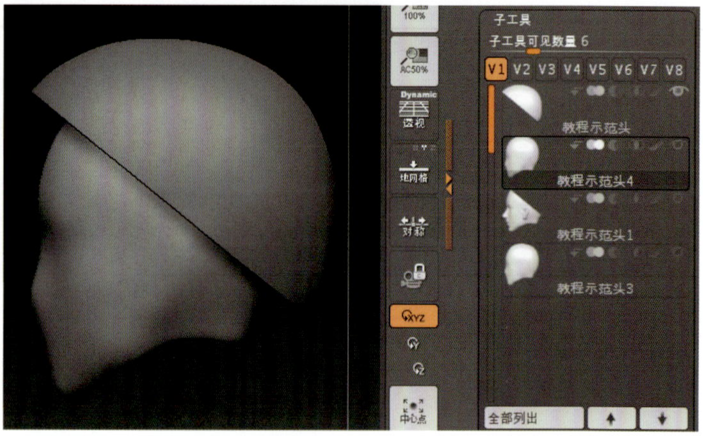

❷ 第 1 个图层、第 2 个图层为一组，使用差集运算切割出头盖。第 2 个图层、第 3 个图层为一组，使用差集运算切割出面部。

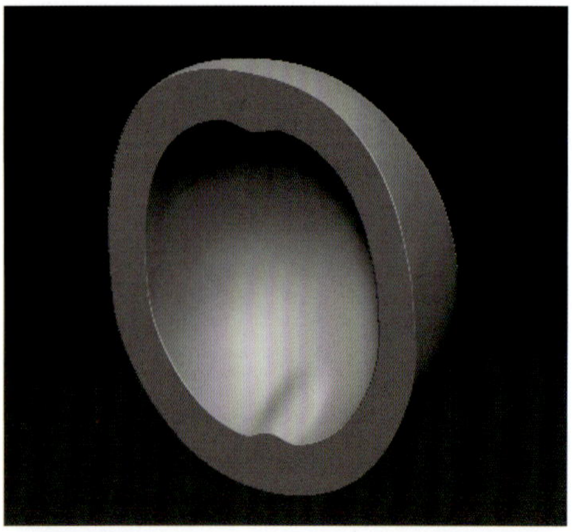

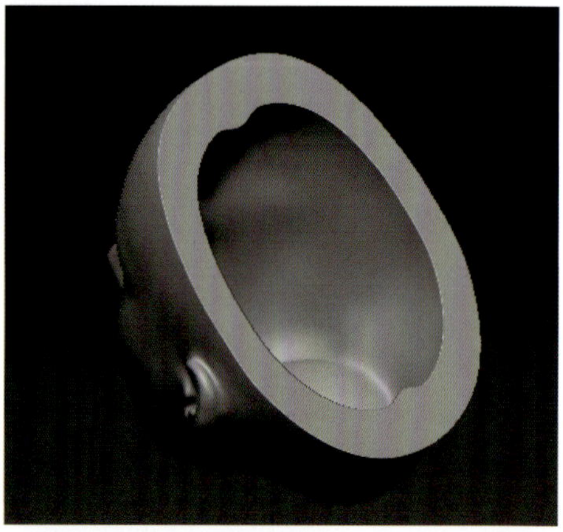

❸ 追加或插入一个 Sphere3D 球体，激活“透明”按钮，调整 Sphere3D 球体的大小，并将其放到眼眶的位置。

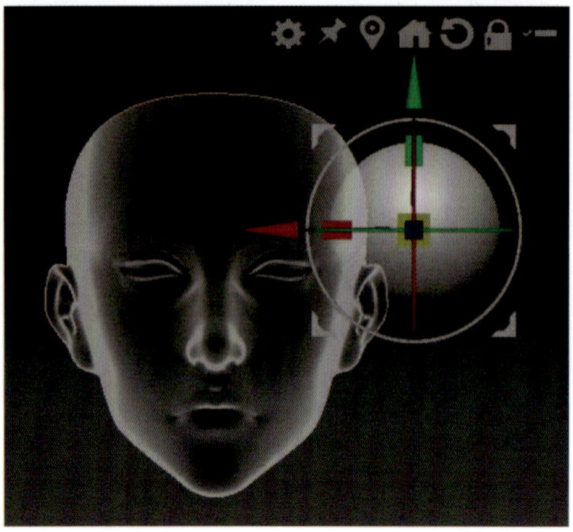

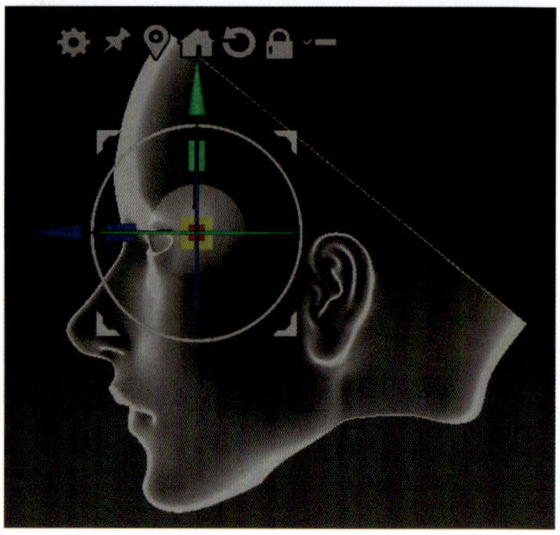

❹ 关闭“透明”按钮，检查眼眶的厚度。注意眼眶不要过薄，避免翻模后因树脂缩水而使眼皮透光。

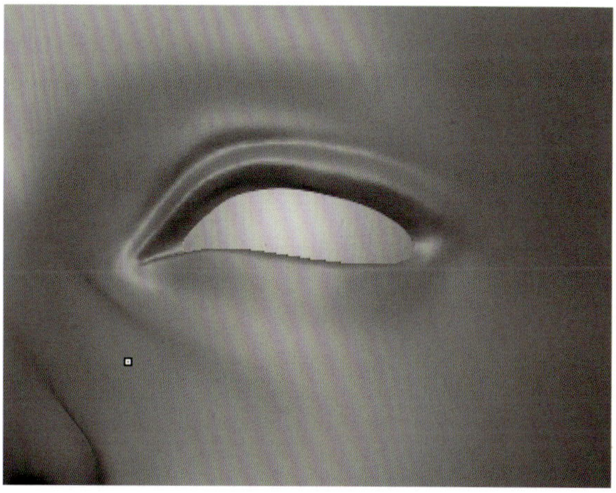

❺ 为调整好的眼珠图层创建副本，单击“变形”→“镜像”按钮，补全另一侧，并将两个眼珠图层合并。

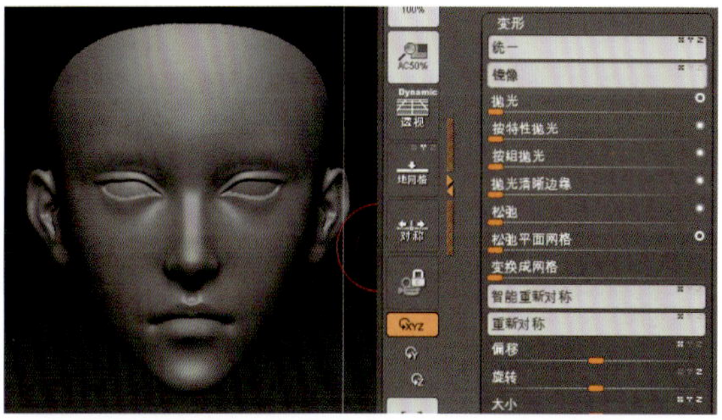

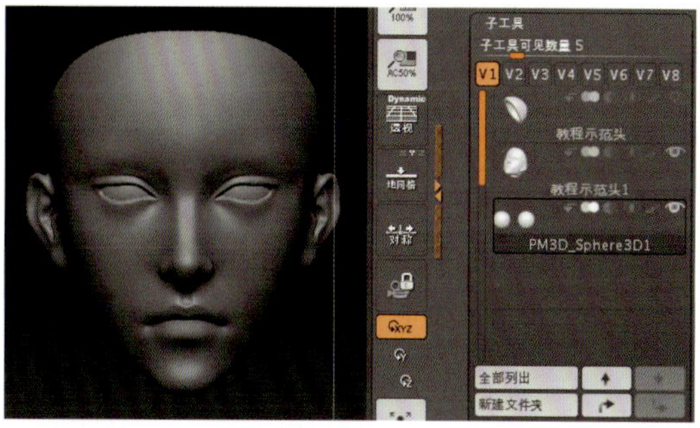

❻ 使用差集运算切割出眼眶。

❼ 若需对内侧眼眶进行处理，则可以操作之前在正面对眼睛进行涂抹，以免损失细节。

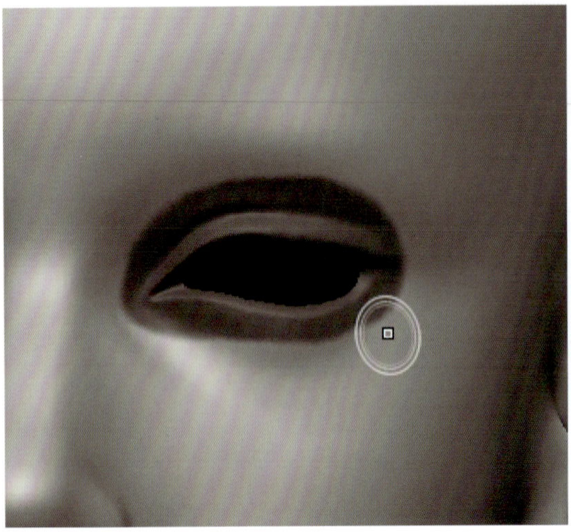

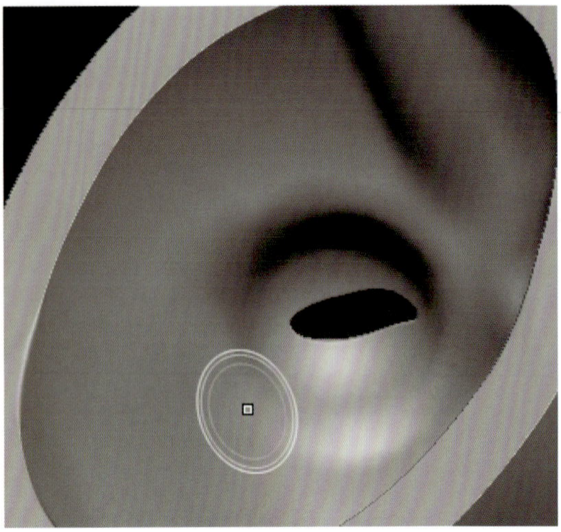

5.4 切割磁铁槽

❶ 追加或插入两个 Cylinder3D 圆柱体，按住 Shift 键并单击空白处回正画面，调整两个 Cylinder3D 圆柱体的大小，并将其放到额头与后脑勺磁铁的位置。注意，3D 操纵器中的绿色轴要处于边缘位置，以保证面部与头盖磁铁槽的深度一致。

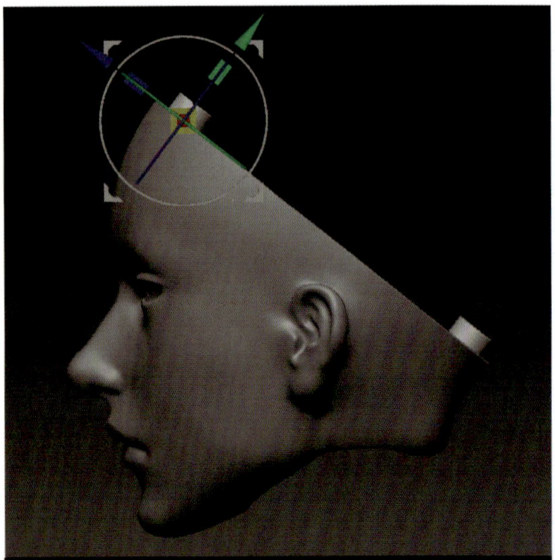

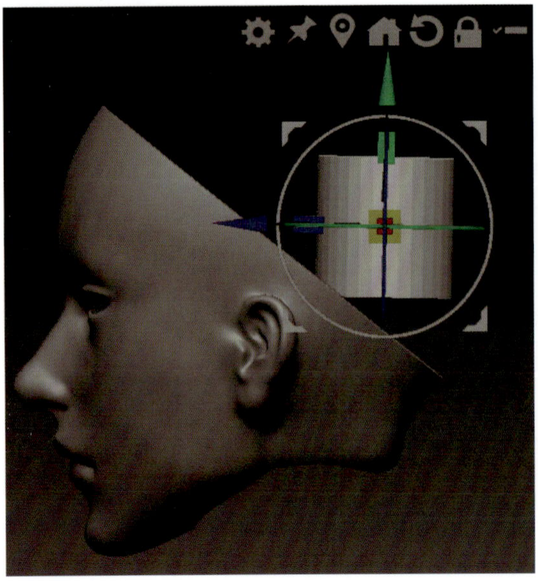

❷ 将两个磁铁图层合并，并创建副本，选择其中一个拖曳到头盖下方。

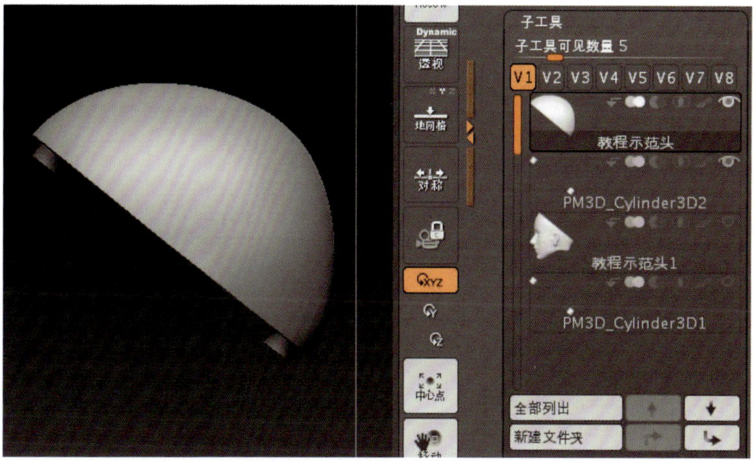

❸ 第 1 个图层、第 2 个图层为一组，使用差集运算切割出头盖的磁铁槽。第 2 个图层、第 3 个图层为一组，使用差集运算切割出面部的磁铁槽。

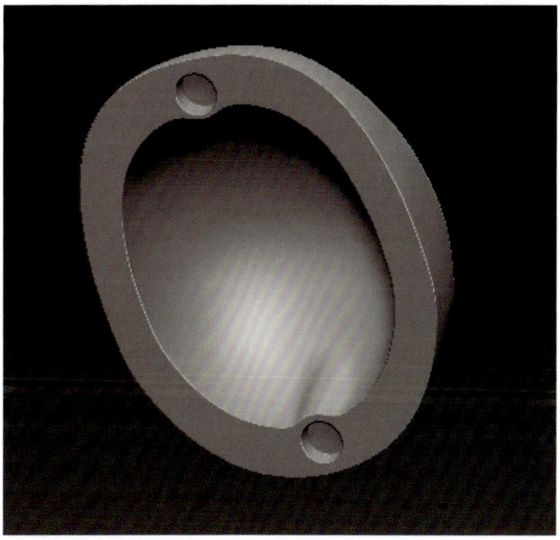

5.5 切割S钩槽

❶ 追加或插入一个 Cylinder3D 圆柱体，拖曳红色方块调整宽度，转到侧面，按住 Shift 键并单击空白处回正画面，拖曳蓝色方块调整长度，并调整倾斜度。在调整的同时可以不断单击图层的“差集”按钮以检查是否合适，并使用差集运算进行切割。

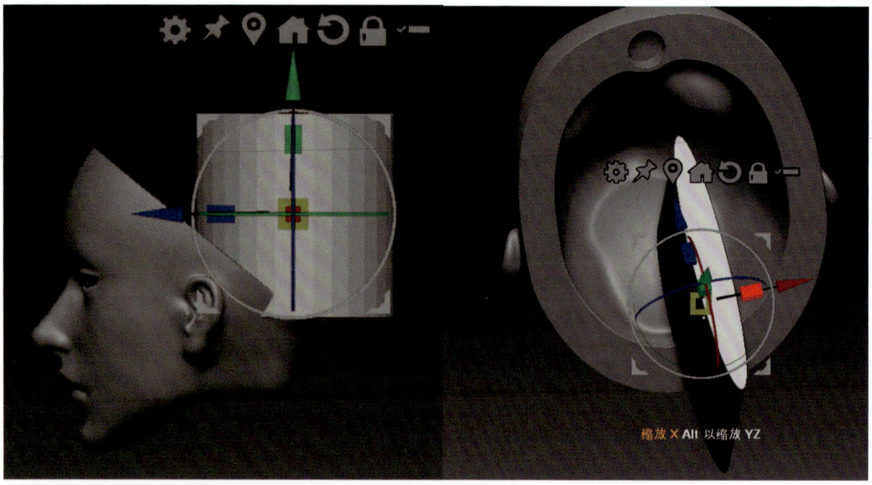

❷ 追加或插入一个 Cylinder3D 圆柱体，在回正画面的情况下将该 Cylinder3D 圆柱体调整到合适的大小和长度，放到脖子中间的位置，并使用差集运算进行切割。

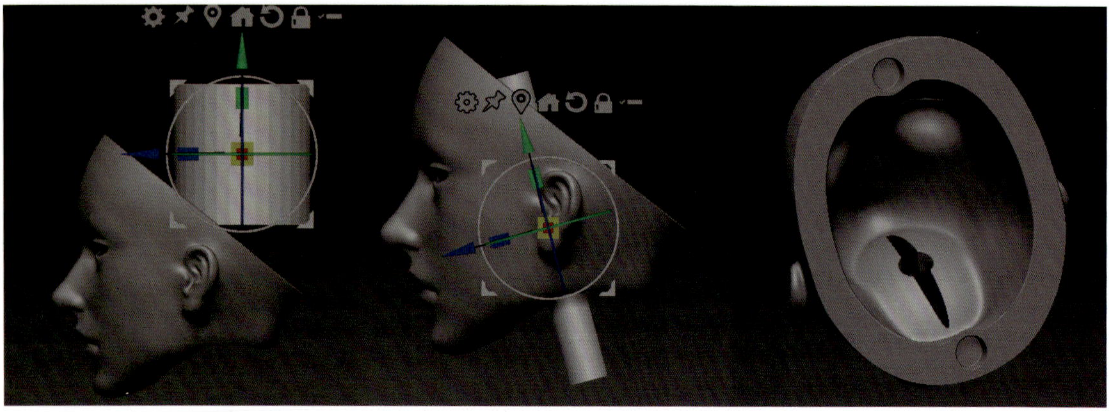

❸ 再次追加或插入一个 Cylinder3D 圆柱体，将该 Cylinder3D 圆柱体调整到合适的形状和深度，放到脖子中间的位置，并使用差集运算进行切割。

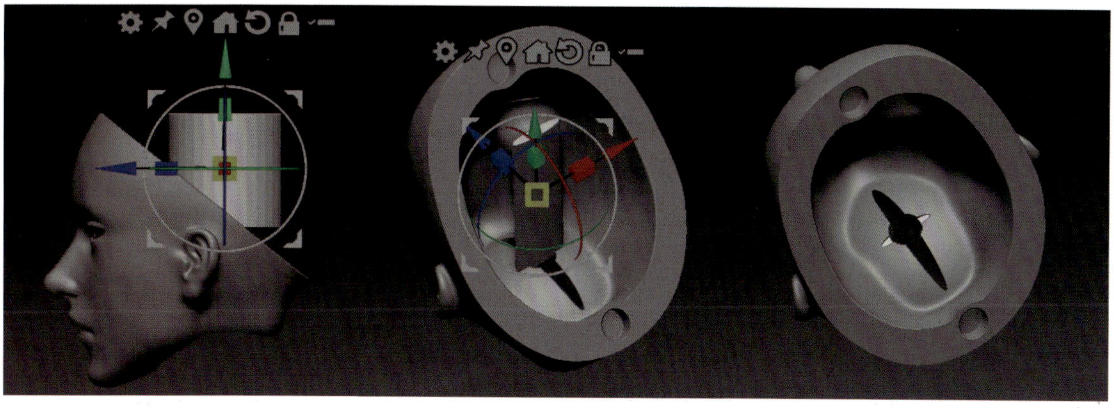

小贴士

以上需要被切割的图层可以在全部制作完成后进行合并，并一次性地进行布尔运算。也可以用其他方式制作，这里只进行一种方式的展示。

5.6 头盖卡槽的制作

❶ 制作出任意形状的卡槽，将其调整到面部侧面，并为图层创建副本，单击“变形”→“镜像”按钮，补全另一侧。

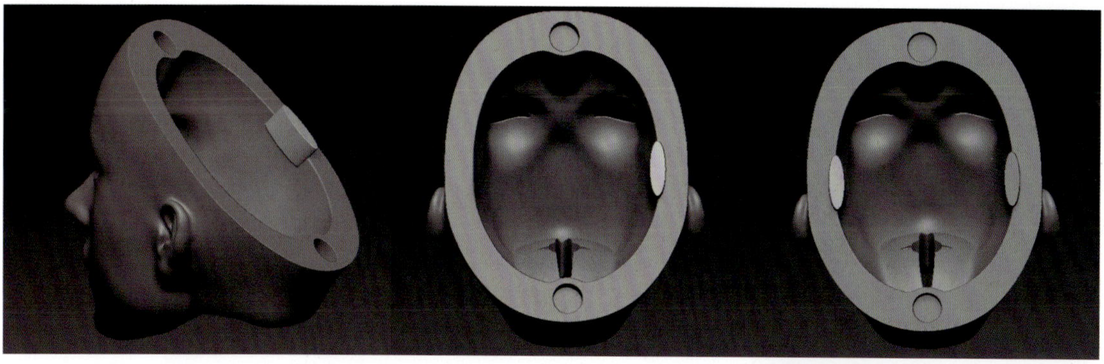

❷ 将两个卡槽合并为一个卡槽图层，并创建副本。选择其中一个卡槽图层，对其进行调整，使其与头盖图层衔接。调整完成后，将卡槽图层与头盖图层合并，重新布线，处理表面的光滑度。

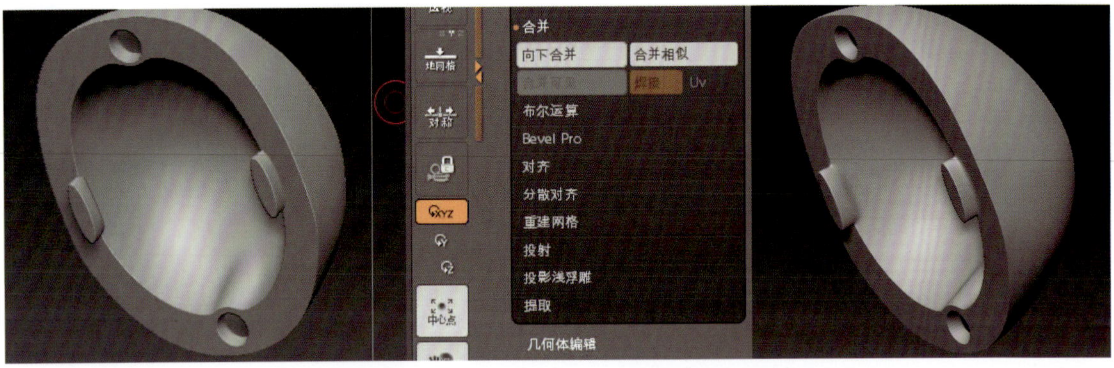

❸ 将另一个卡槽图层拖曳到面部图层的下方，使用差集运算进行切割。

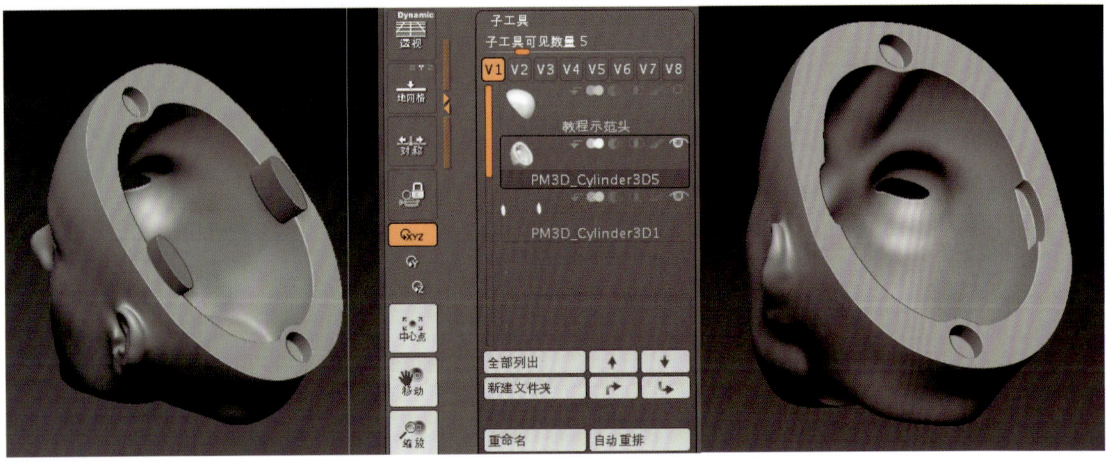

❹ 至此，完成整个头部的拆分。头部拆分的实现不止有一种方式，这里只展示一种。熟练掌握软件后，用户可以自行探索适合自己的方式。

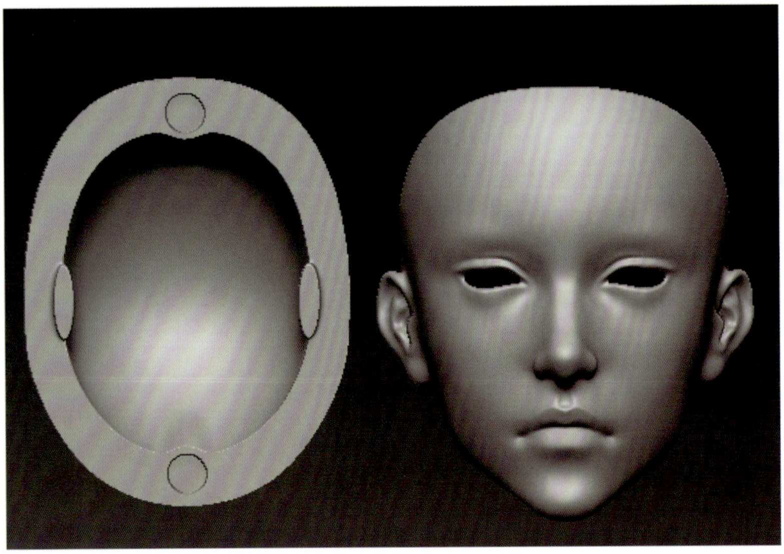

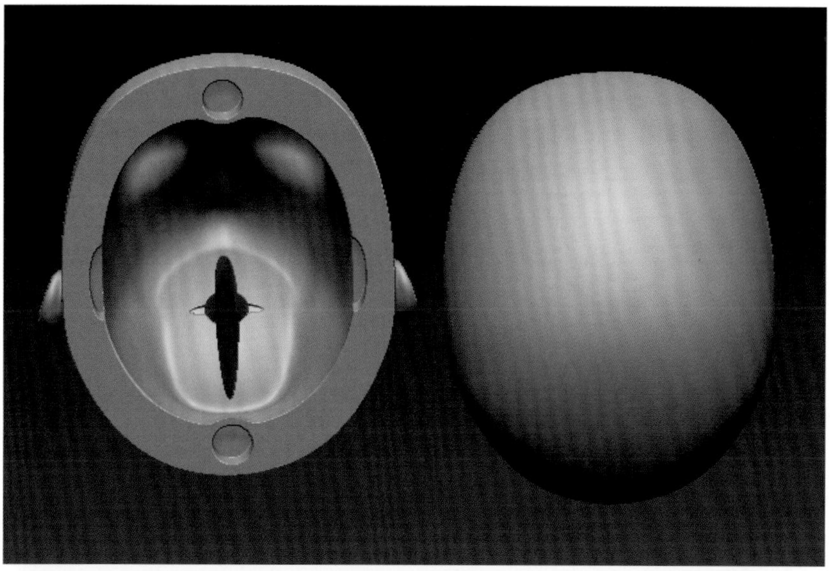

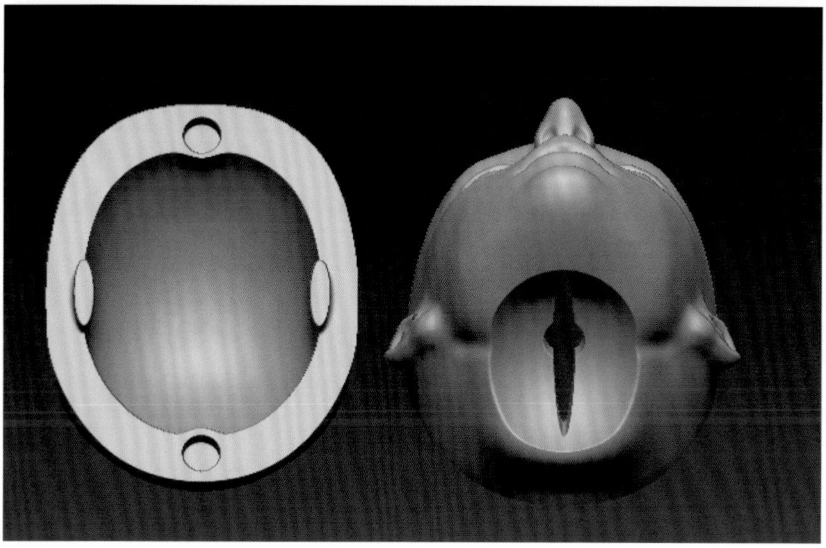

Chapter

06

男性BJD身体的制作

6.1 整体轮廓的制作

❶ 在灯箱中选择“项目”选项中的 DynaMesh_Sphere_32.ZPR 文件，调整其形状，将其作为躯干。

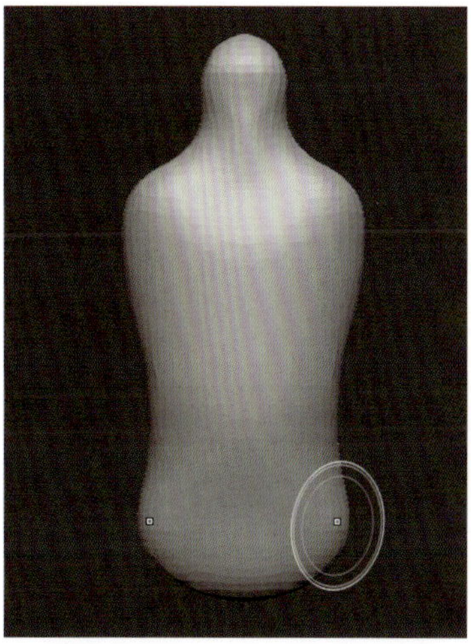
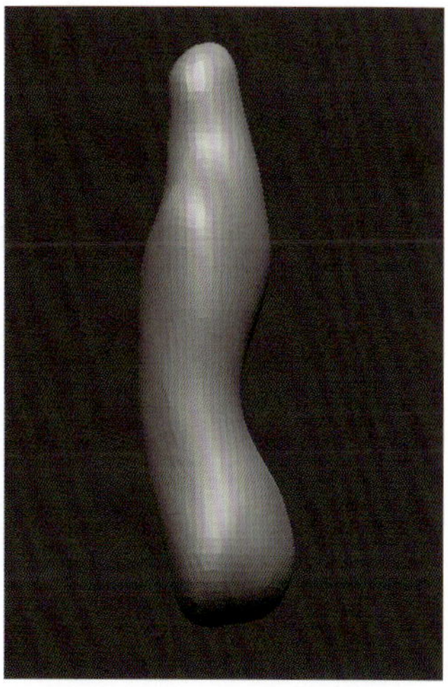

❷ 追加或插入一个 Sphere3D 球体，对其进行调整，将其作为胳膊。

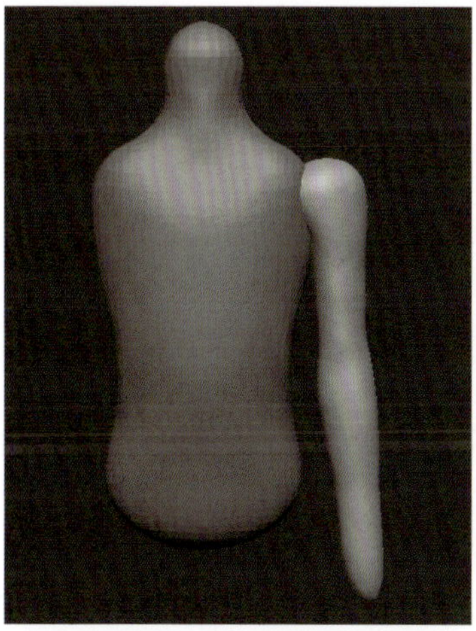
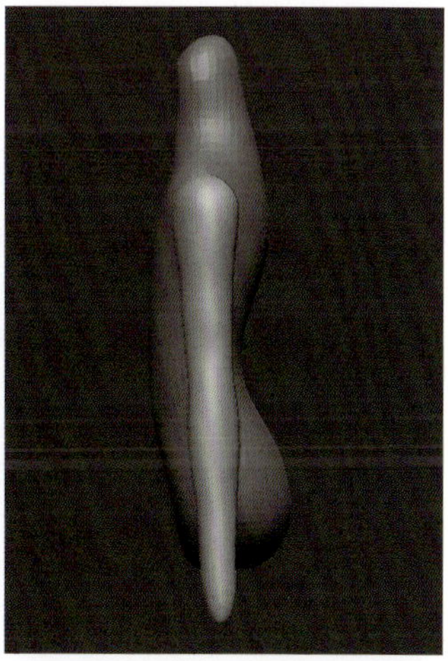

❸ 创建胳膊图层的副本，单击“变形”→“镜像”按钮，补全另一侧，将躯干图层和两个胳膊图层合并。

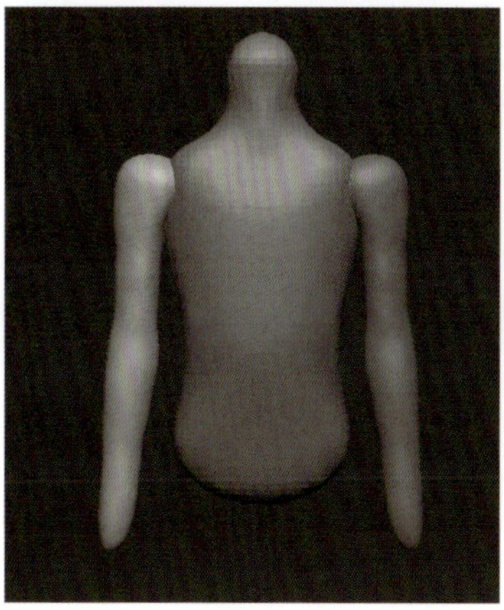
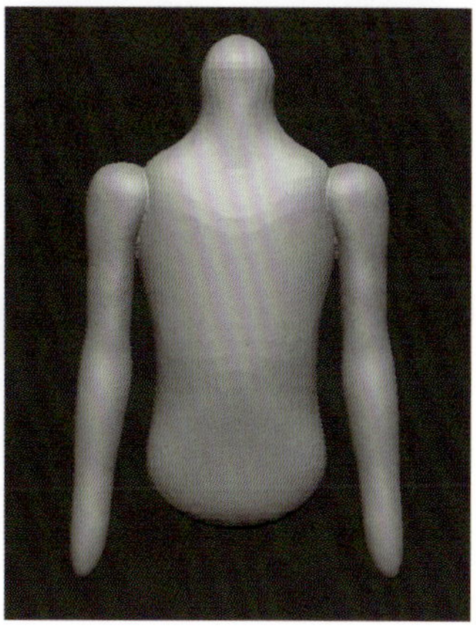

❹ 调整合适的分辨率后重新布线，并将胳膊与躯干的衔接处处理整齐。注意，前期分辨率不要太高，以免难以使表面平滑。

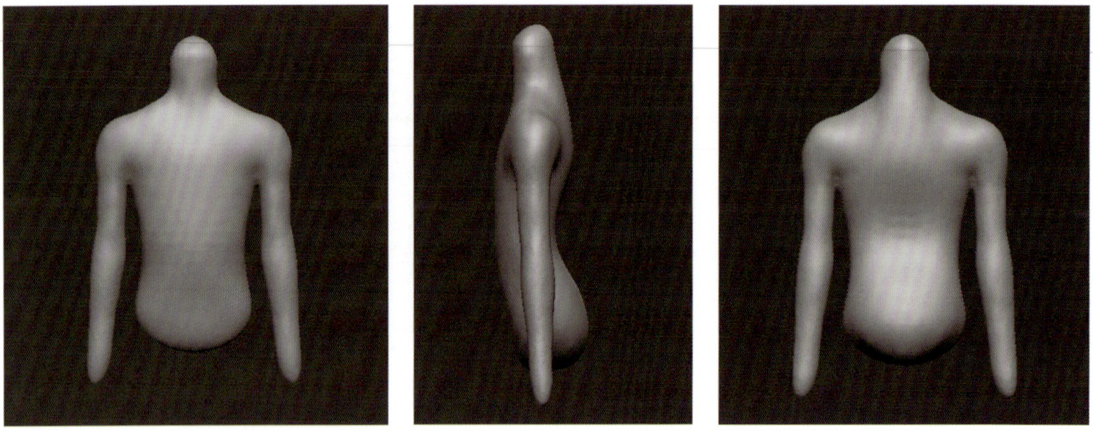

❺ 追加或插入一个 Sphere3D 球体，将其拉长，作为腿部。

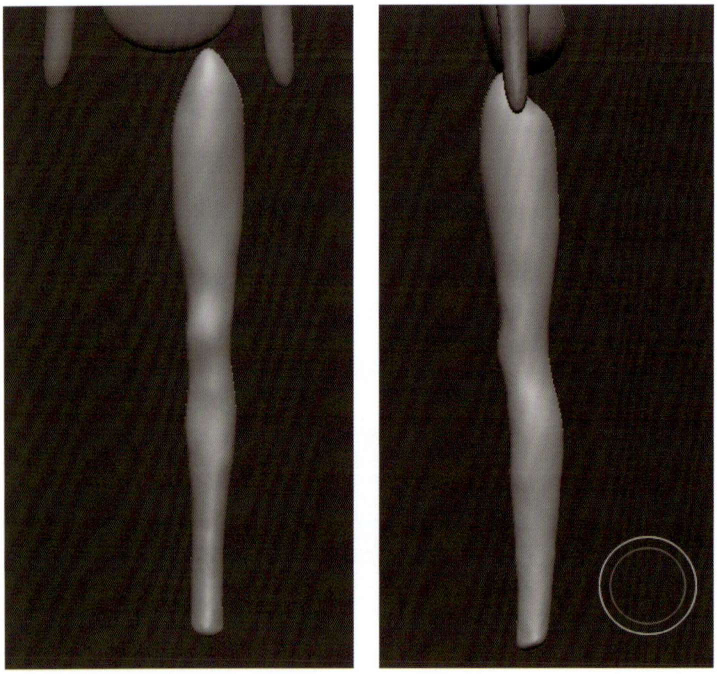

❻ 创建腿部图层的副本，单击“变形”→“镜像”按钮，补全另一侧，将两个腿部图层合并。

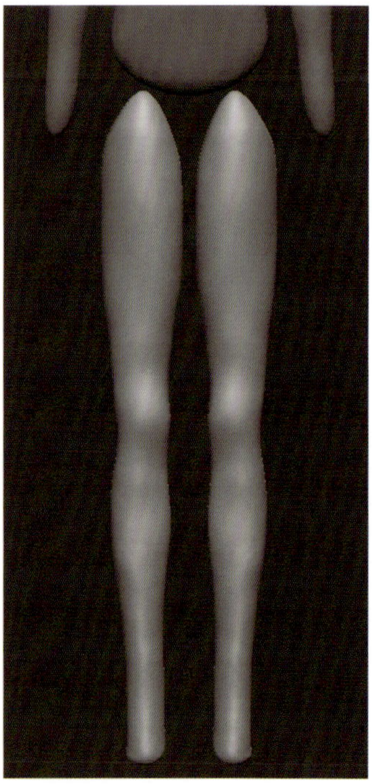

❼ 遮罩住胳膊，把躯干的下半部分与腿部衔接好。将躯干图层与腿部图层合并，并进一步进行衔接。

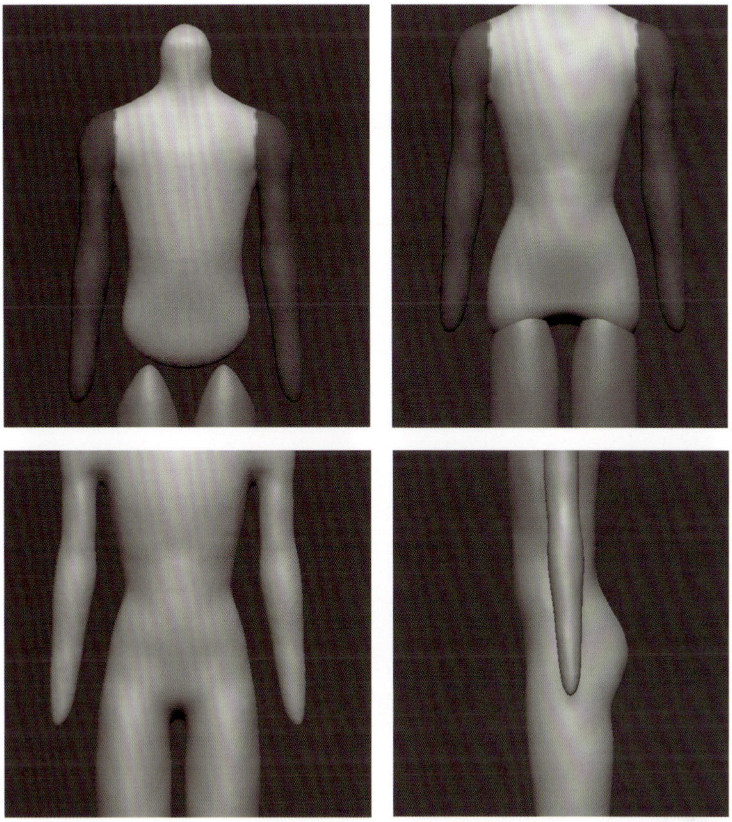

❽ 把制作好的头部导入，调整其大小，并将其放到脖子上。

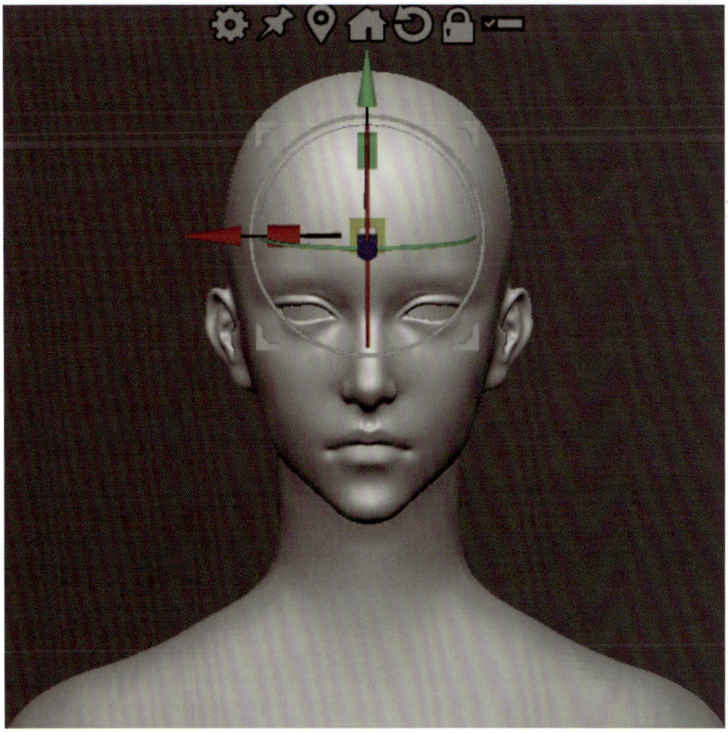

❾ 以头部为标准，根据自己的喜好大致调整整体比例与形状，具体细节可以在制作过程中和制作完成后继续调整。至此，整体轮廓制作完成。

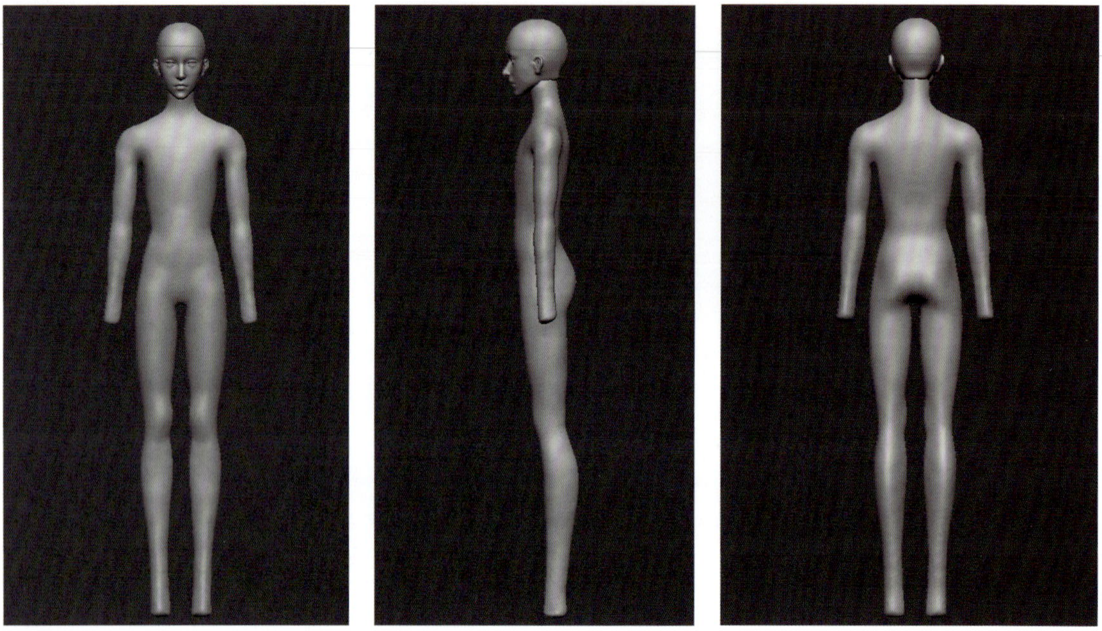

6.2 躯干轮廓的制作

❶ 在制作躯干正面时，要注意肚脐位于第 3 排与第 4 排腹直肌之间，并注意不要将肚脐放置得过于靠下。

❷ 在侧面的胸肌与腹外斜肌之间，前锯肌有着交错的形状，其也是需要重点记忆的肌肉之一。

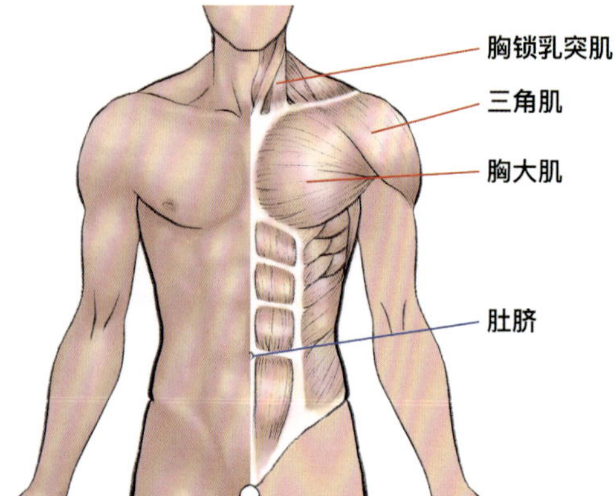

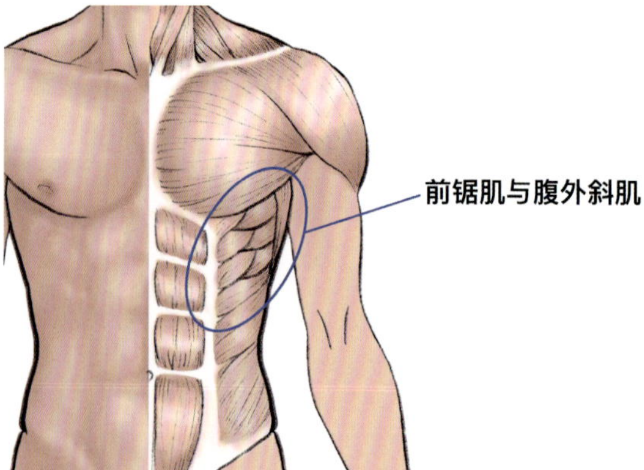

❸ 先将胳膊轮廓遮罩住(或直接拆分成两个图层)，然后开始制作躯干轮廓。

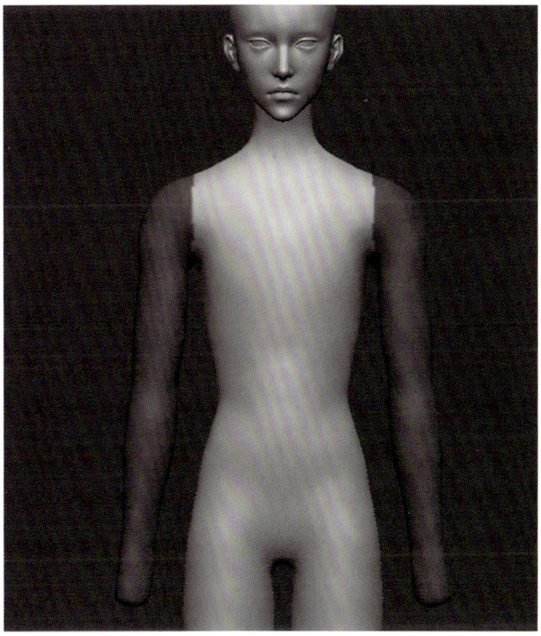

❹ 把锁骨与胸肌的区域大致画出来。

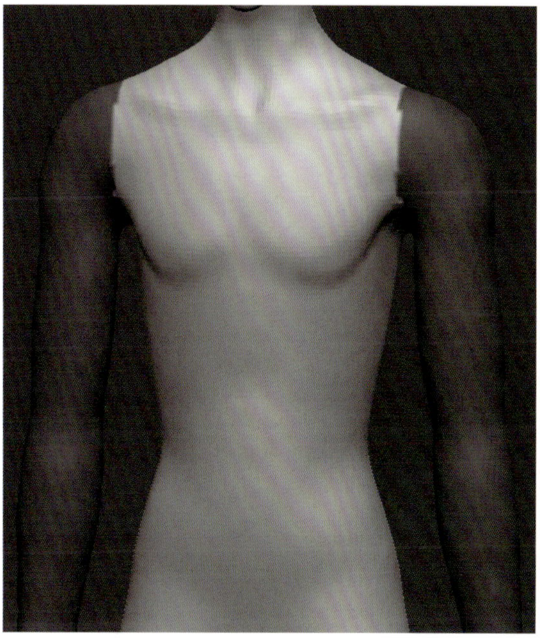

❺ 制作出腹直肌的分区，大概确定肚脐的位置。

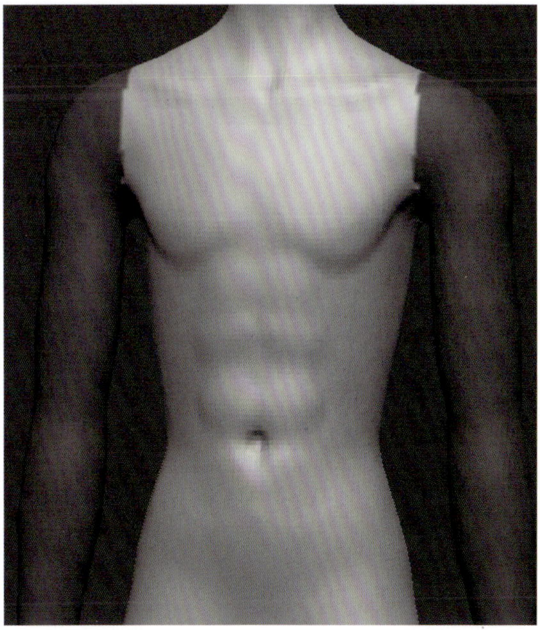

❻ 在腹直肌与腹外斜肌之间加深刻画，并画出腹外斜肌下半部分的边缘轮廓。

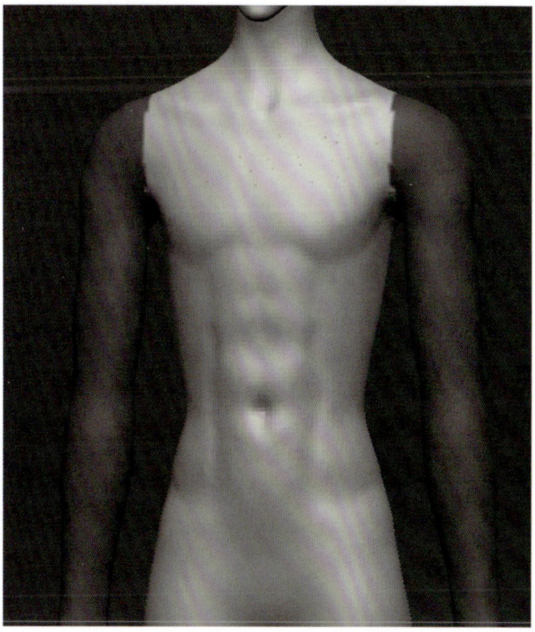

❼ 大致画出前锯肌。

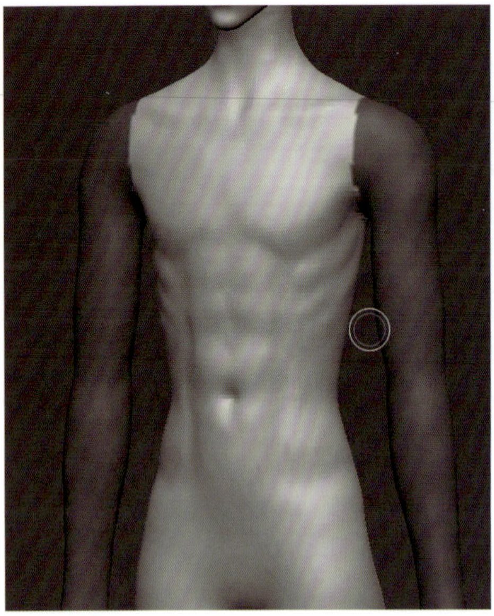

❽ 在背部肌肉中，斜方肌与三角肌衔接的位置决定了肩部的线条。

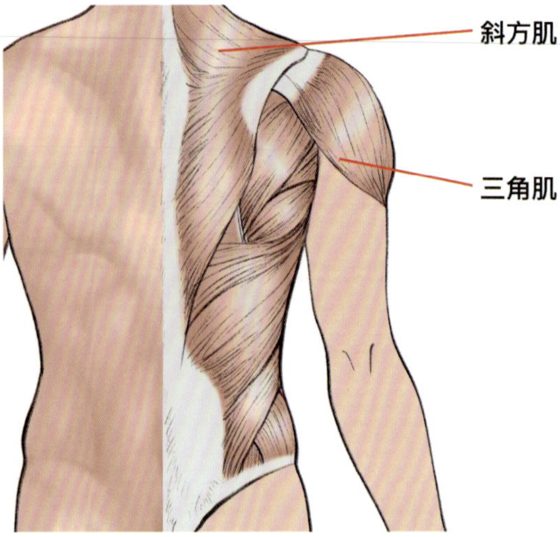

❾ 脊椎在背部有着不同的凹凸度：在颈椎处，骨点处于自然凸起的状态；在腰椎处，骨点则处于凹陷的状态。

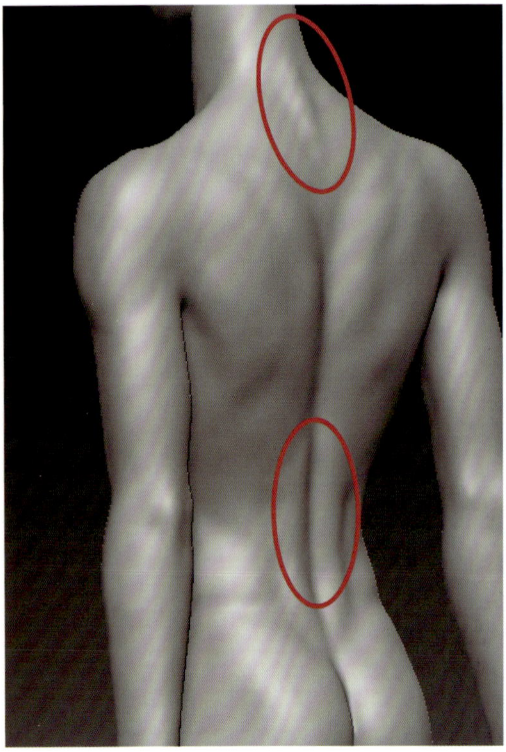

❿ 在背部画出肩胛骨的大致形状。

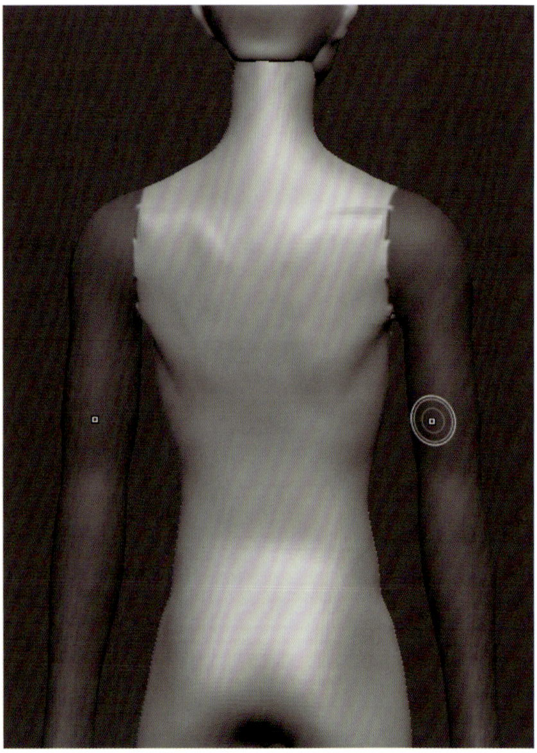

⓫ 将颈椎的骨点与腰椎的凹陷画出来。

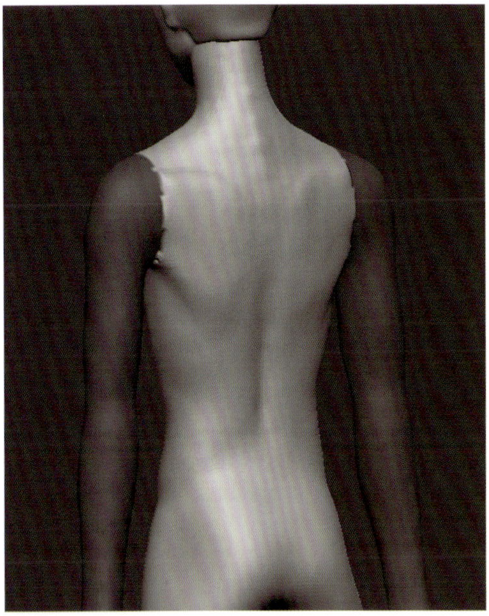

⓬ 大致整理腰部肌肉的形状，并对臀部进行大概的刻画。

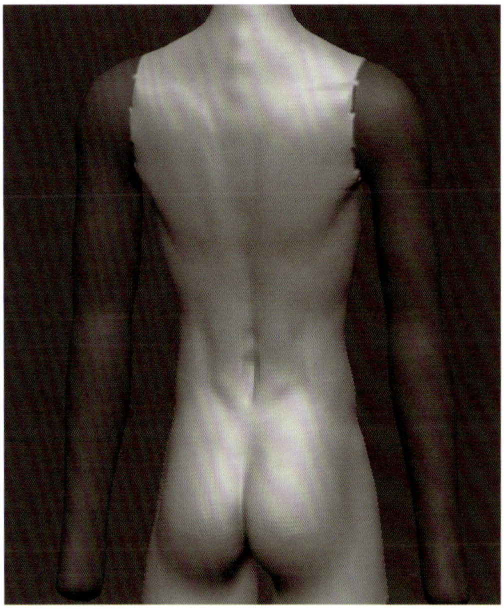

6.3 胳膊轮廓的制作

❶ 在制作胳膊轮廓时，要注意三角肌与肱二头肌的比例。

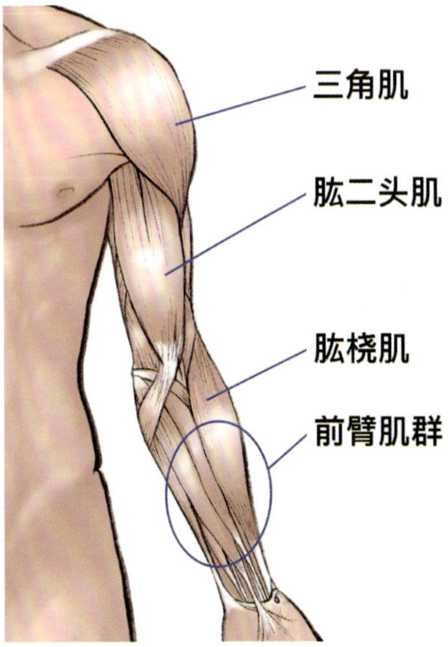

❷ 肱桡肌与肱肌、肱三头肌在手肘处有交错的结构。

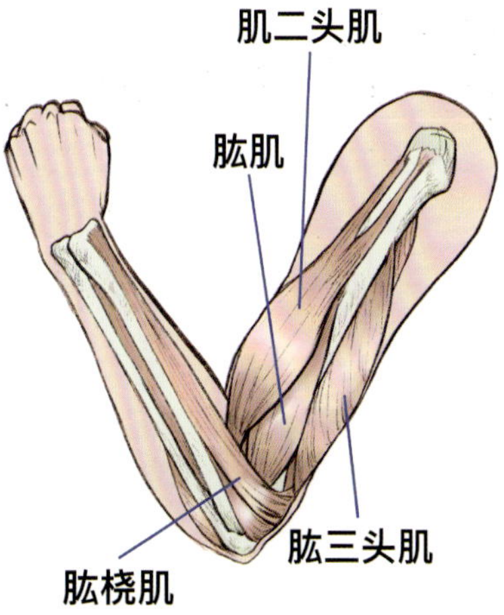

❸ 在前臂肌群中，可以将肱桡肌与其他肌群分为两个部分，以简略理解结构。

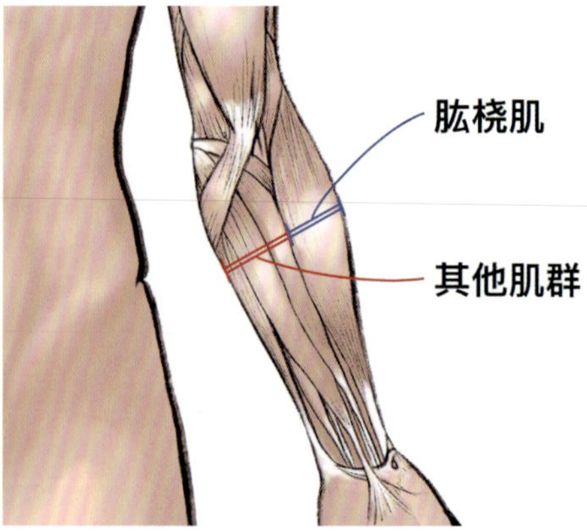

❹ 将三角肌的边缘与形状刻画出来。

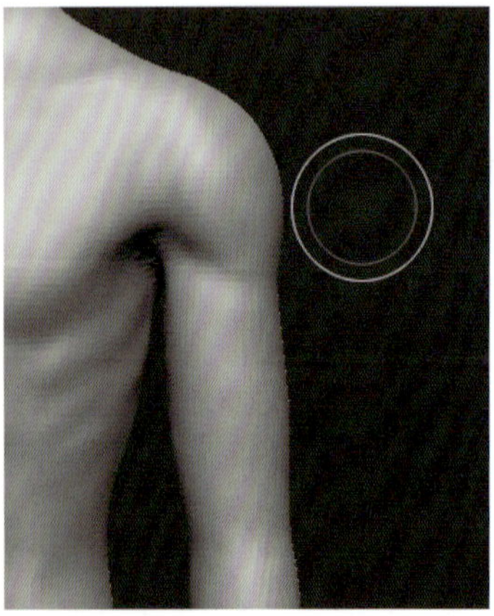

❺ 绘制肱二头肌与肱三头肌的外侧边缘。

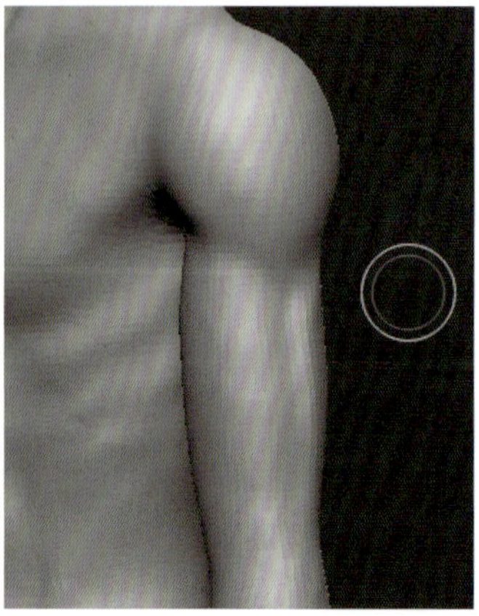

❻ 绘制肱二头肌与肱三头肌的内侧边缘。

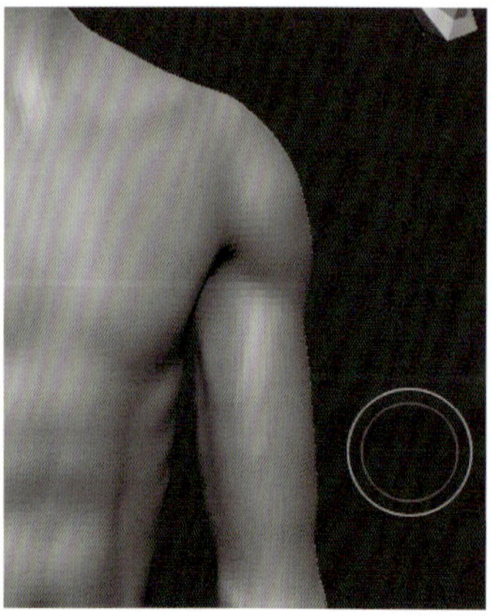

❼ 在手肘后方画出一些骨骼感，在手肘前方画出小臂肌肉的形状。

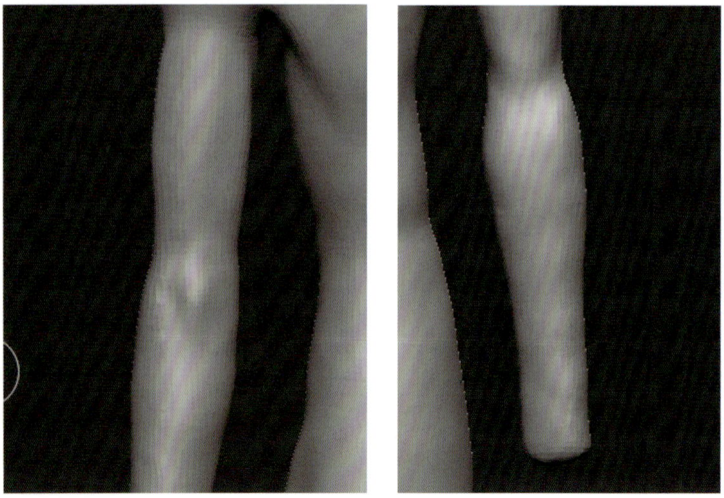

❽ 调整胳膊与躯干的比例。

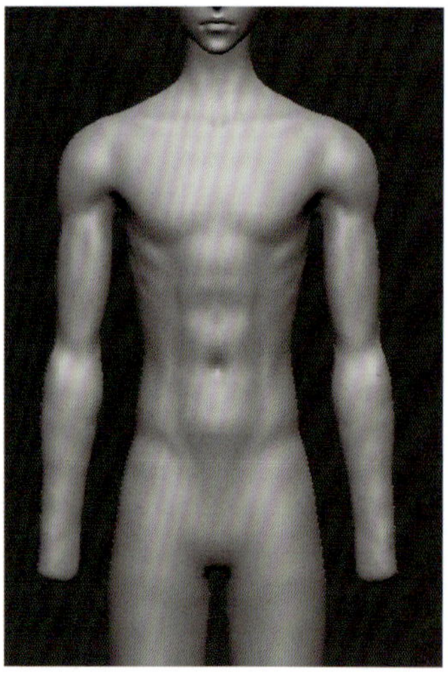

6.4 腿部轮廓的制作

❶ 在制作腿部轮廓时要注意缝匠肌起到的作用。它从大腿根部出发，向下绕到膝盖内侧，在大腿上形成束缚形状。

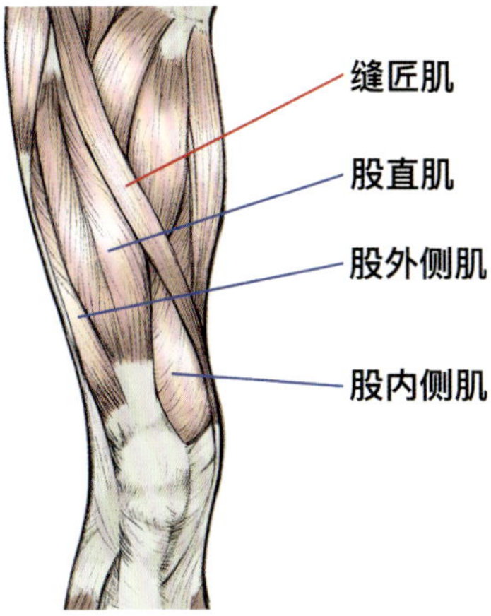

❷ 膝盖并不是单一的圆形。在制作时，要注意它与大腿肌肉、胫骨的关联。

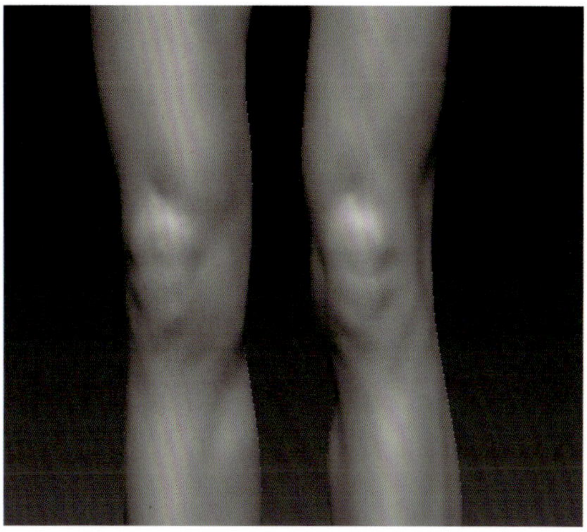

❸ 大致制作出膝盖的形状。

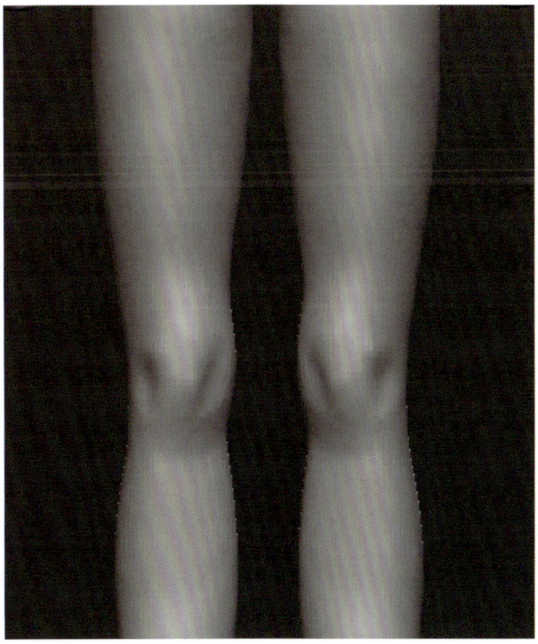

❹ 把大腿的缝匠肌的形状画出来。

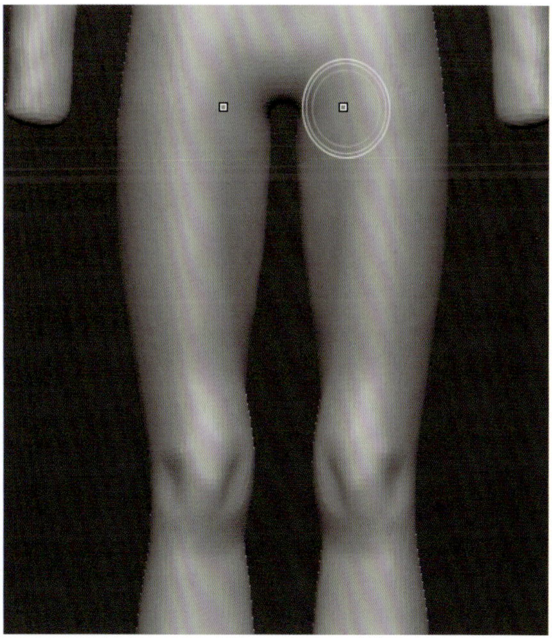

❺ 小腿的胫骨内侧有较为明显的骨骼边缘，可以将其刻画得清晰一些。

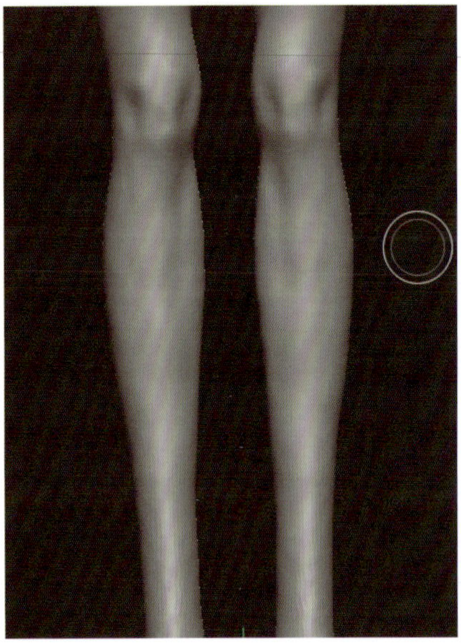

❻ 继续调整整体比例与大腿、小腿的粗细。

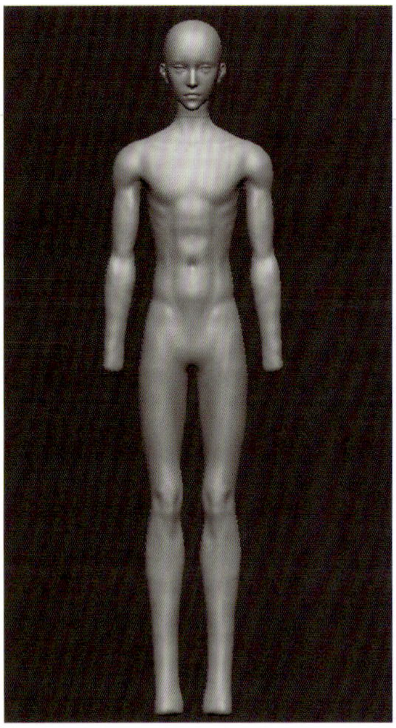

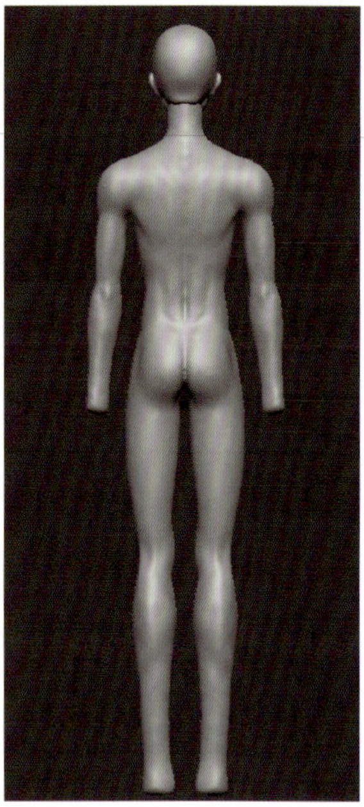

6.5 完善躯干细节

❶ 将分辨率提高 100 像素左右，以更好地雕刻细节。把锁骨按以下步骤逐渐完善。

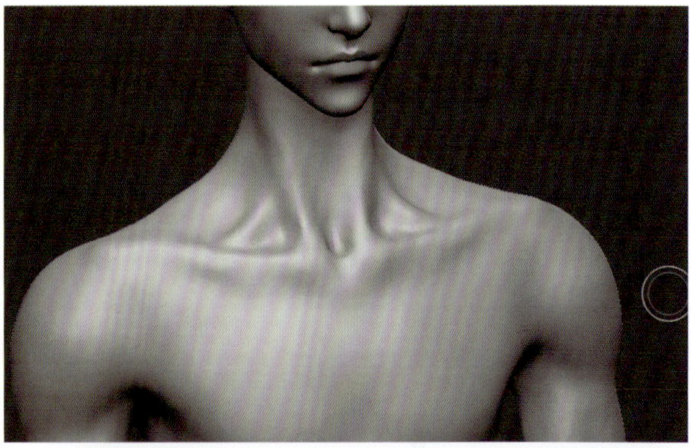

❷ 调整斜方肌在正面的饱满度。

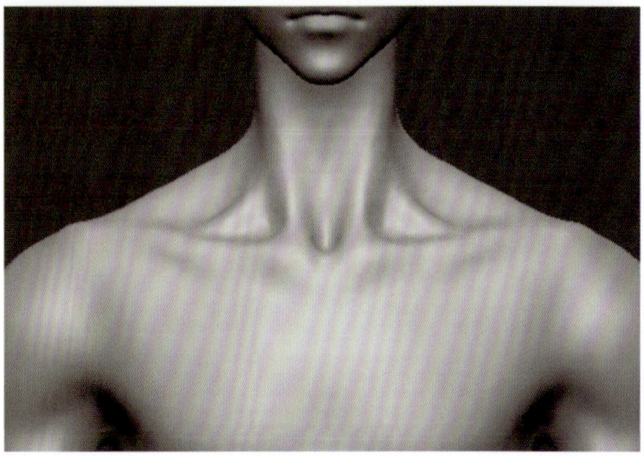

❸ 把锁骨与三角肌、胸肌之间的凹陷画出来。

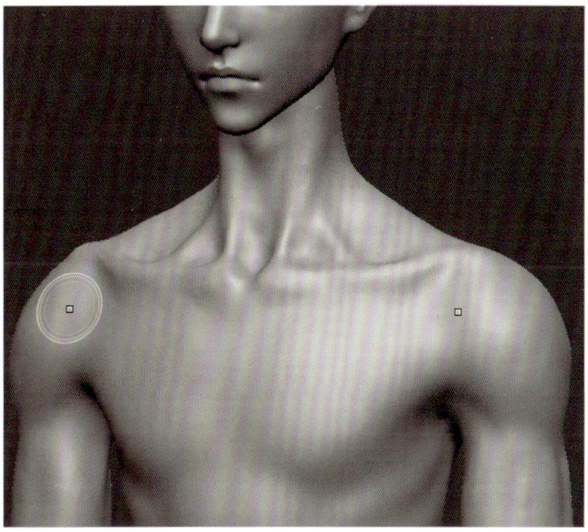

❹ 刻画胸肌，调整其比例与形状。

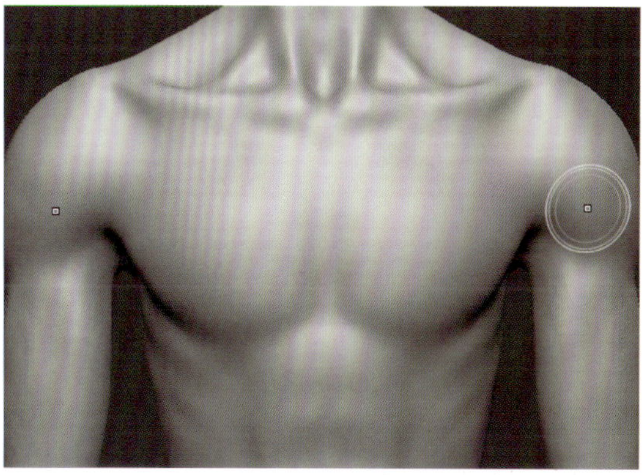

❺ 根据自己的喜好增加细节。

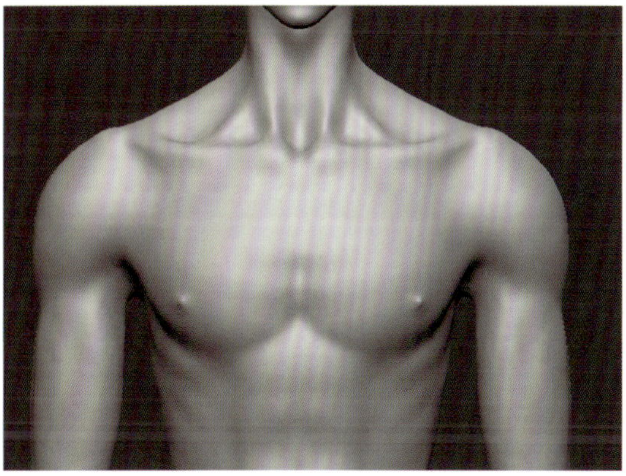

❻ 区分腹直肌。

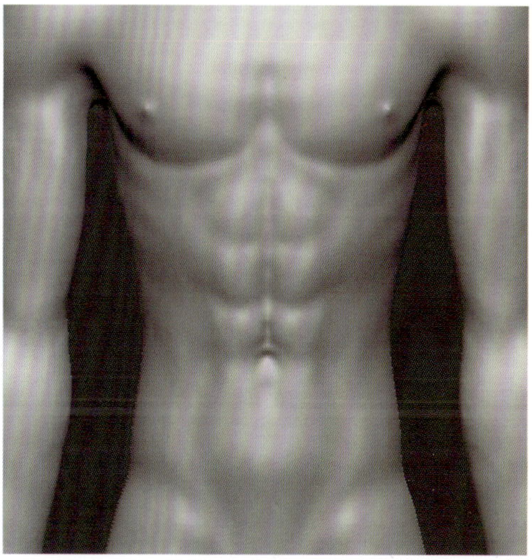

❼ 遮罩好胳膊，清晰地刻画前锯肌，同时根据自己的喜好调整躯干的线条。

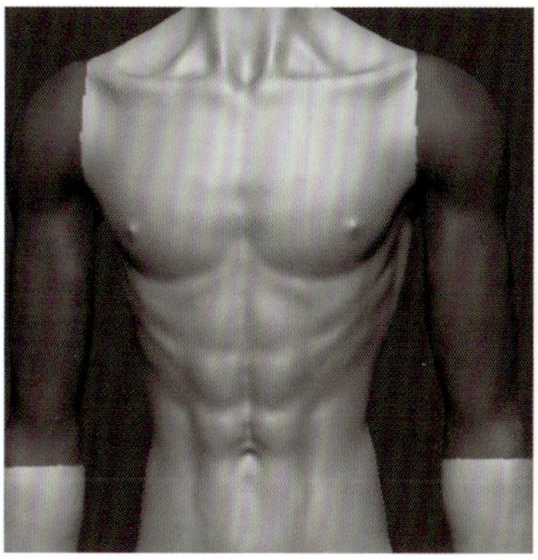

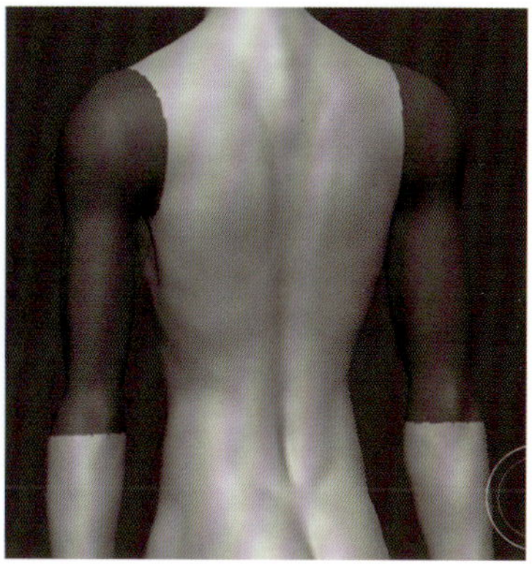

❽ 根据自己的喜好增加或减少肌肉量。

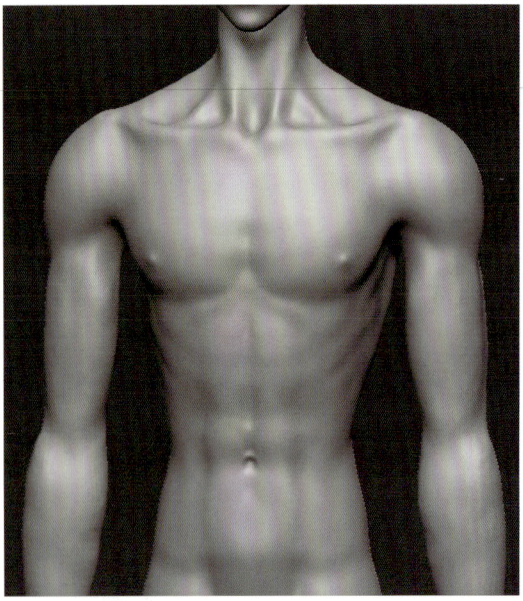

❾ 整理后腰部背阔肌的形状。

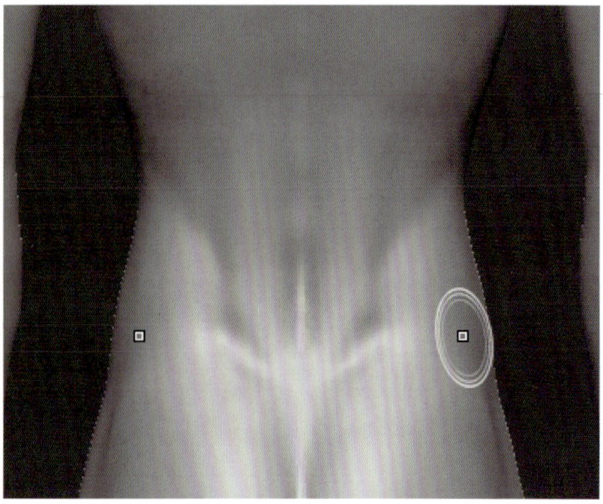

❿ 清晰地刻画颈椎的骨点与腰椎的凹陷。

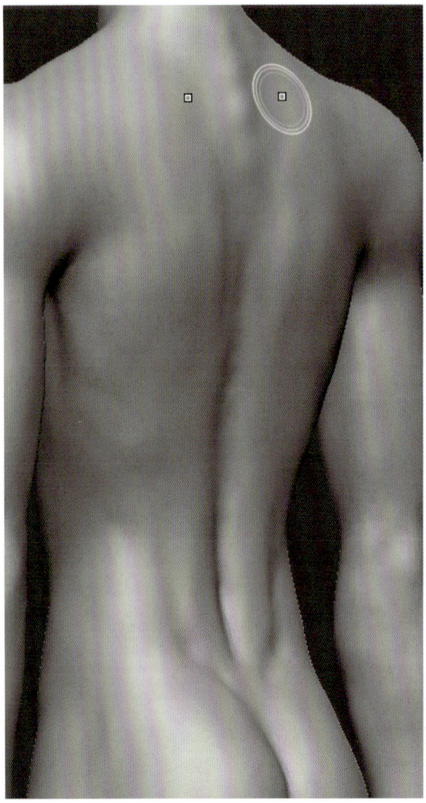

⓫ 根据自己的喜好增加肩胛骨细节，完善整个背部。

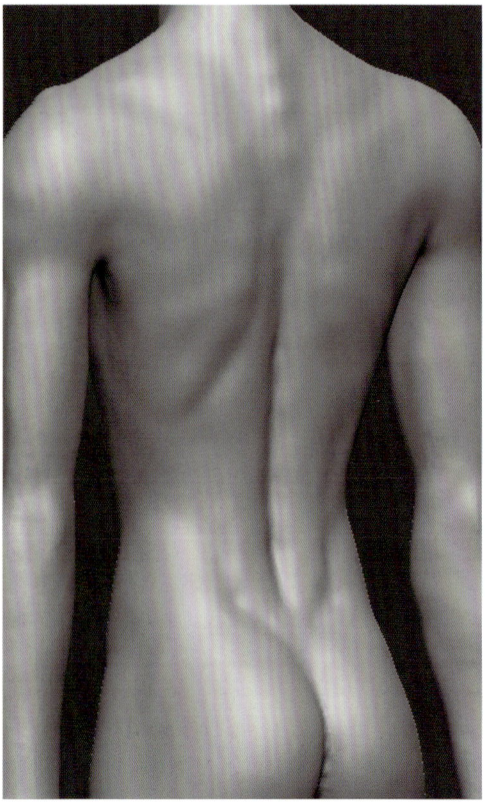

6.6 完善胳膊细节

❶ 刻画三角肌的边缘。

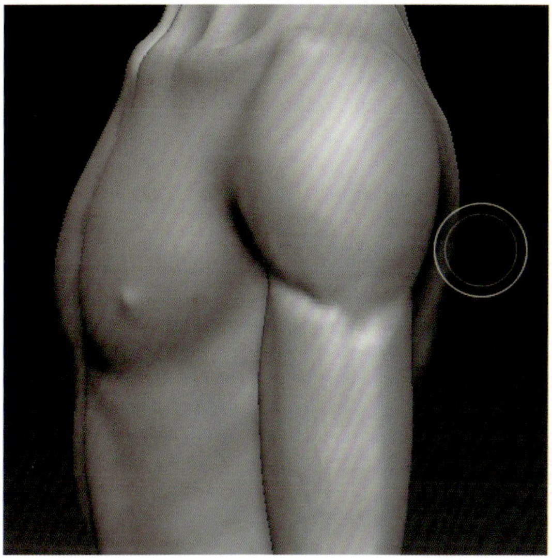

❷ 区分大臂的前、后肌肉块面。

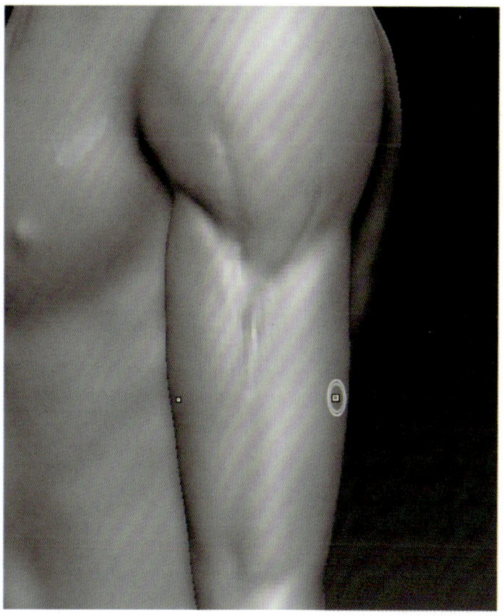

❸ 整理肱二头肌在手肘处的形状。

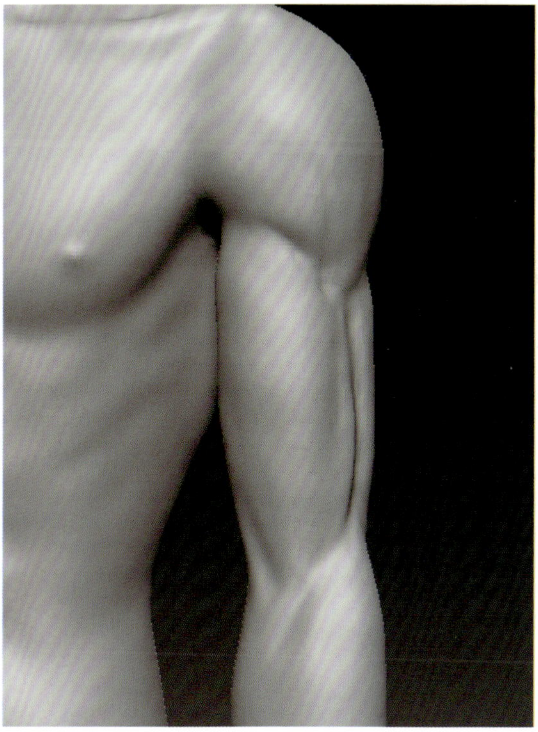

❹ 清晰地刻画肱三头肌。

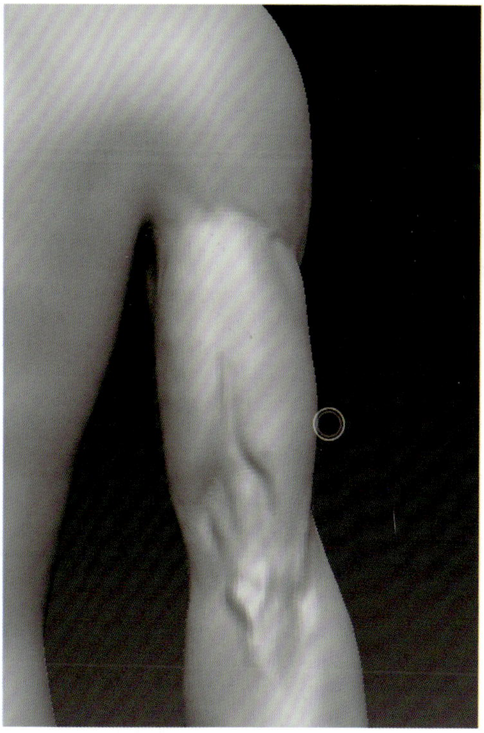

5 把大臂内侧肱二头肌与肱三头肌的衔接处刻画出来。

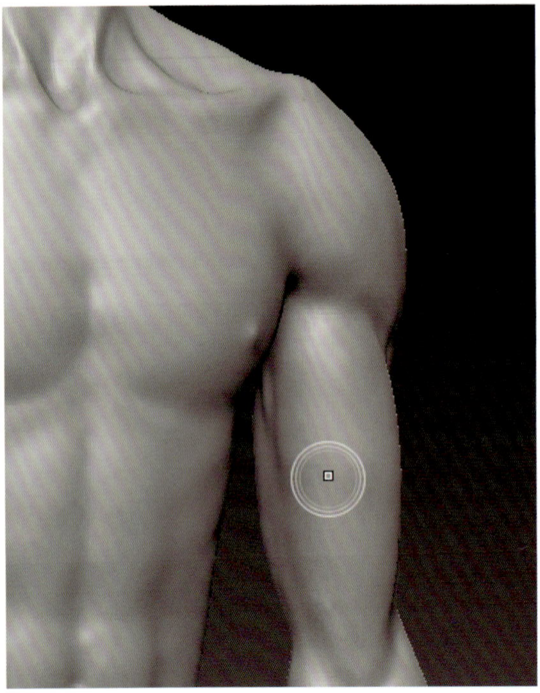

6 调整小臂的整体形状。

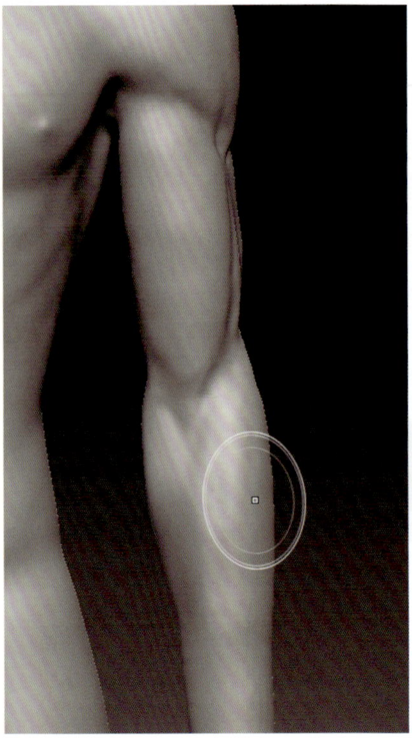

7 将小臂的肌肉分成左、右两个块面。

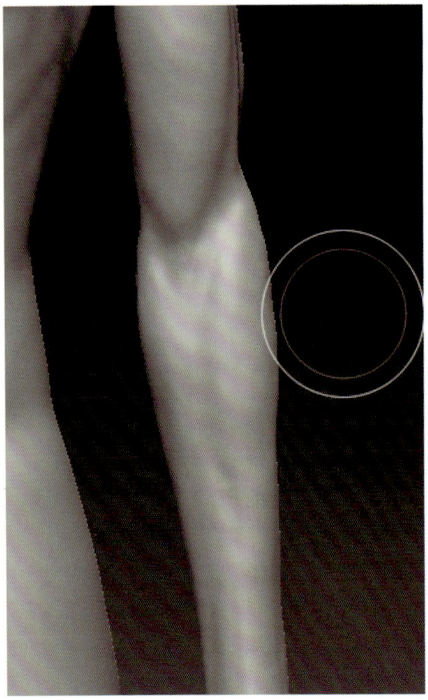

8 大致刻画小臂后方的肌肉。

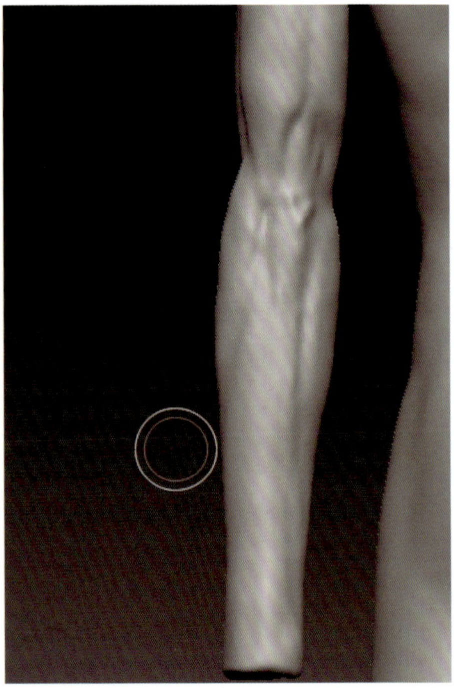

❾ 根据自己的喜好调整胳膊的肌肉量与线条。

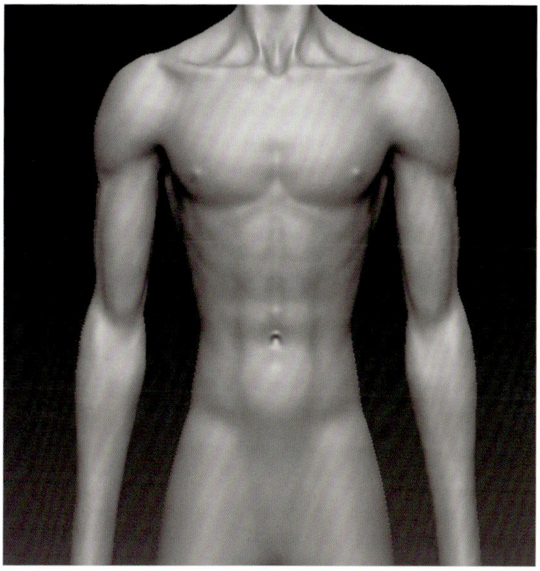

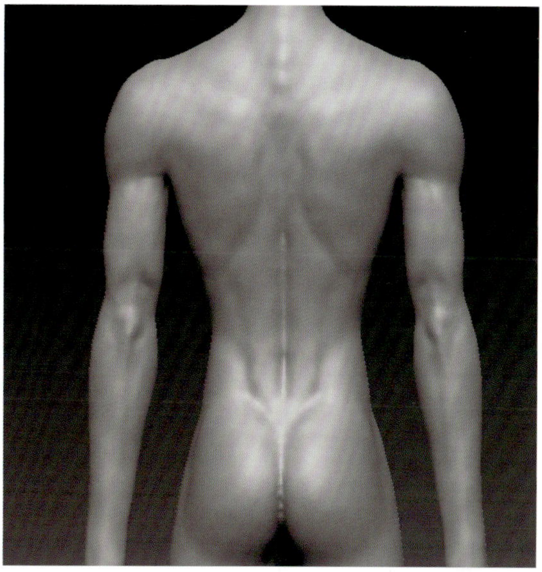

6.7 完善腿部细节

❶ 将股外侧肌与股内侧肌刻画出来。

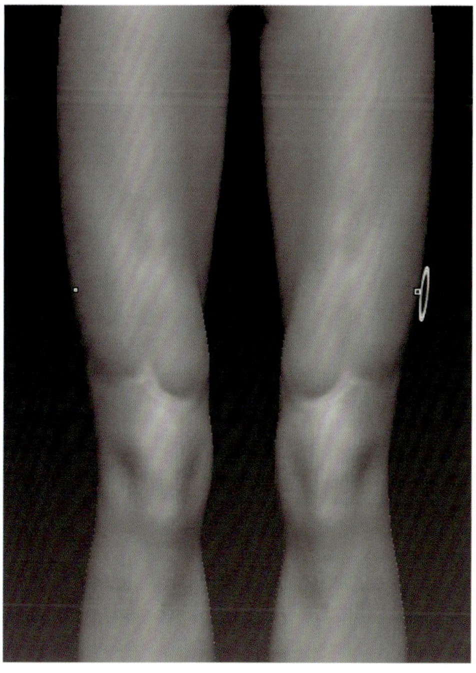

❷ 因膝盖的形状受皮肤影响较大，故可以参考真人照片后制作自己喜欢的膝盖。

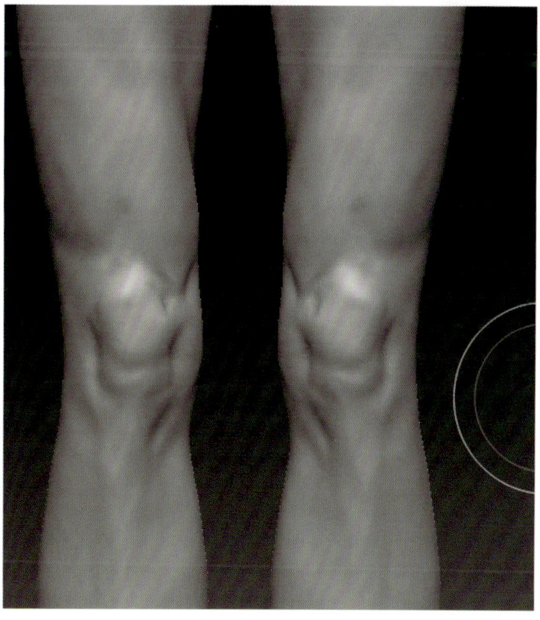

❸ 刻画胫骨前肌的形状。

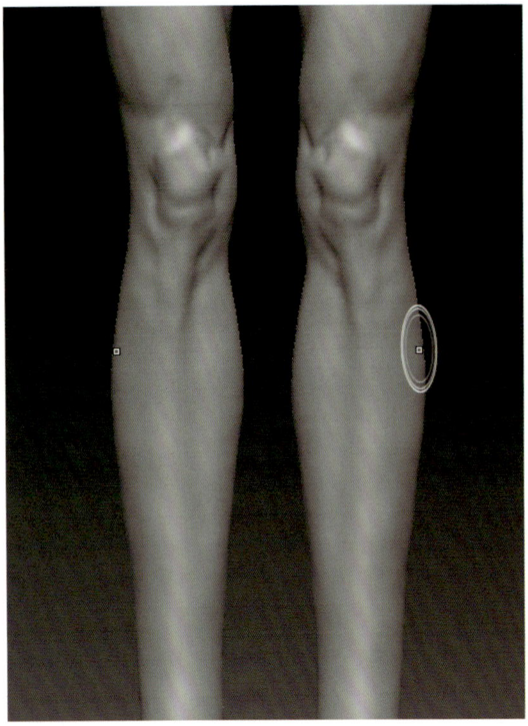

❹ 调整小腿肌肉的线条。

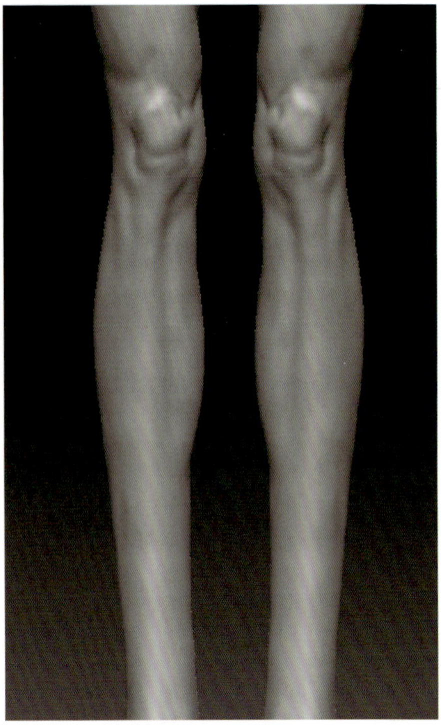

❺ 刻画大腿后方的肌肉群。

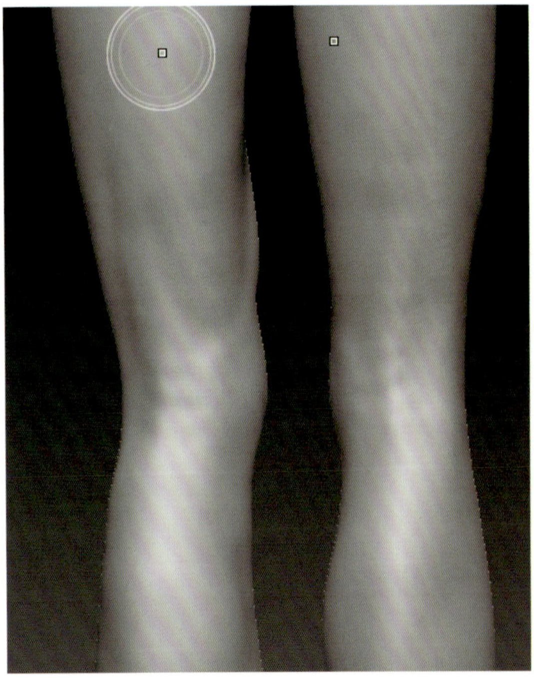

❻ 制作小腿的腓肠肌。

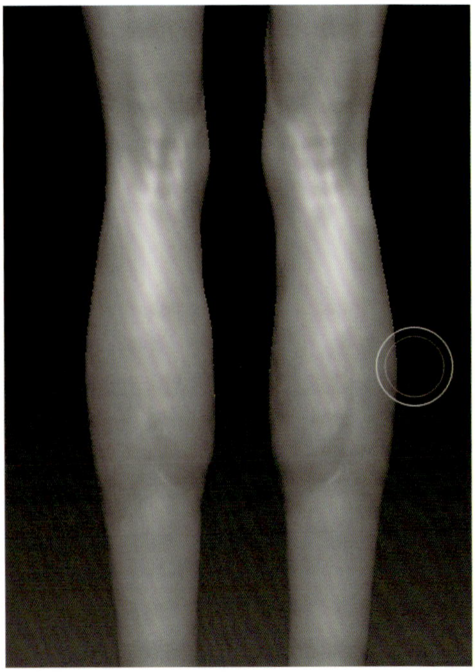

❼ 增加脚腕细节。

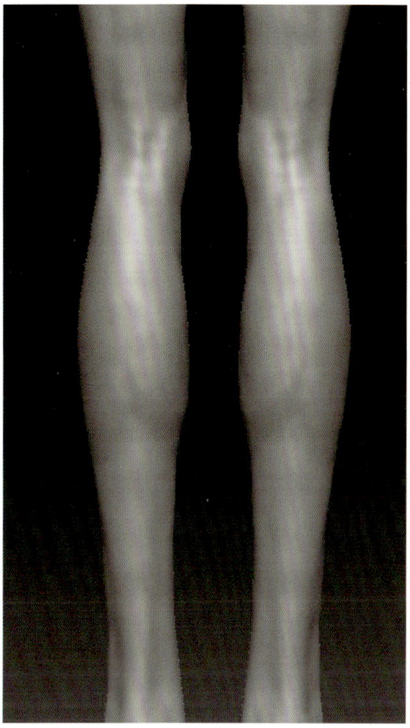

❽ 整体调整腿部线条。

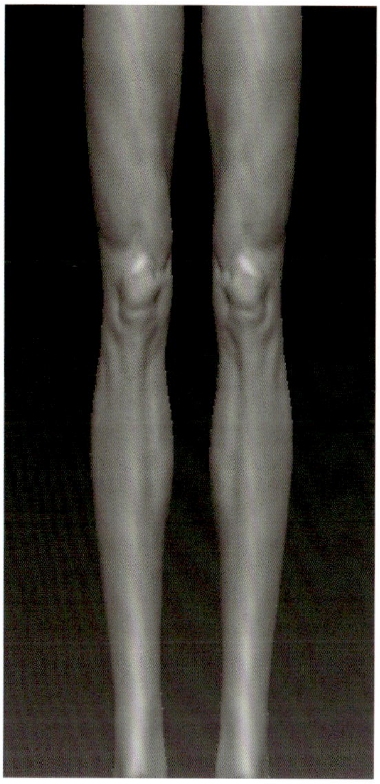

❾ 根据自己的喜好调整肌肉量和腿部细节。

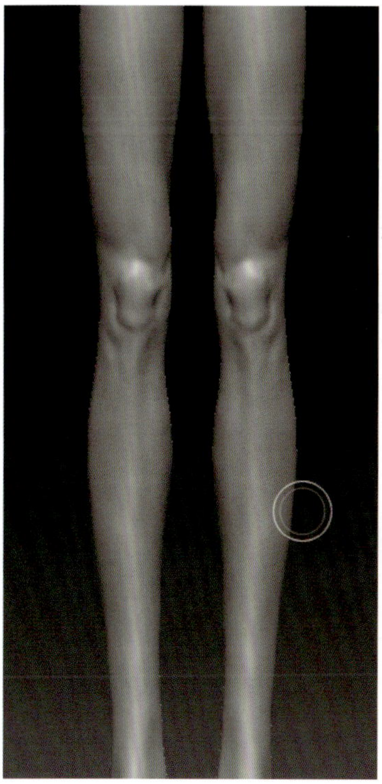

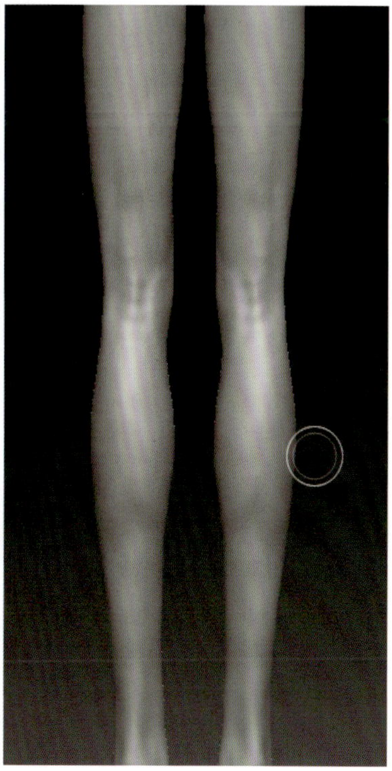

6.8 整体润色

❶ 提高分辨率，使表面光滑。

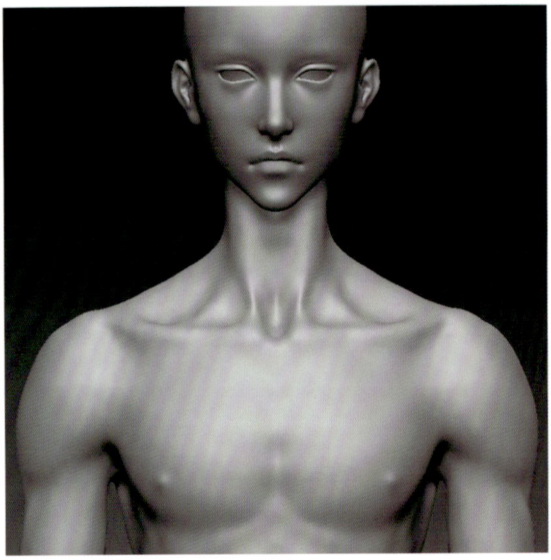

❷ 多参考真人照片，对躯干的肌肉形状增加一些细节，并根据自己的喜好将其刻画清楚。

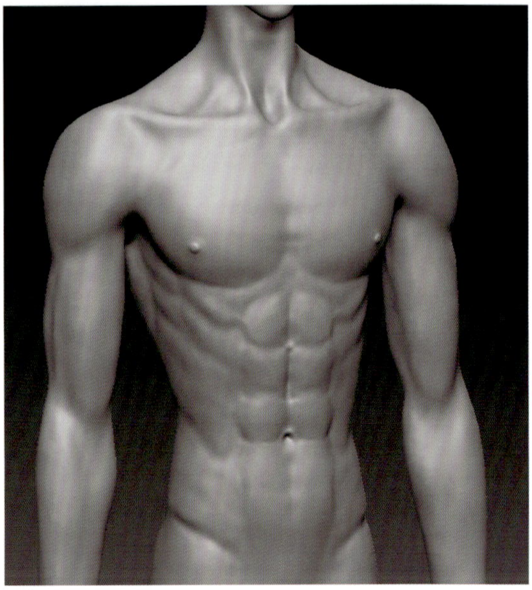

❸ 对四肢，主要以线条为重心，通过观察整体曲线来进行调整。

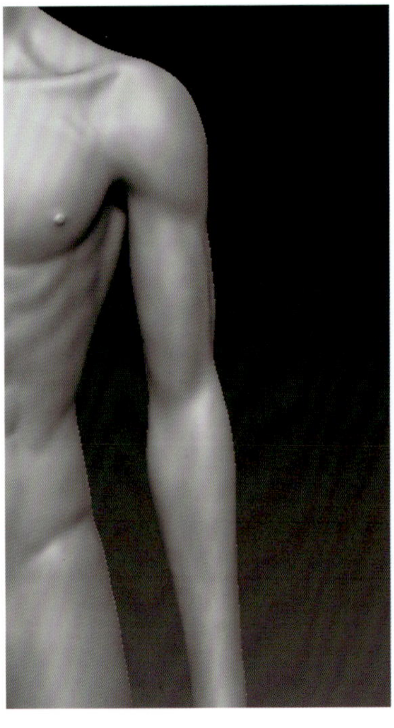

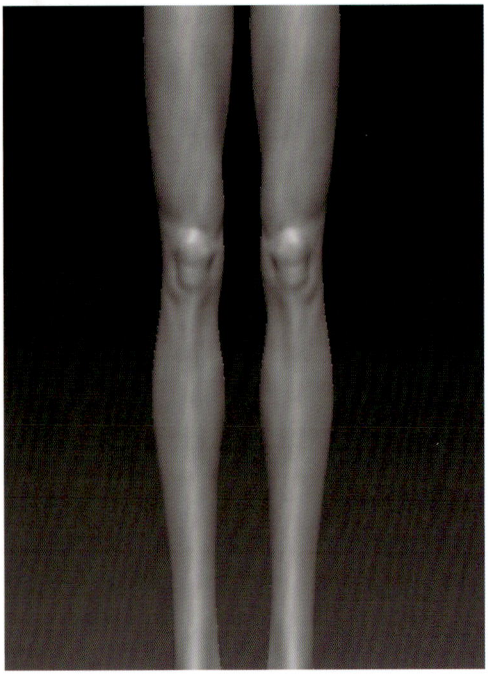

❹ 至此，一个通用版的男性 BJD 身体制作完成。后续读者依然可以根据自己的喜好调整该男性 BJD 身体的比例，直到满意为止。

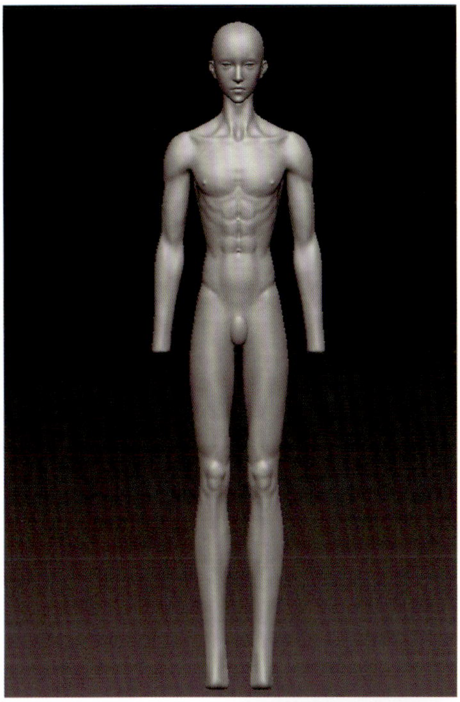

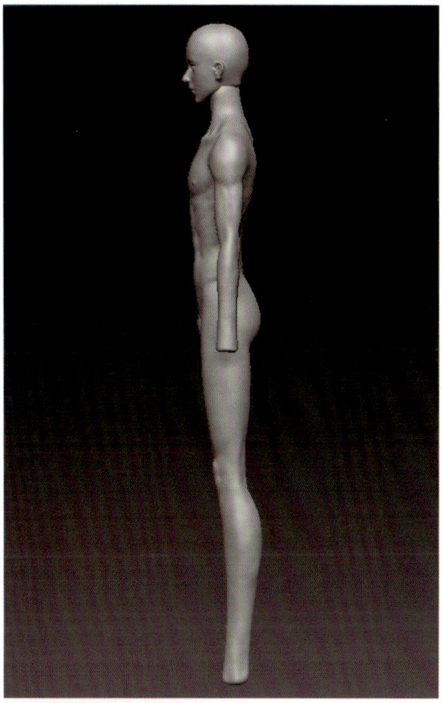

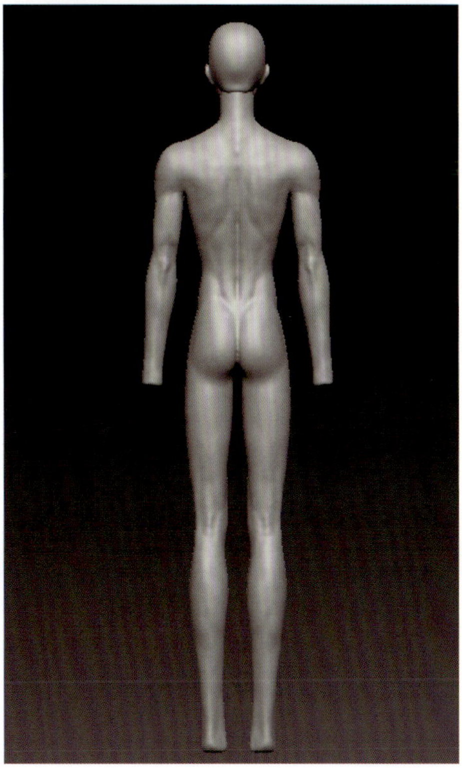

Chapter

07

BJD手部与脚部的制作

7.1 手部的制作

❶ 在制作手部时需要注意中指最长，在张开拇指时，从指尖划过的弧线大约在食指的第 2 关节处。小手指、无名指和食指都有向中指倾斜的倾向。

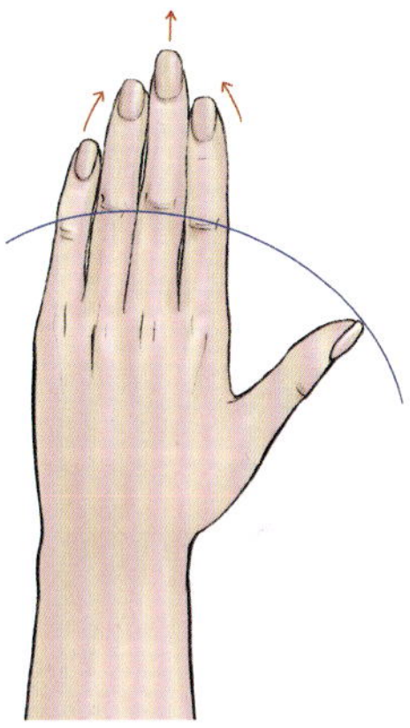

❷ 手部大致可以分为手指、手掌，以及拇指。尤其是拇指的指根区域，在制作时需要注意应与手掌过渡自然。

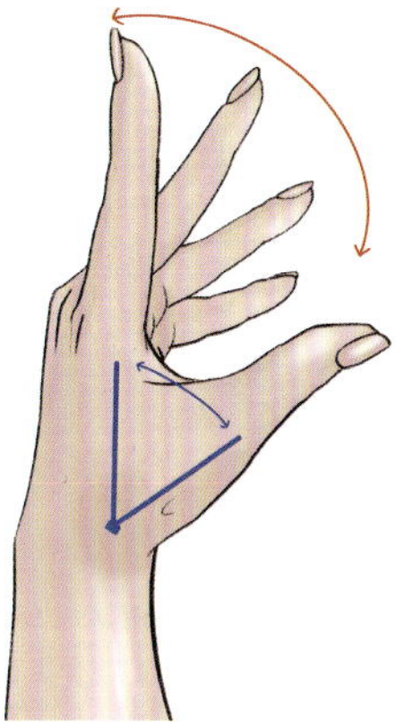

❸ 在灯箱中选择“项目”选项中的 DynaMesh_Sphere_32.ZPR 文件，按 X 键关闭对称编辑状态，调整其形状，将其作为手掌。

❹ 用蒙版遮罩住拇指的指根区域，使用 3D 操纵器使其向内弯曲。

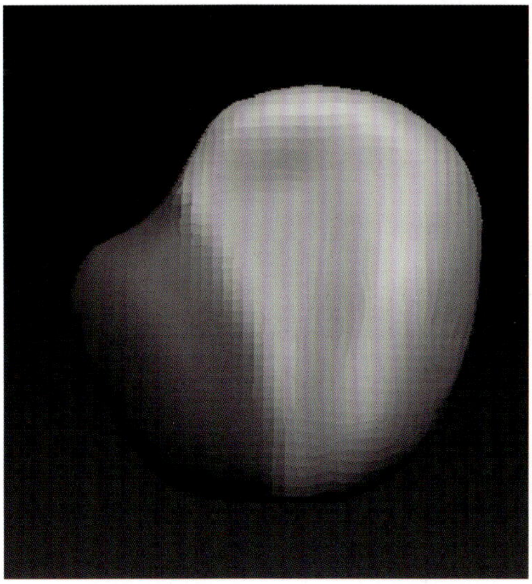

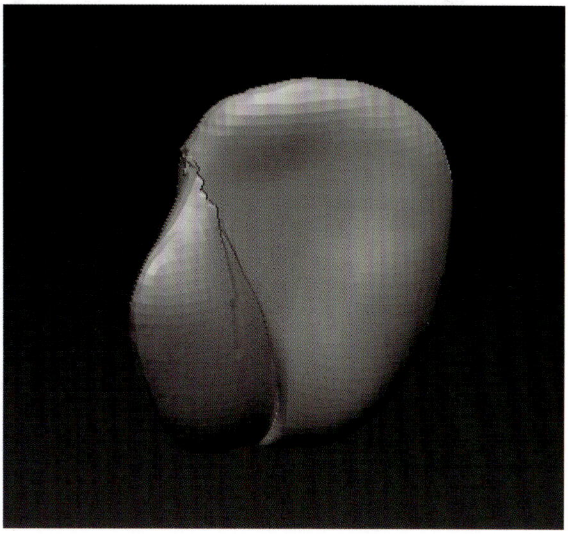

❺ 追加或插入一个 Sphere3D 球体，将其放到拇指的位置。

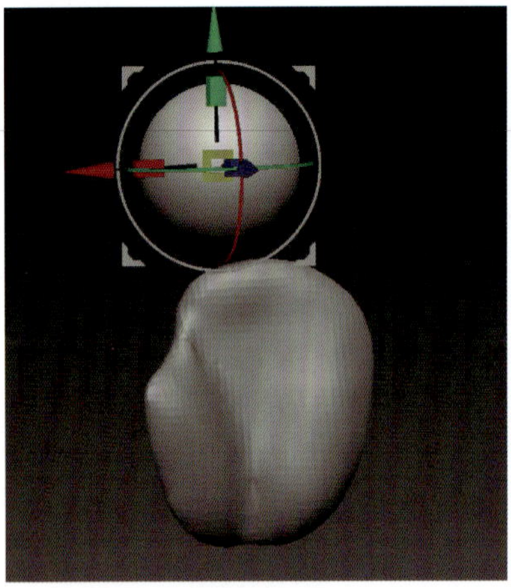
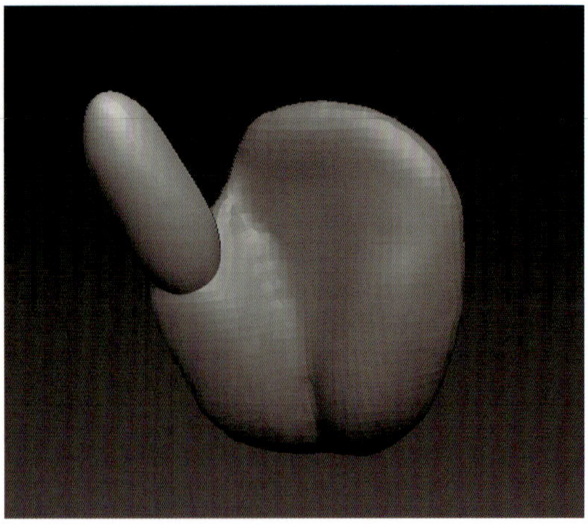

❻ 合并拇指与手掌，重新布线后调整拇指的形状。

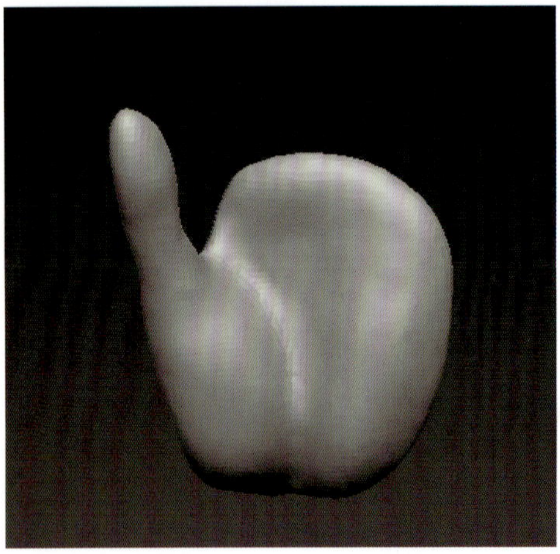
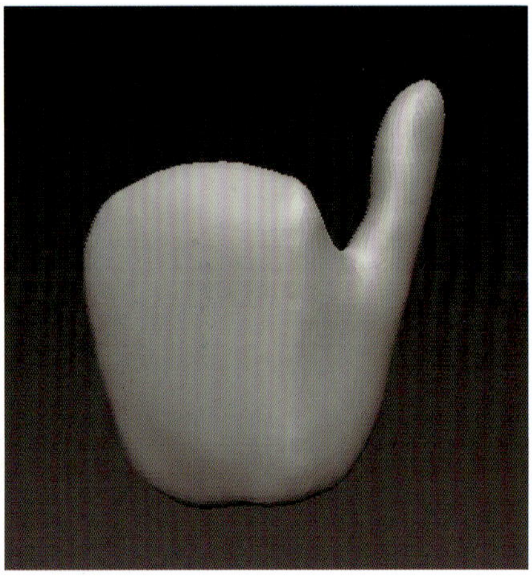

❼ 调整手心与手背的形状，并增加一些细节。

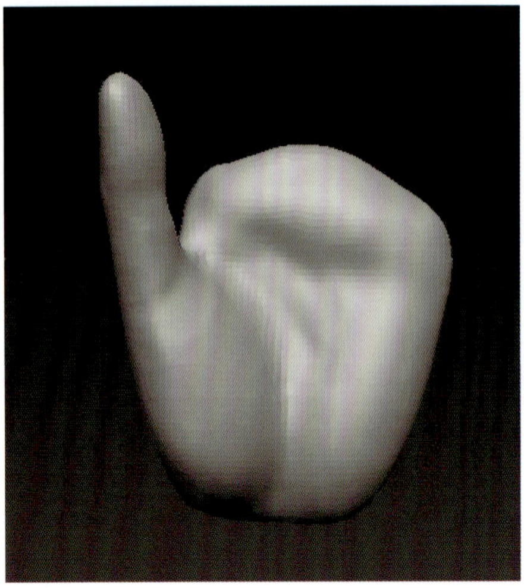
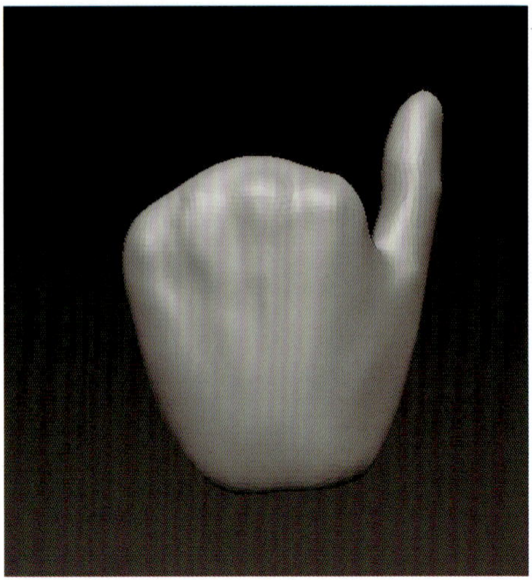

❽ 追加或插入一个Sphere3D球体，使用3D操纵器将其拉长，并调整其弯曲度，制作出手指轮廓。

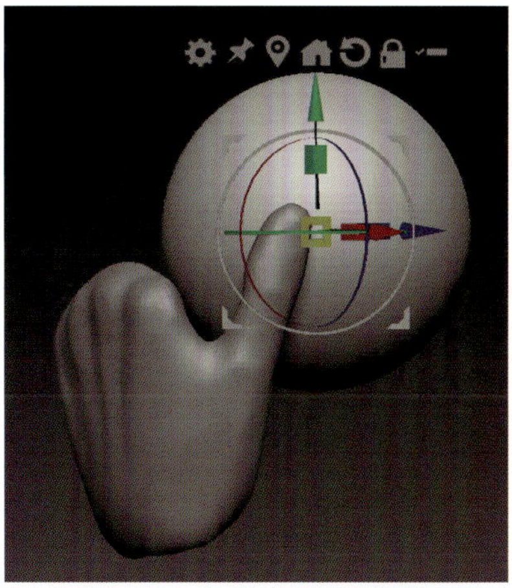
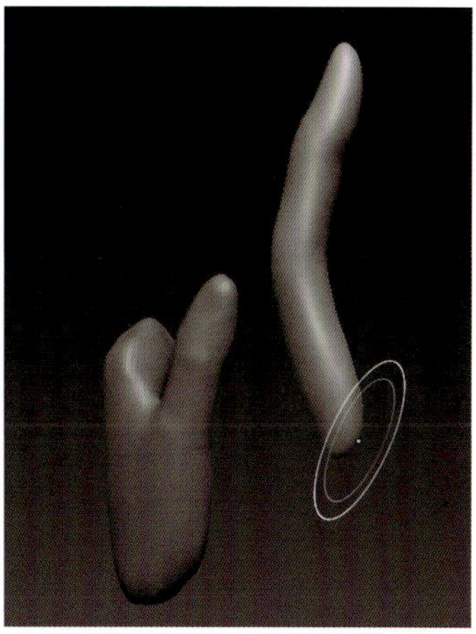

❾ 将制作出的手指轮廓放到食指的位置，调整其粗细度，并大致刻画指甲。

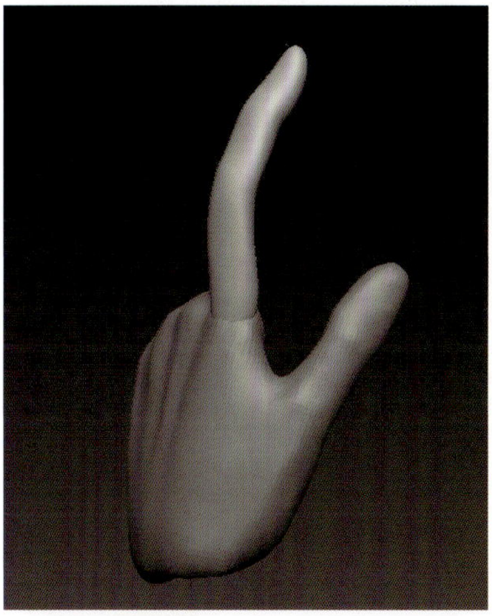
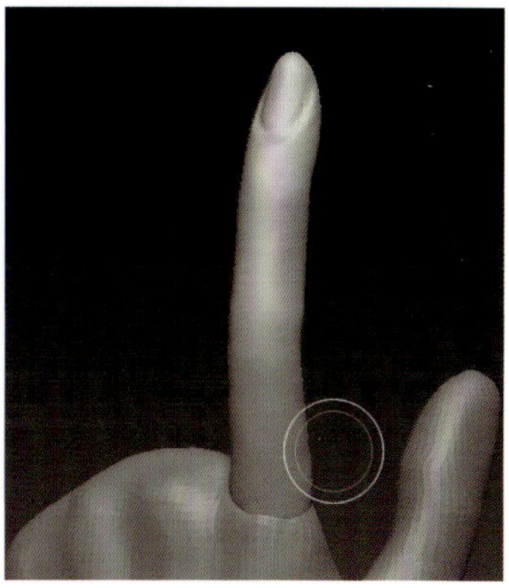

❿ 提高手指的分辨率，进一步刻画指关节和指甲。

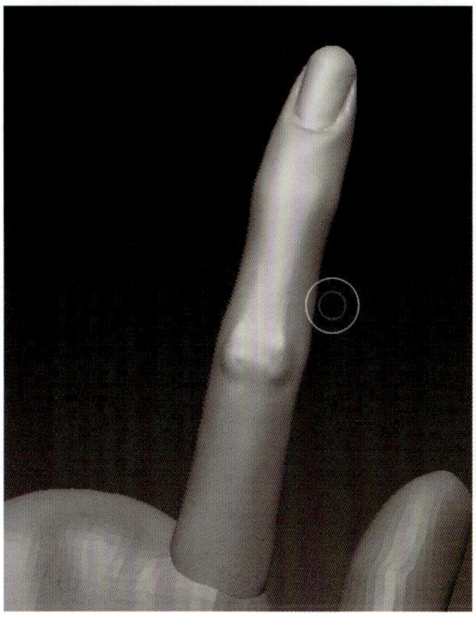
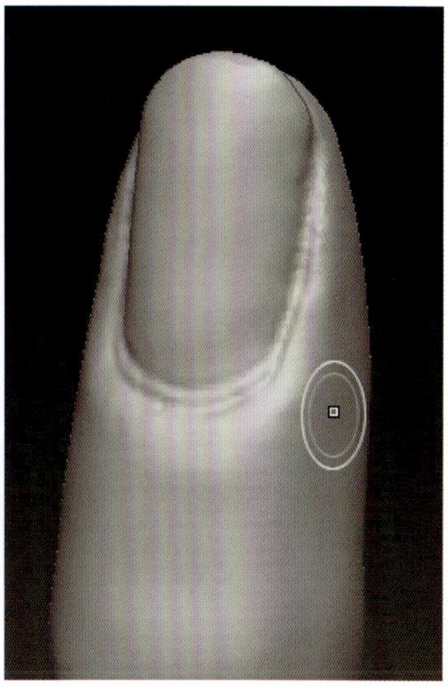

⓫ 在手指内侧大致增加一些皮肤褶皱。

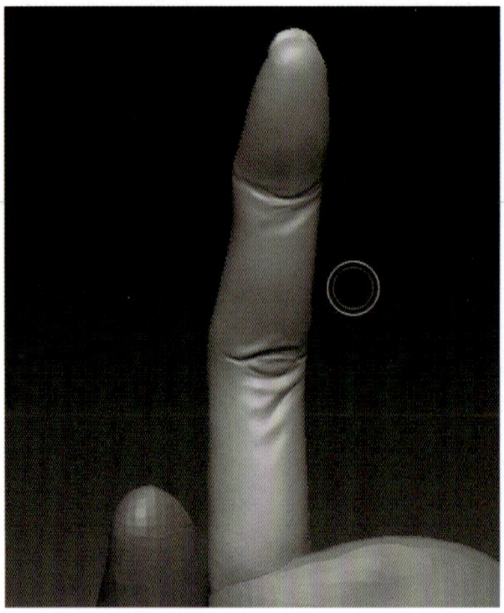

⓬ 创建手指图层副本，使用 3D 操纵器将其挪动到其他手指的位置，并按照手指的粗细进行适当的调整。

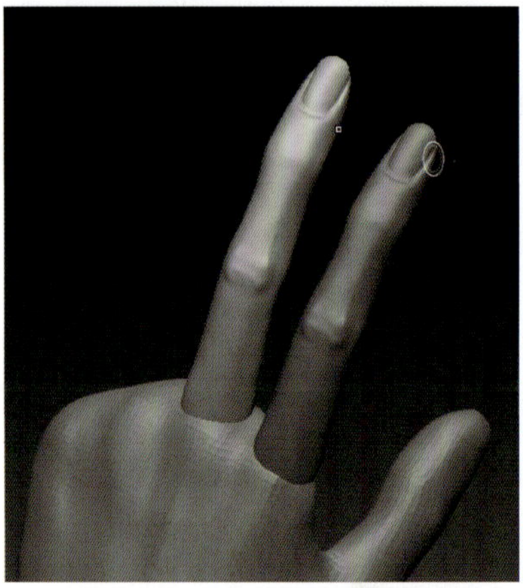

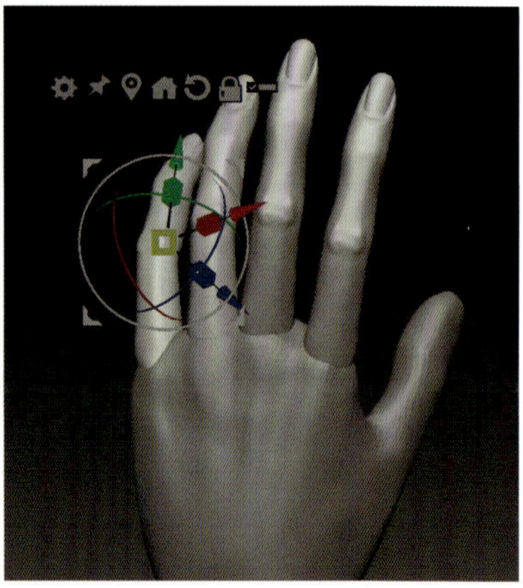

⓭ 遮罩住手指的部分关节，并使用 3D 操纵器旋转手指关节的角度，以调整手指的弯曲度，以此制作手部的形状。

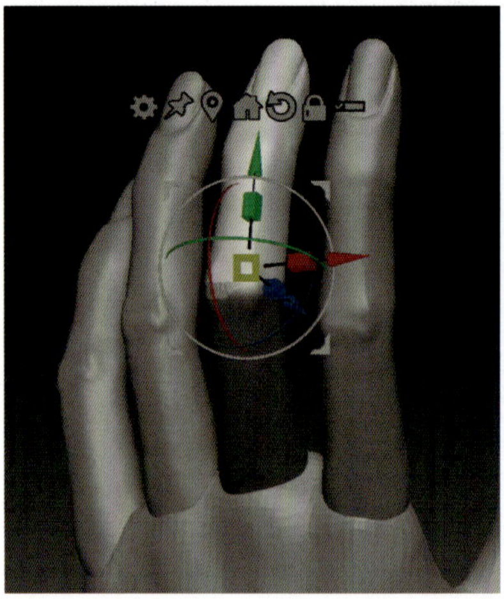

⑭ 提高手掌的分辨率，并刻画拇指与手背细节。

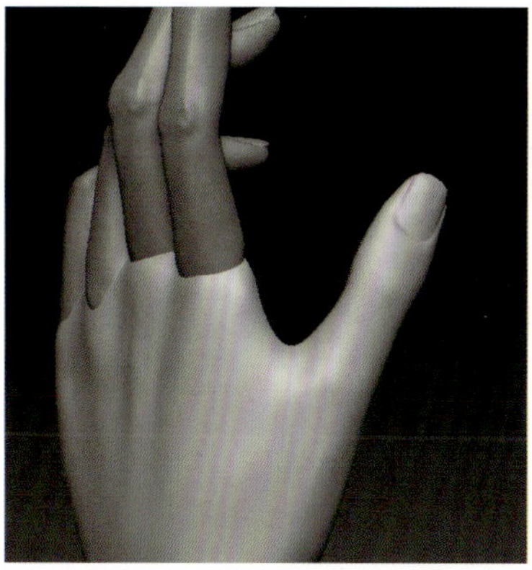

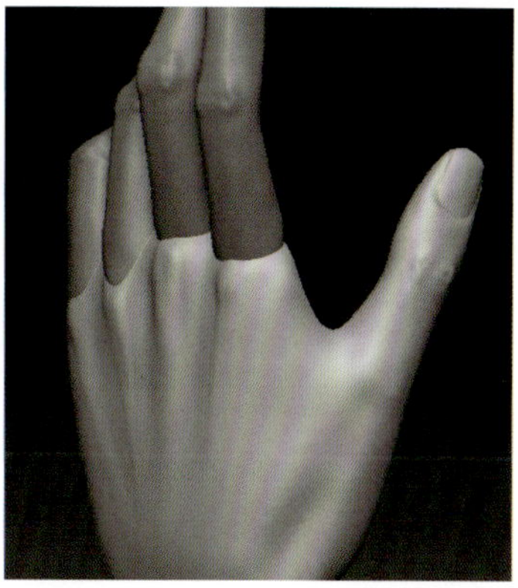

⑮ 将拇指的内侧关节制作出来，并处理好手掌的厚度，制作出一小段手腕。

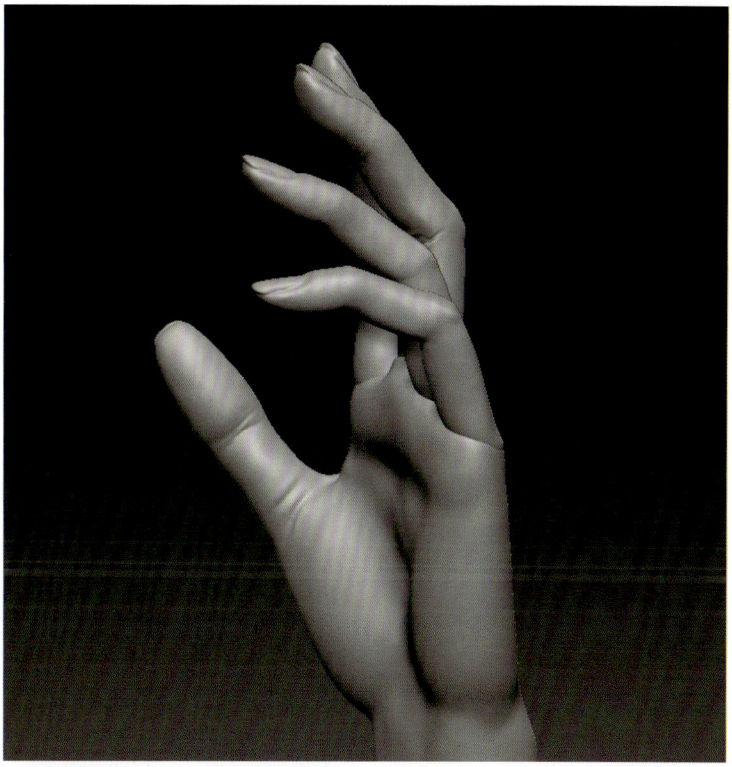

⑯ 把所有手指与手掌合并，重新布线。把手指与手掌的衔接处调整好。

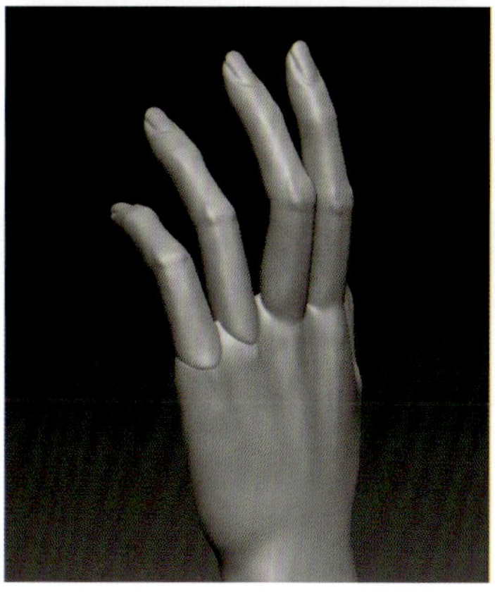

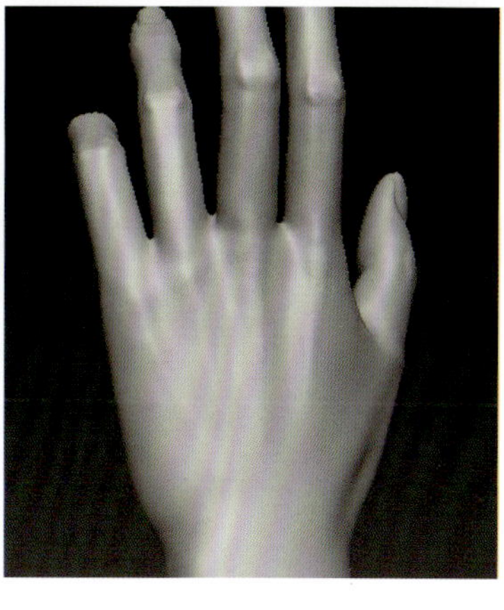

⑰ 调整手掌内侧的肌肉比例。

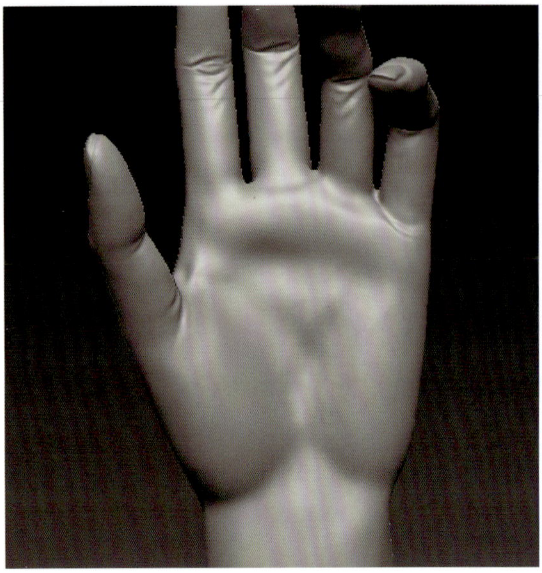

⑱ 完善拇指的指关节与指甲。

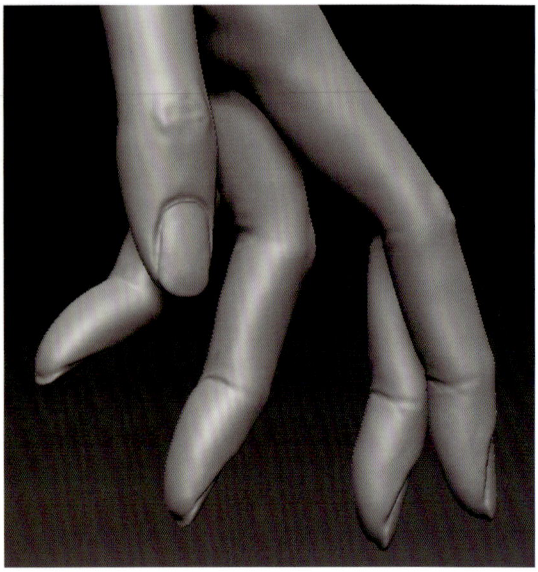

⑲ 根据自己的喜好增加或减少部分细节。

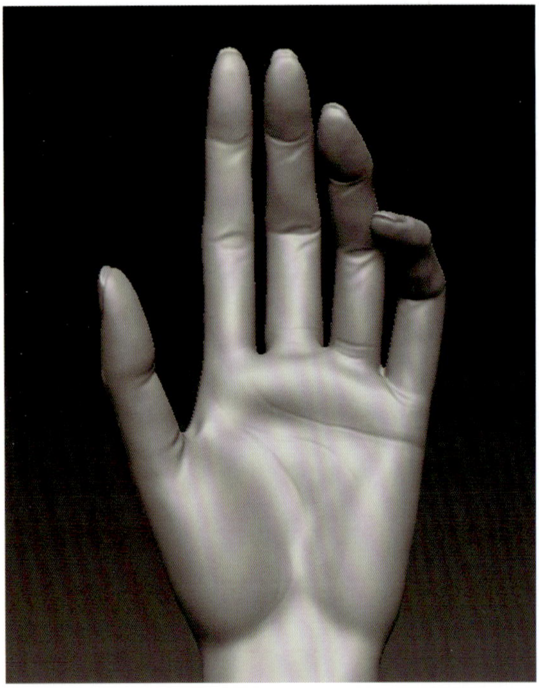

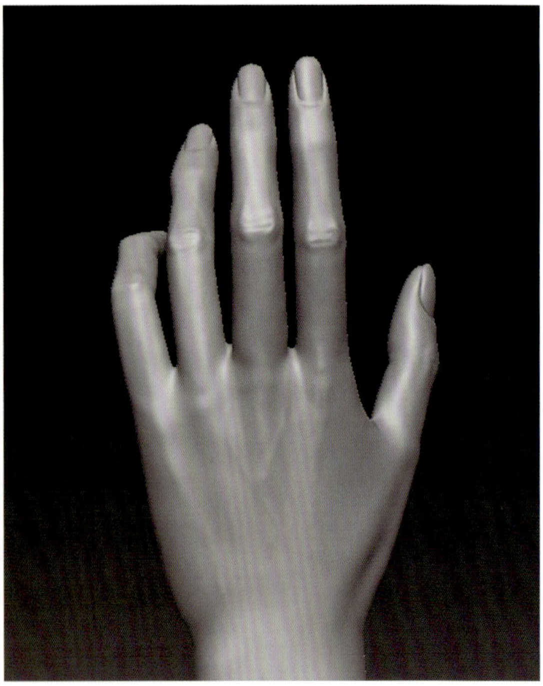

⑳ 为制作好的手部图层创建副本，单击“变形”→“镜像”按钮，补全另一侧。

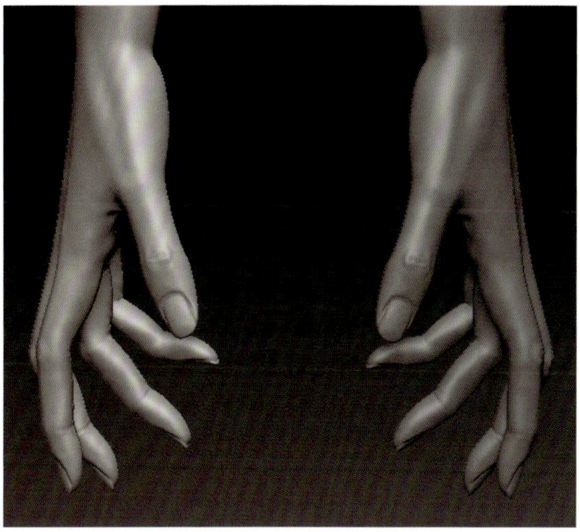

㉑ 遮罩住部分指关节，使用3D操纵器旋转手指，根据自己的喜好改变手部的形状。

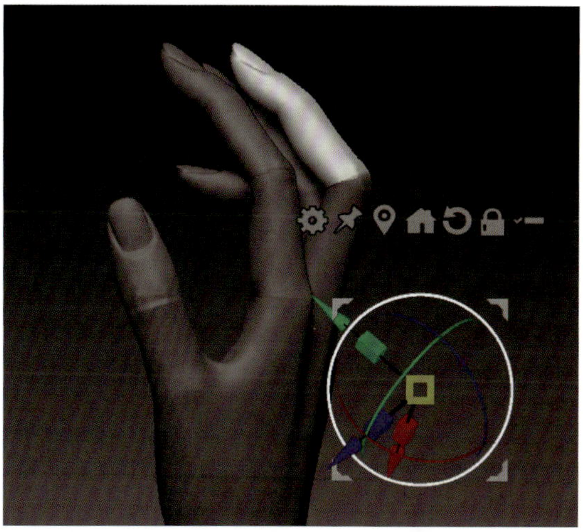

㉒ 修整手部细节。至此，手部制作完成。

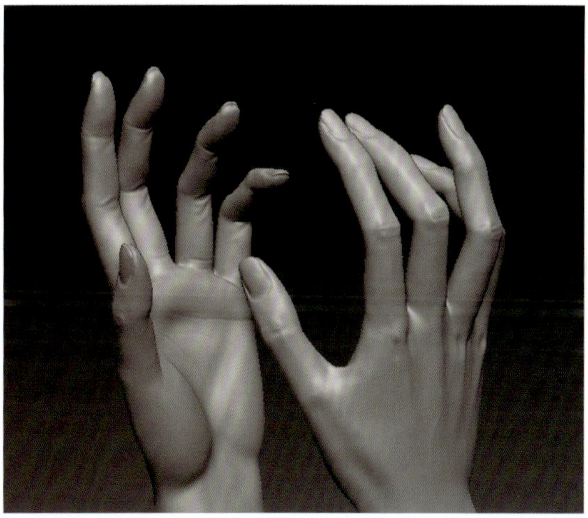

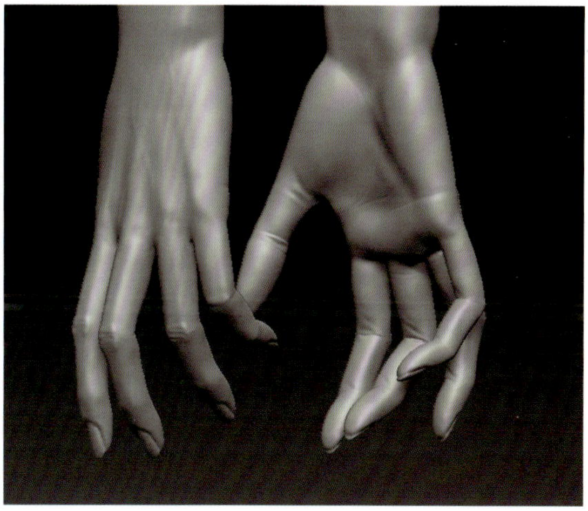

7.2 脚部的制作

❶ 脚部大致可以分为脚趾、脚掌、脚后跟。大脚趾与脚掌的衔接处有较为清晰的拐点。

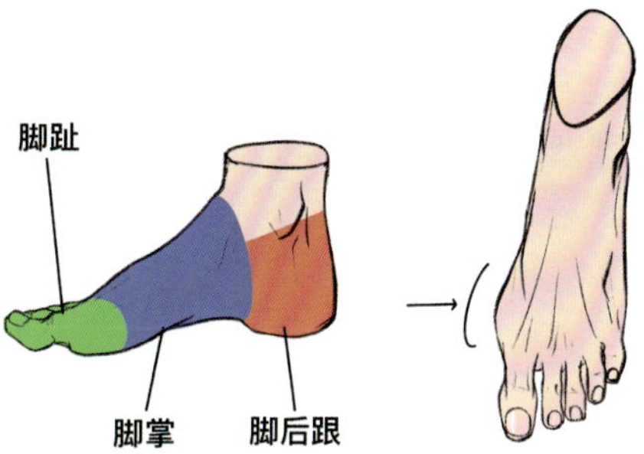

❷ 对于脚掌，需要注意足弓的结构与厚度。

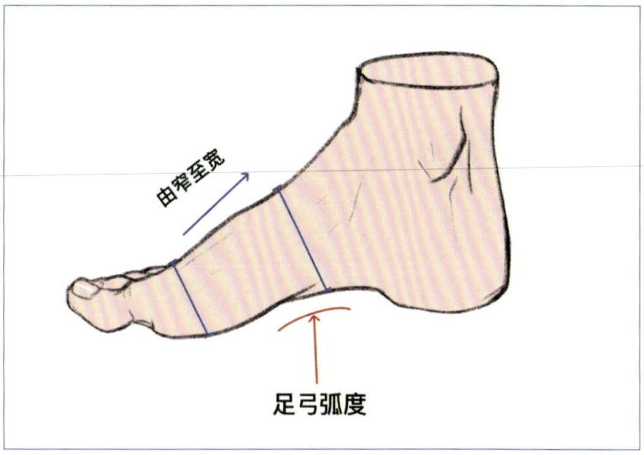

❸ 在灯箱中选择“项目”选项中的 DynaMesh_Sphere_32.ZPR 文件，按 X 键关闭对称编辑状态，对其进行调整，将其作为脚掌。注意，脚后跟较窄，脚掌较宽。

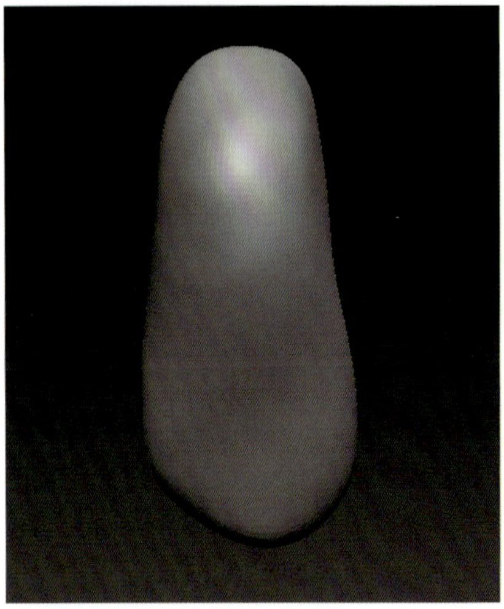

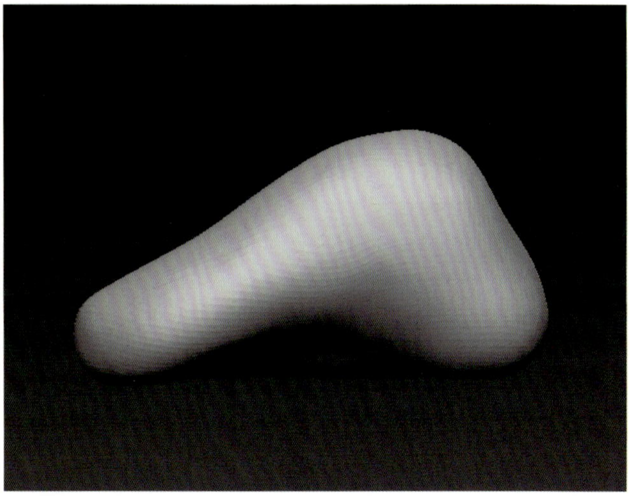

❹ 捏出大脚趾的大致形状。

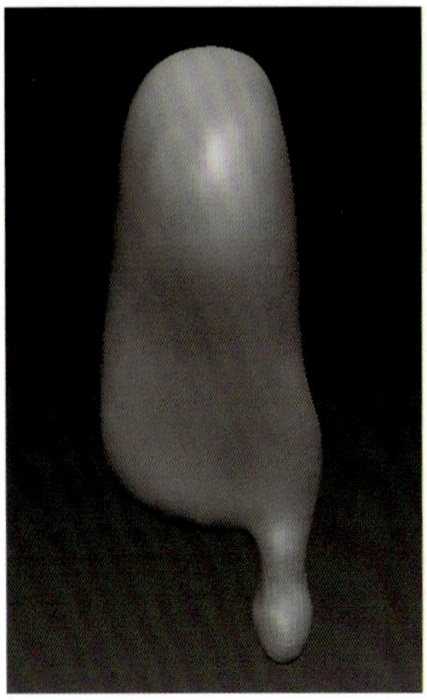

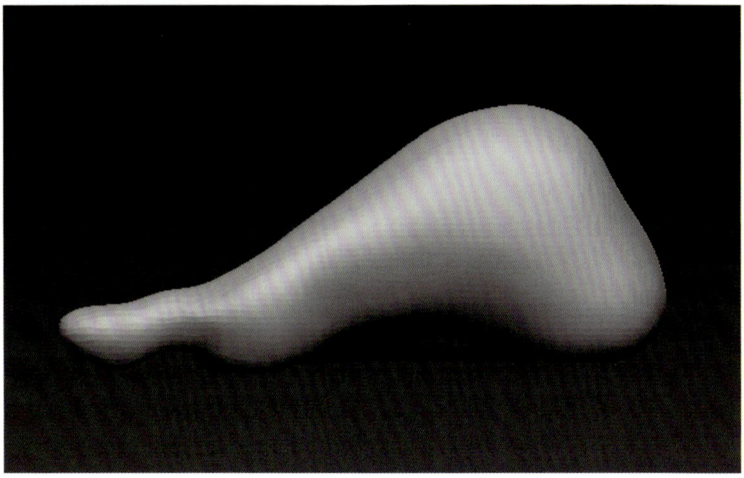

❺ 追加或插入一个 Sphere3D 球体，使用 3D 操纵器将其拉长，制作出脚趾的大概轮廓。

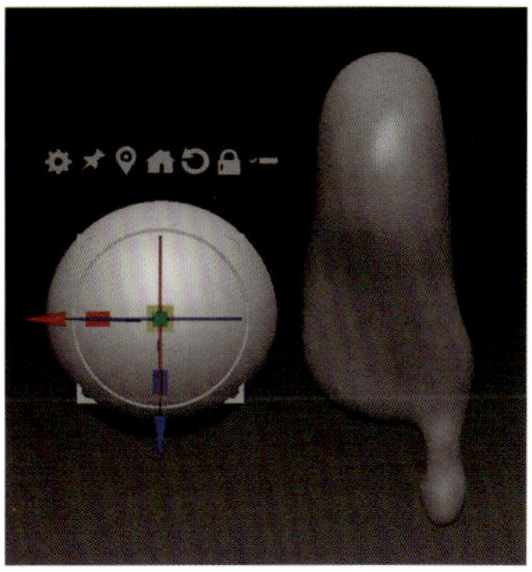
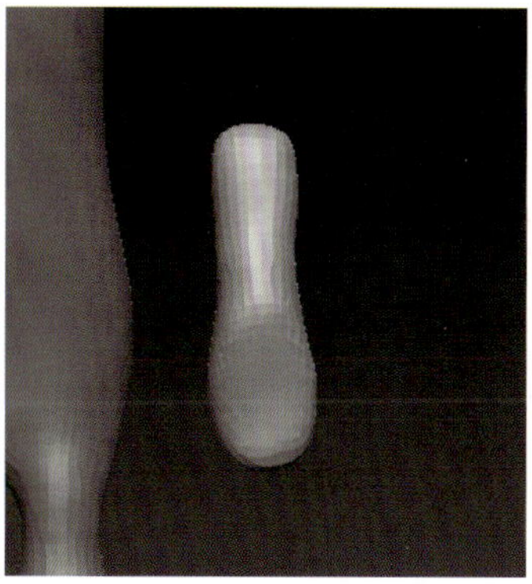
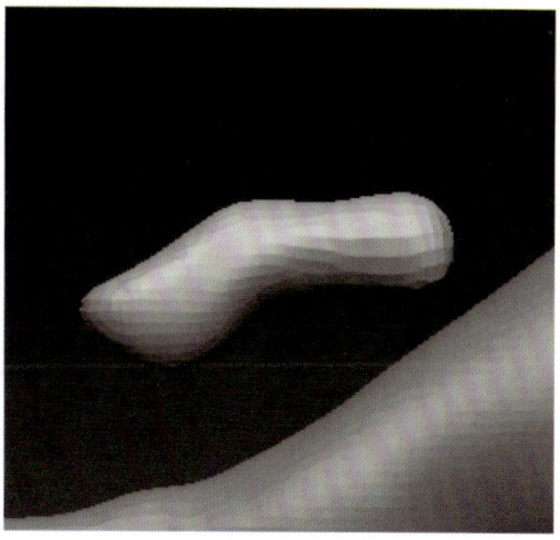

❻ 将制作出来的脚趾放到脚掌的合适位置，并粗略雕刻指甲。

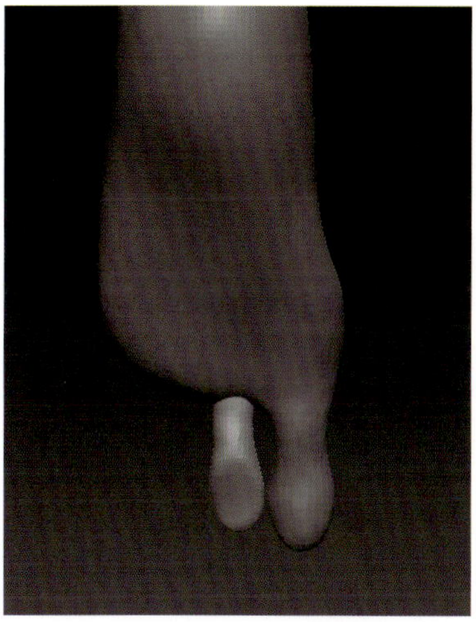
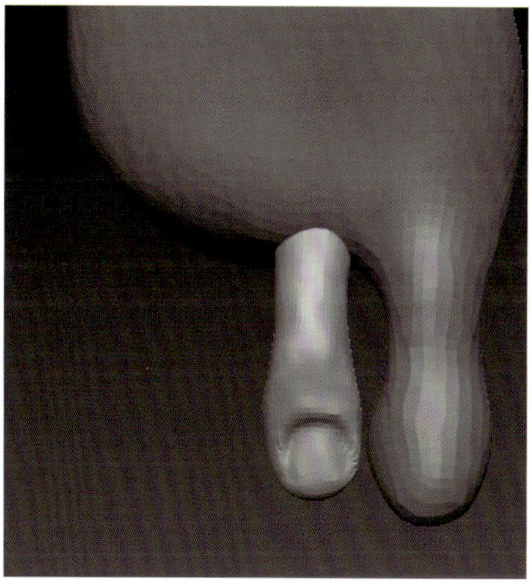

❼ 创建脚趾副本，使用 3D 操纵器将其挪动到合适的位置，并按照脚趾的大小进行适当的调整。小脚趾的形状较为特殊，可以参考真人照片进行一定的修改。

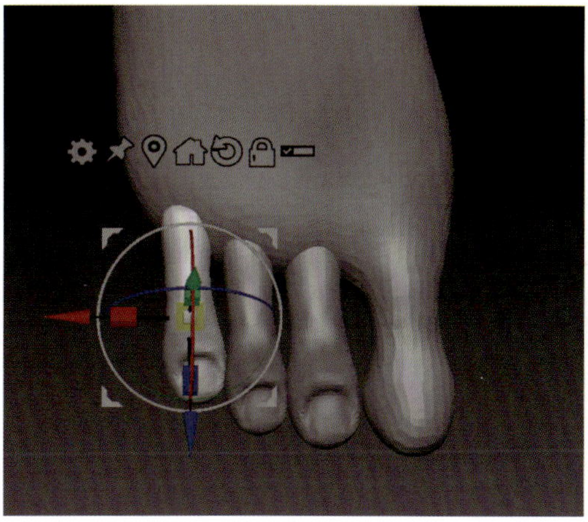
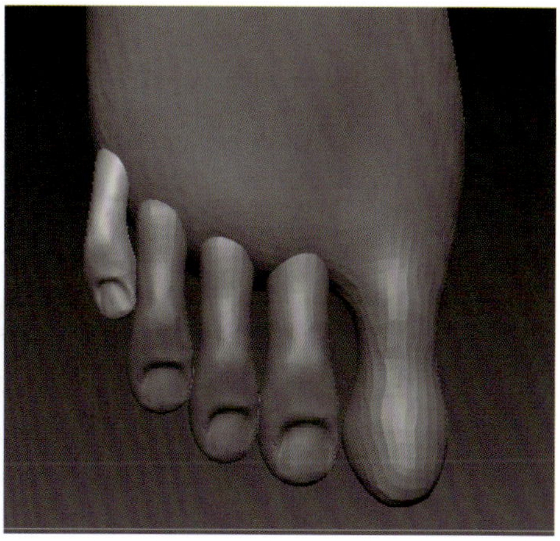

❽ 提高脚掌的分辨率，并刻画大脚趾的指甲，同时根据自己的喜好调整其他脚趾的形状。

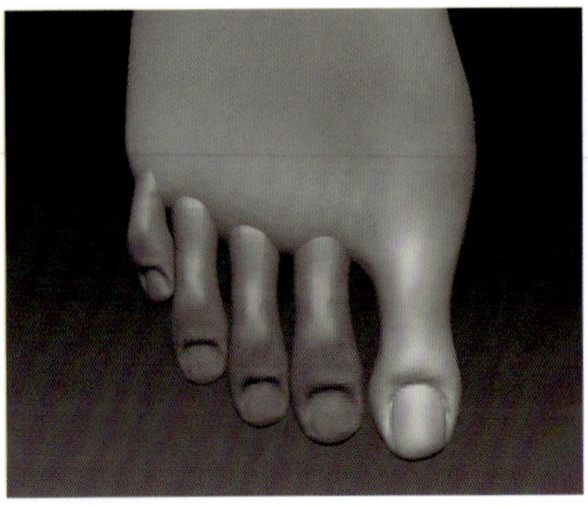
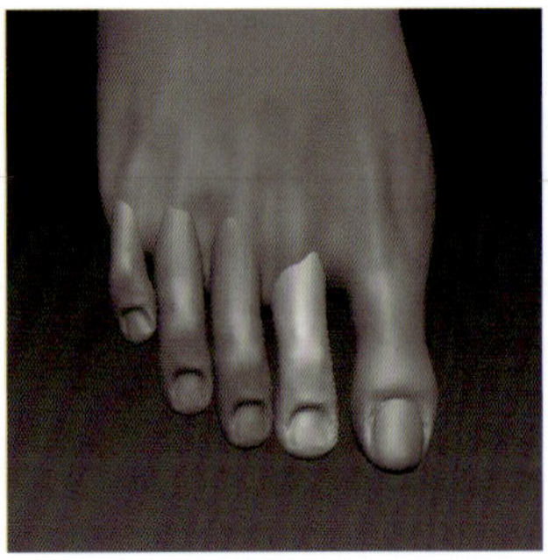
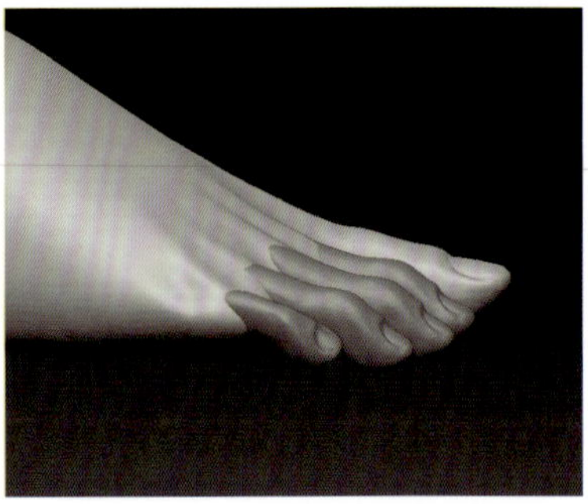

❾ 把所有脚趾与脚掌衔接。

❿ 重新布线，调整脚趾与脚掌的接缝处，同时增加脚趾细节。

⓫ 完善指甲，修缮指甲周围。

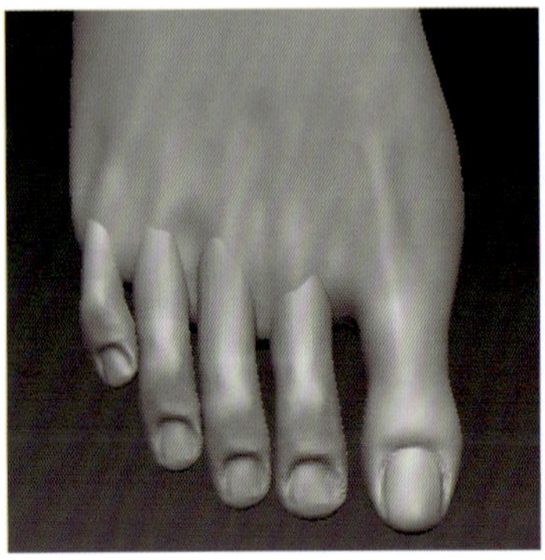
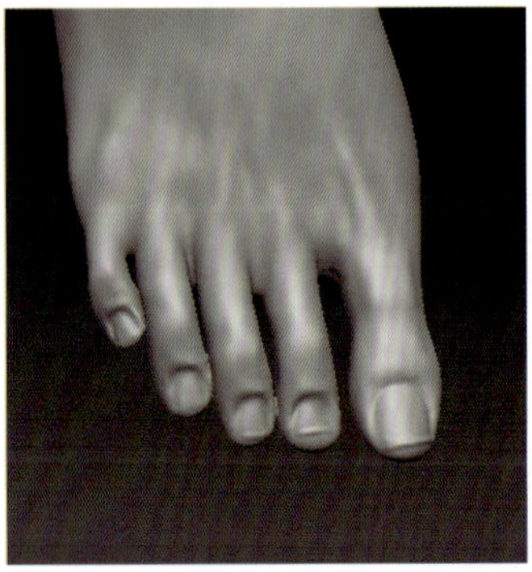
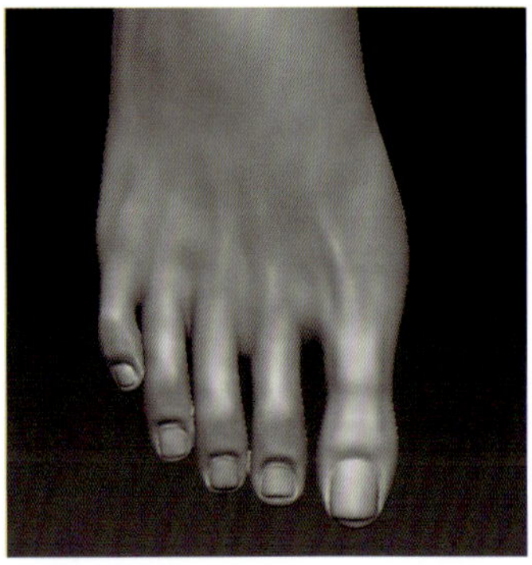

⓬ 调整整体侧面，在脚底根据自己的喜好适当增加细节。

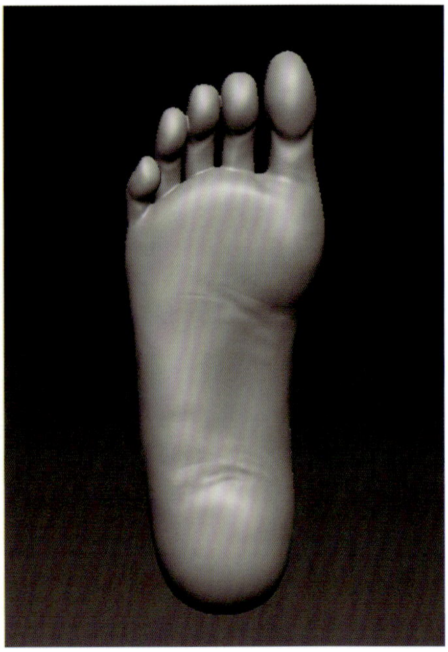

⑬ 为制作好的脚部图层创建副本，单击“变形”→“镜像”按钮，补全另一侧。至此，脚部制作完成。

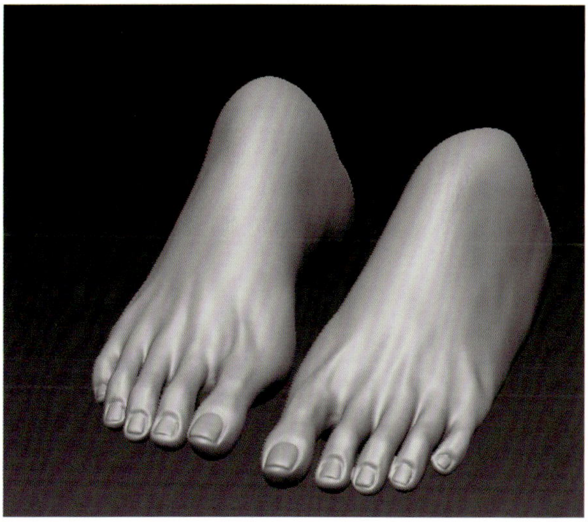

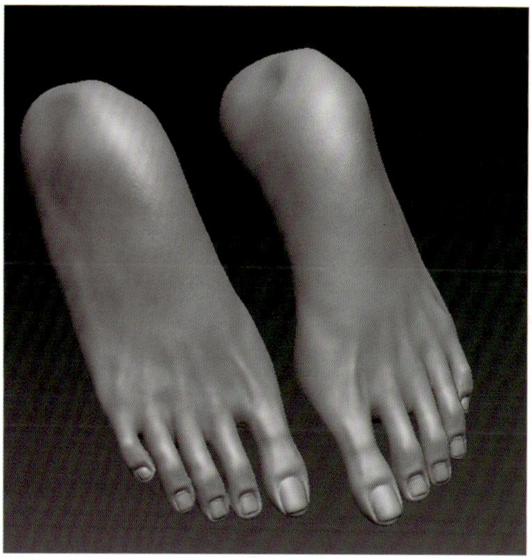

Chapter

08

BJD身体功能的拆分

8.1 拆分身体

❶ 按住Shift键并单击空白处回正画面，按住Ctrl键并在空白处拖曳画笔，遮罩住整个胳膊，单击“子工具”→“拆分”面板中的“拆分未遮罩点”按钮或“拆分已遮罩点”按钮，将胳膊与身体拆分成两个图层，并对两个图层重新布线，以封闭实体。

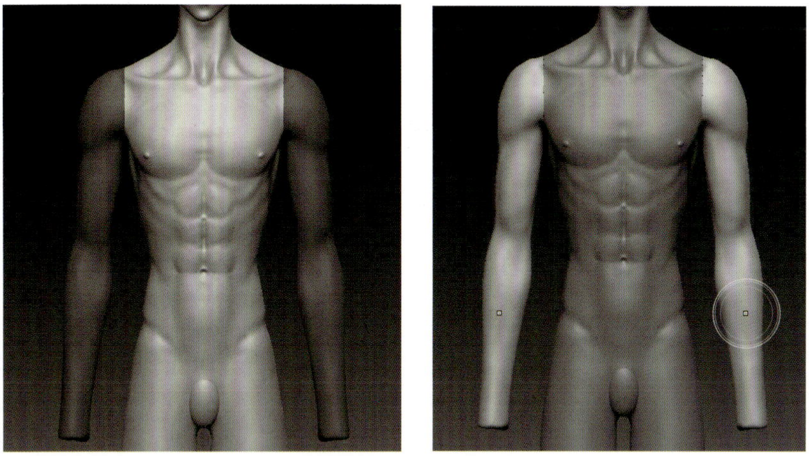

❷ 按住 Ctrl 键并涂抹，遮罩住胸线以下的所有部分，包括腿部。拆分胸部与其他部分，并封闭实体。

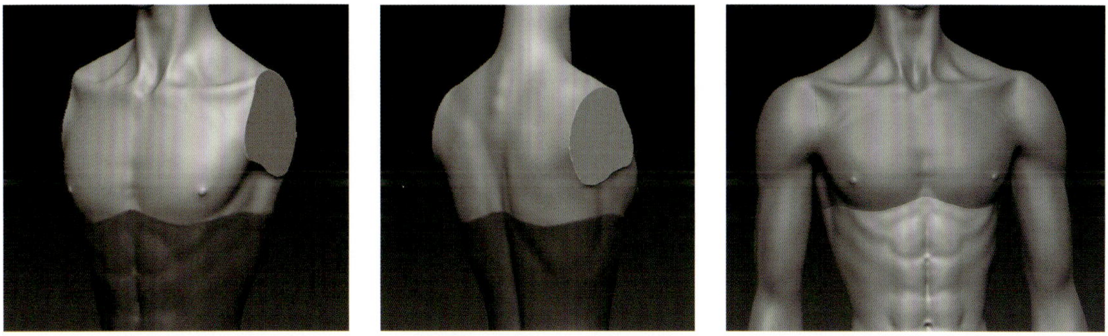

❸ 将手肘制作成分离式关节。使用蒙版遮罩，涂抹手肘用来制作关节，拆分后封闭实体。

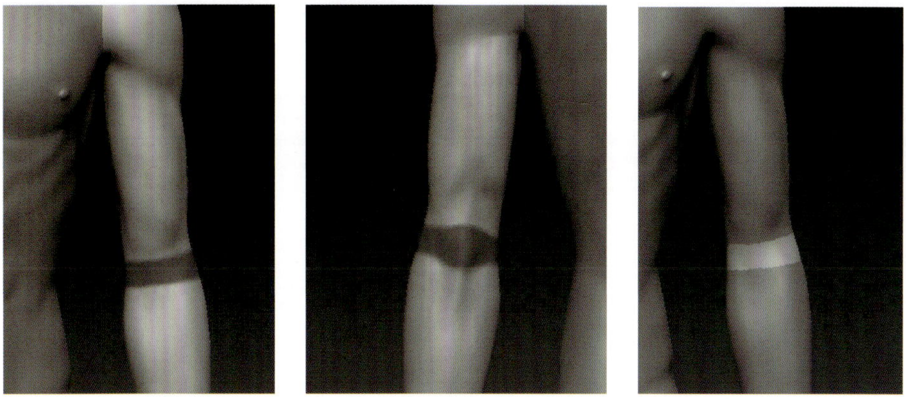

❹ 在大腿根部使用蒙版遮罩，注意臀部尽量贴近边缘，拆分后封闭实体。

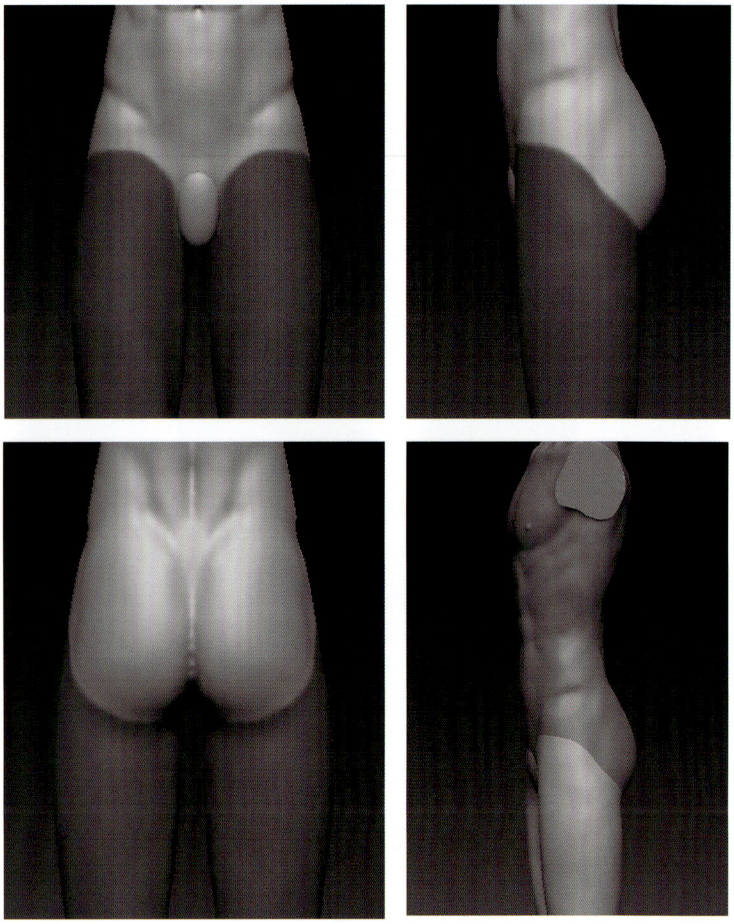

❺ 将膝盖制作成独立式关节。使用自己喜欢的线条将大腿与小腿直接分开即可。遮罩住小腿后，拆分并封闭实体。

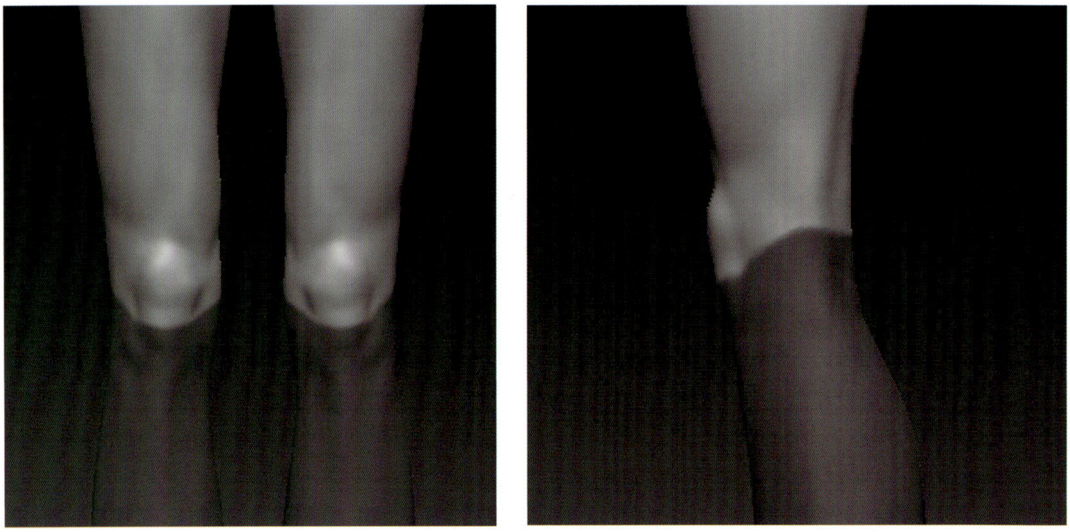

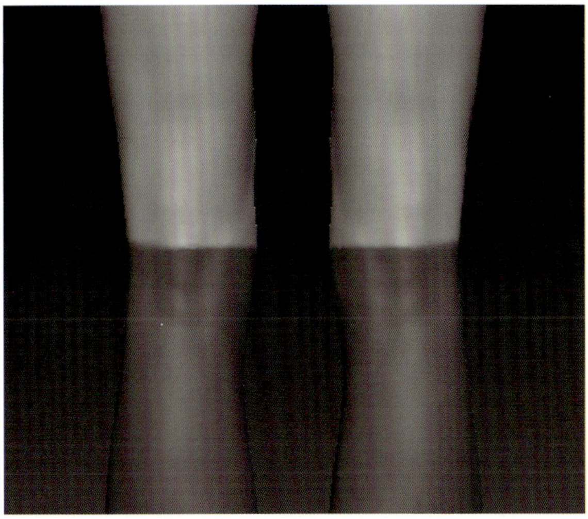

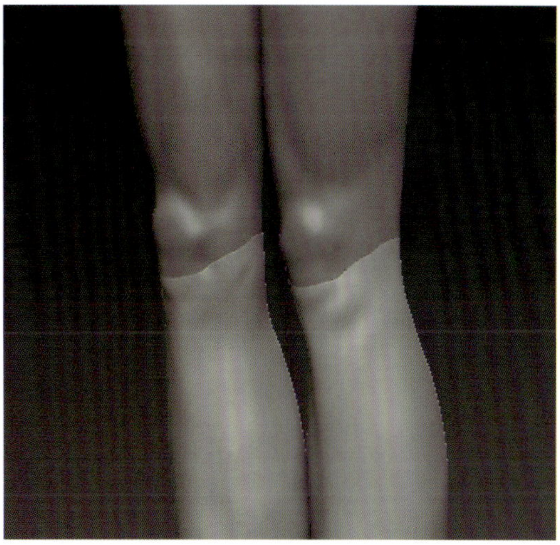

❻ 至此，身体拆分完成。

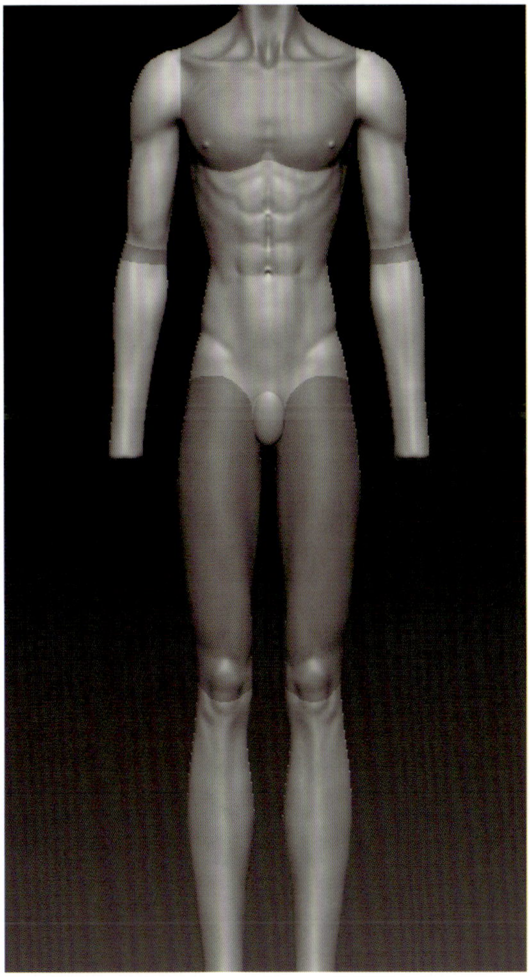

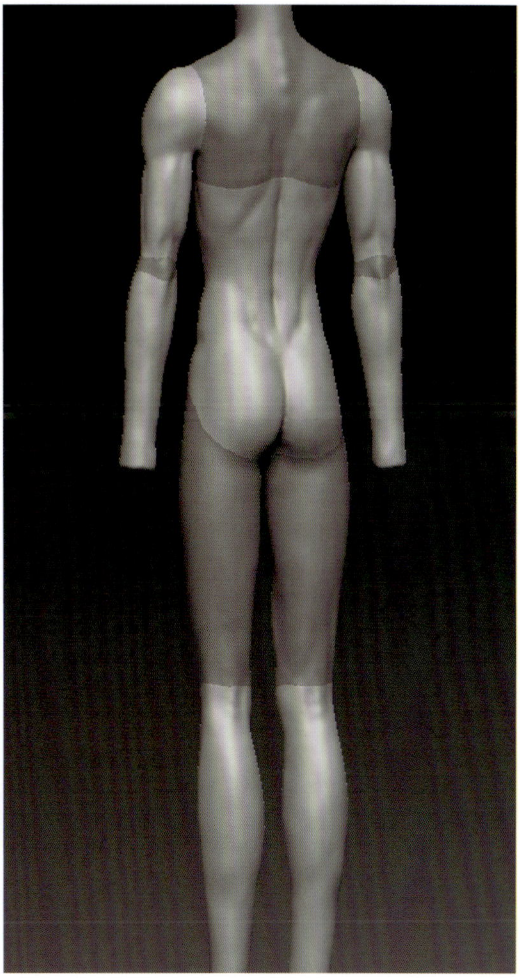

8.2 关节的制作

小贴士

躯干将被制作成普遍的胸线切口二段体；手肘与膝盖则分别用于展示两种关节的制作方法以供读者选择。

8.2.1 肩部关节的制作

❶ 追加或插入一个 Sphere3D 球体，调整其大小，并将其放到肩部。注意，Sphere3D 球体嵌入的深度不要超过身体的一半。

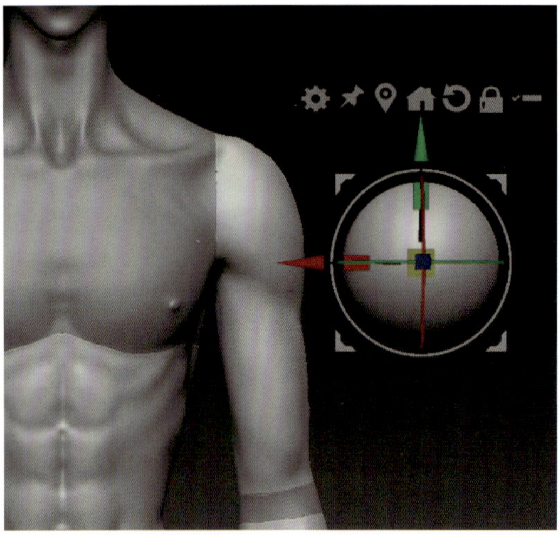

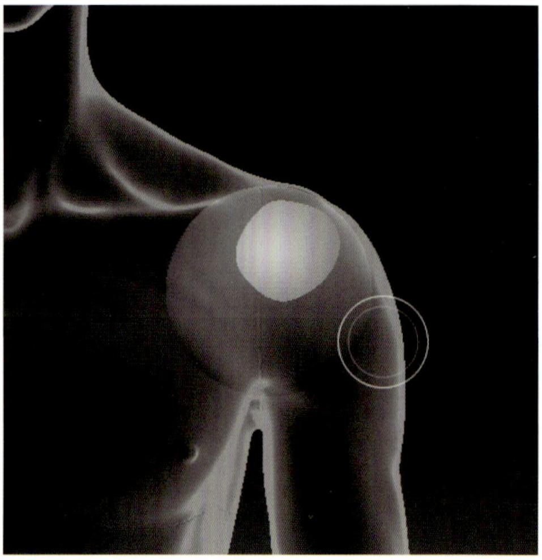

❷ 将左半边 Sphere3D 球体保持原状，调整右半边 Sphere3D 球体的形状，使其与肩部衔接，对肩部的拆分处进行圆滑处理，并检查关节与身体的契合度。

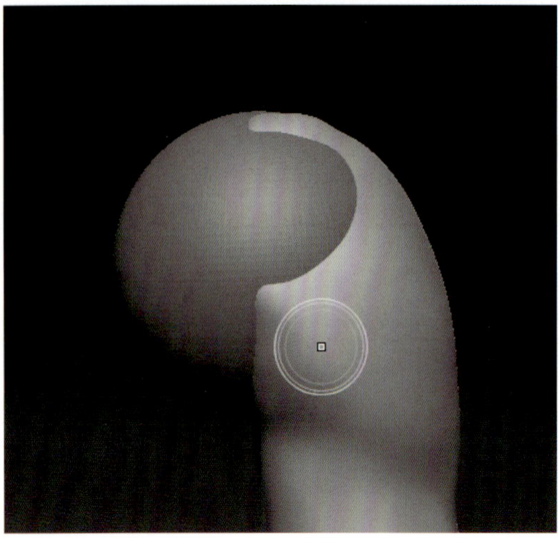

❸ 把 Sphere3D 球体与肩部合并为一个肩部图层，重新布线，并模糊衔接处。

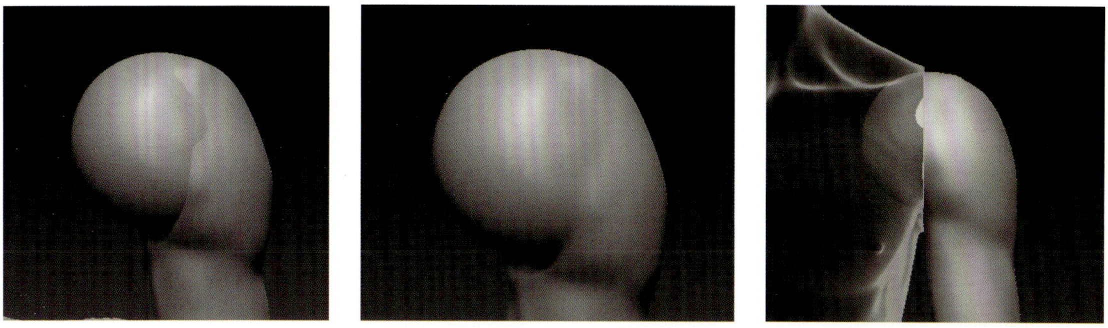

❹ 为制作好的肩部图层创建两个副本，选择其中一个，单击“变形”→“镜像”按钮，补全另一侧。

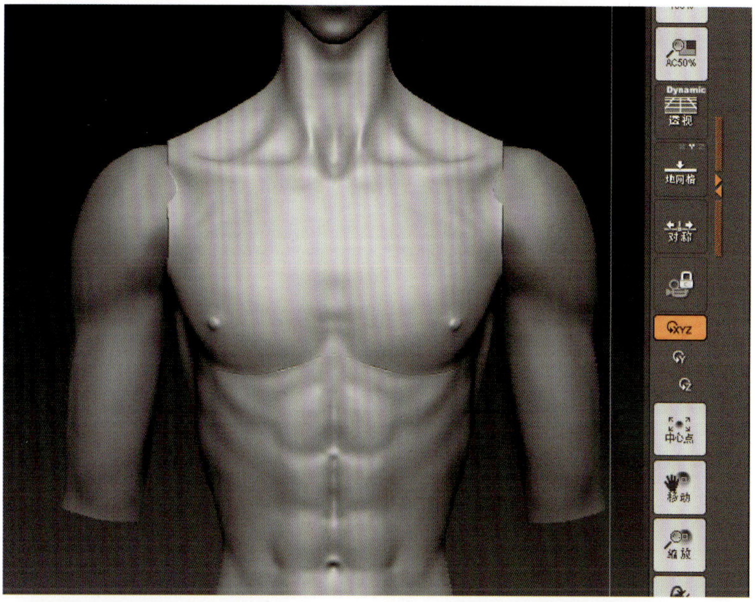

❺ 使用差集运算，用创建的副本把躯干的肩部切割出来。

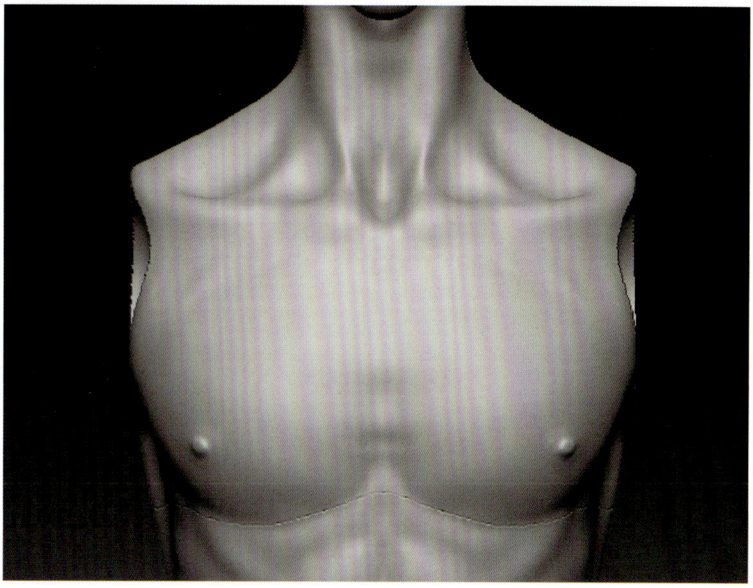

❻ 对躯干的切割处进行模糊处理。

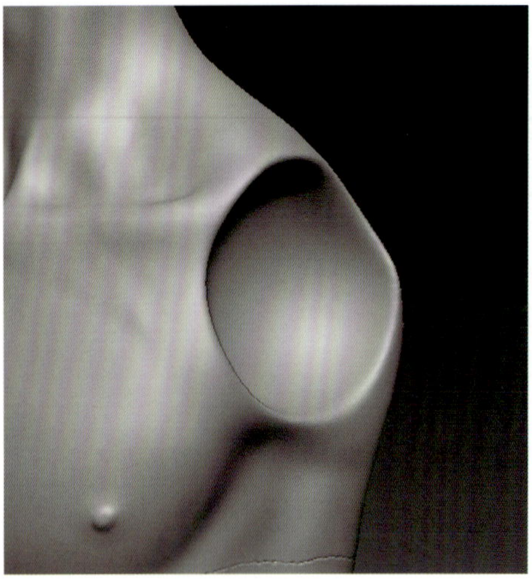

❼ 至此，肩部关节制作完成。

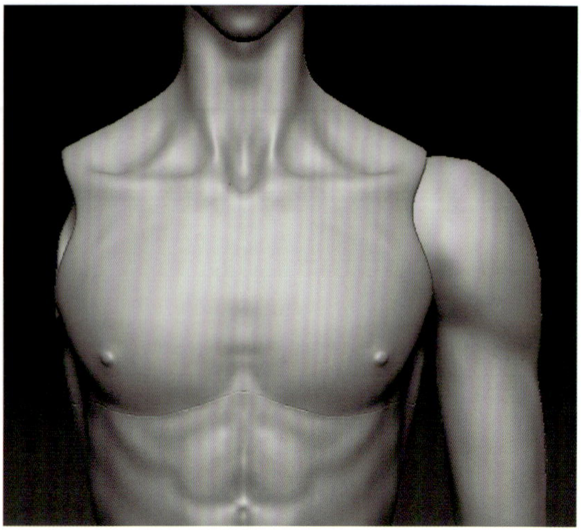

8.2.2 肘部关节的制作

❶ 追加或插入一个 Sphere3D 球体，调整其大小，并将其放到分离的肘部。

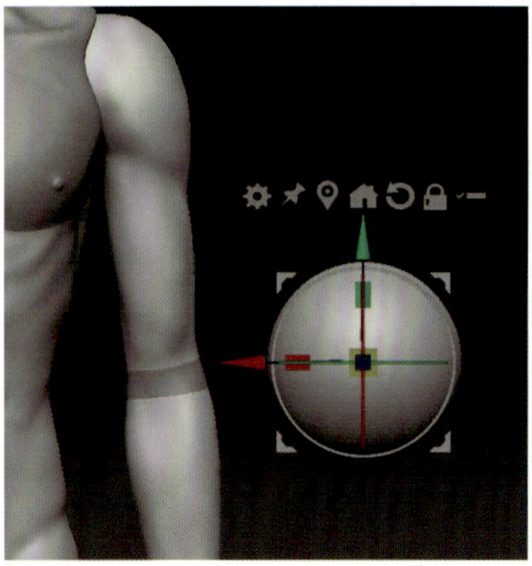

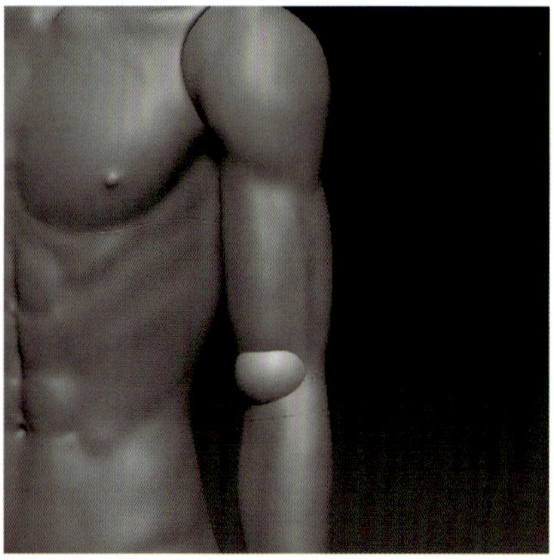

❷ 调整 Sphere3D 球体，注意侧面的弧度。

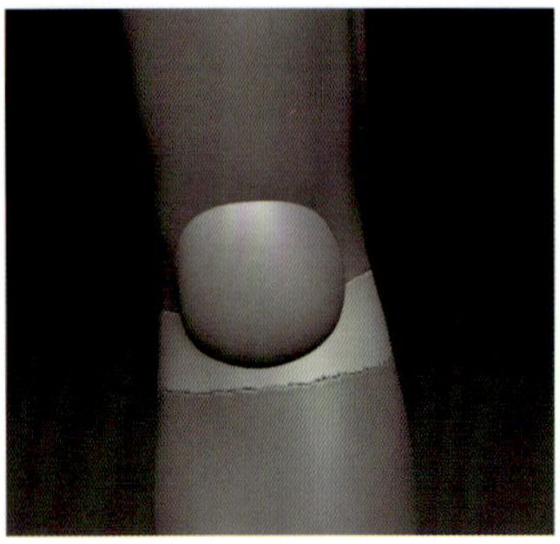

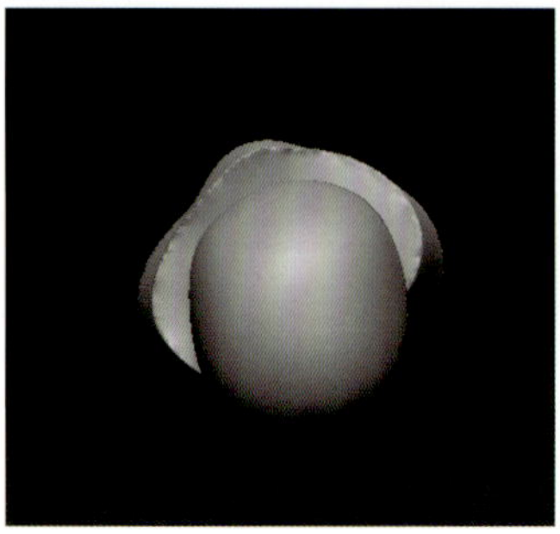

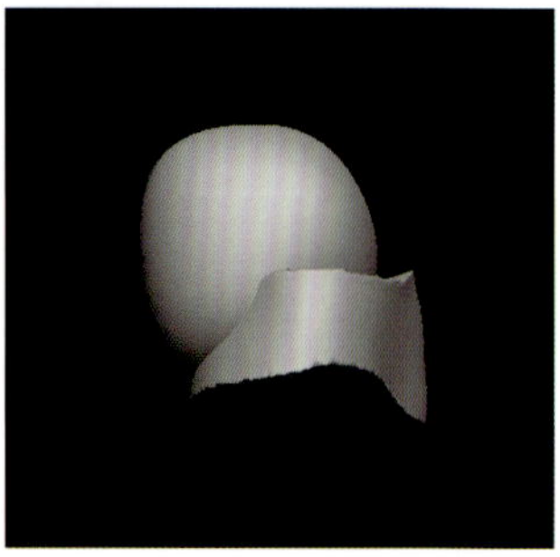

❸ 创建 Sphere3D 球体图层的副本，将其移动到肘部的另一侧。

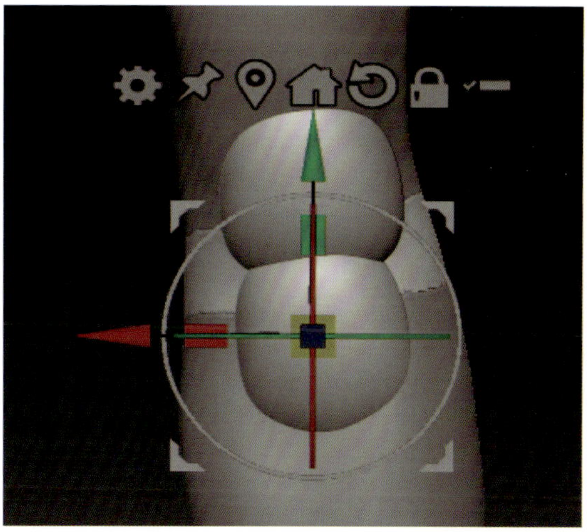

❹ 将第 2 个 Sphere3D 球体的形状调整好，依然要注意侧面的弧度。

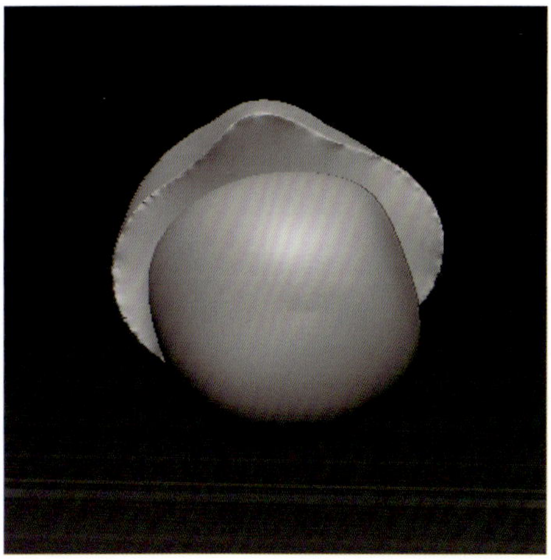

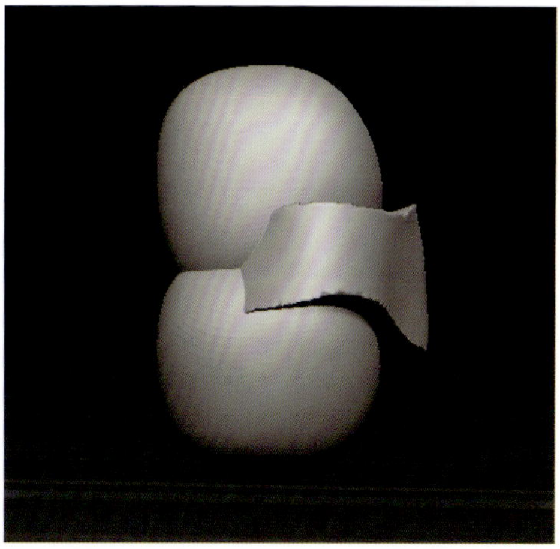

❺ 将肘部与两个 Sphere3D 球体合并为一个图层，重新布线，并模糊处理接缝处。

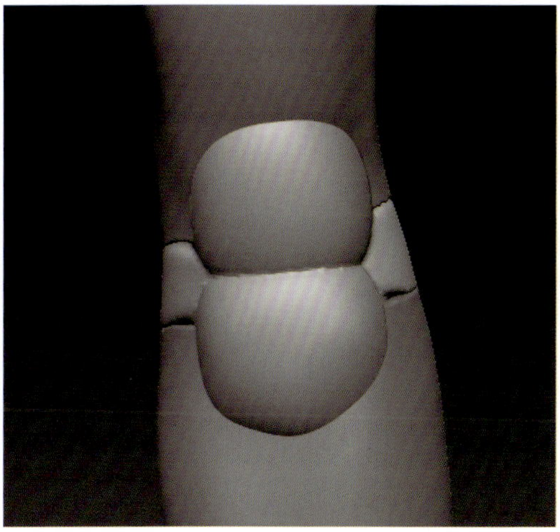

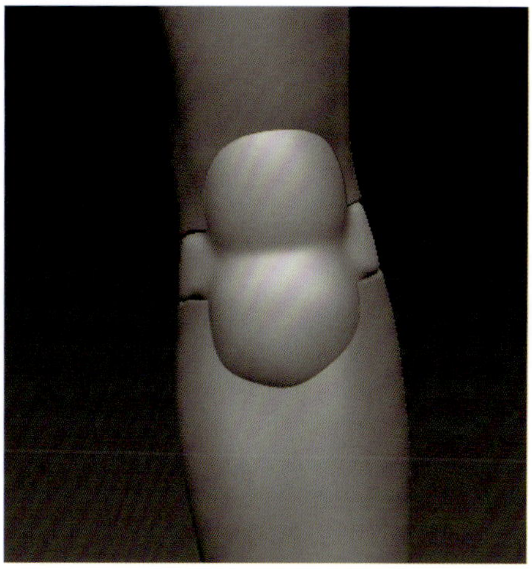

❻ 创建合并后的图层副本，选择其中一个，使用差集运算把肘部关节切割出来。

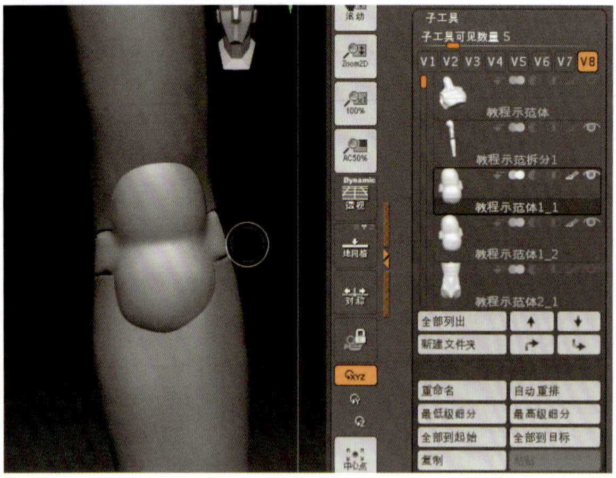

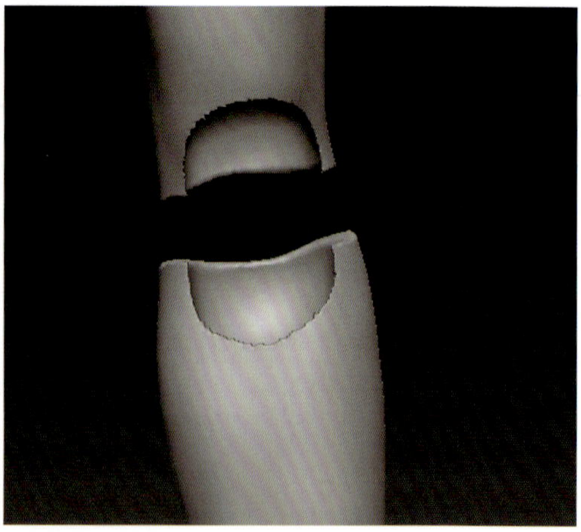

❼ 对切割处进行模糊处理。

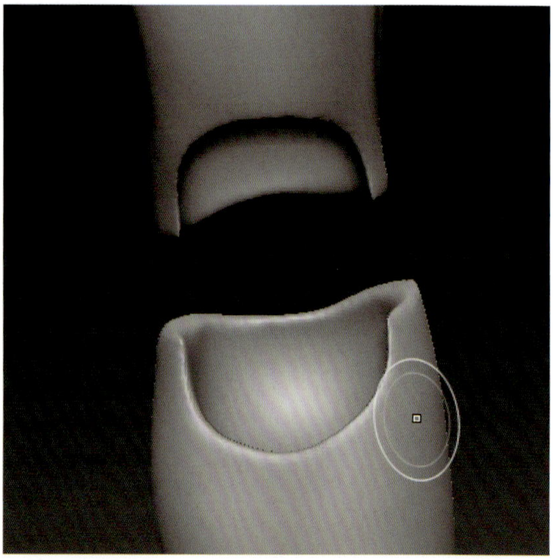

❽ 用蒙版遮罩涂抹尖锐处，拆分并删除尖锐部分。重新布线以封闭实体，对切割处进行模糊处理。

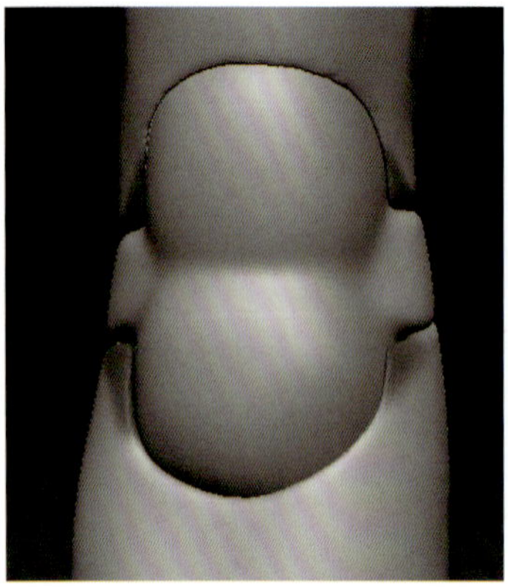

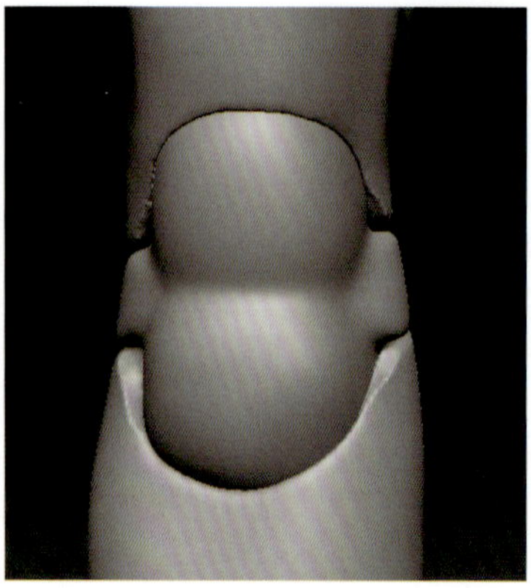

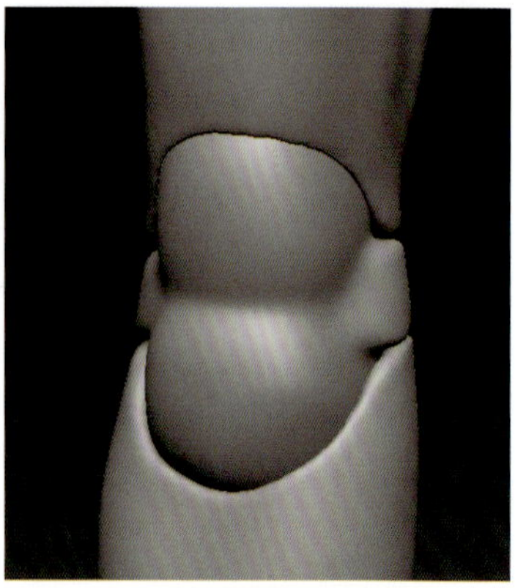

❾ 至此，肘部关节制作完成。

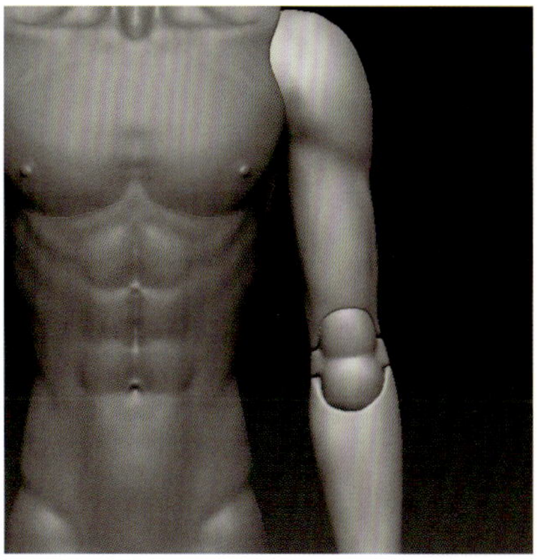

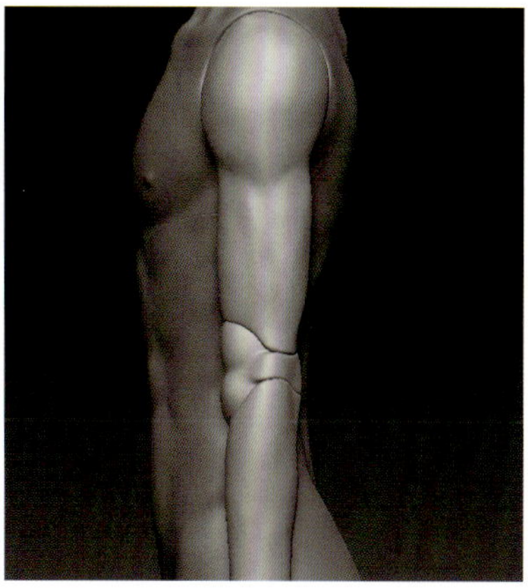

8.2.3 胸部关节的制作

❶ 追加或插入一个 Sphere3D 球体，调整其大小，并将其放到腹部。

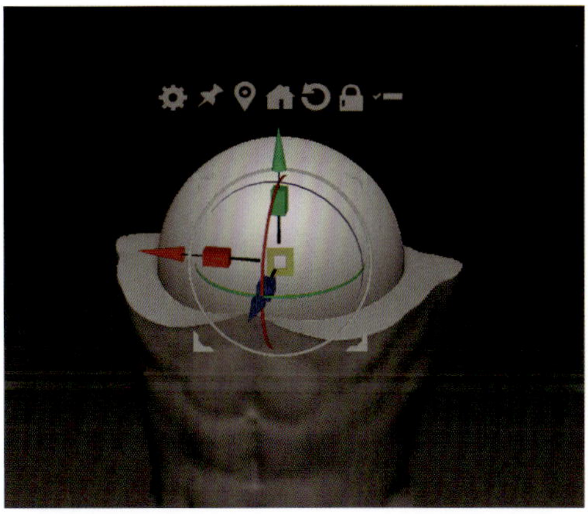

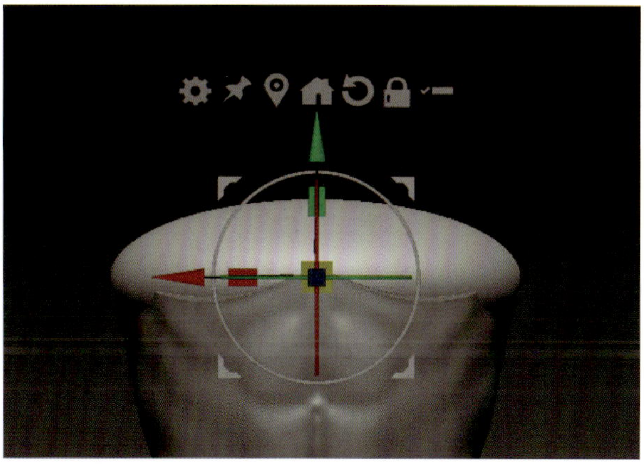

❷ 将 Sphere3D 球体衔接到腹部关节边缘，并将其正面调整到合适的高度。

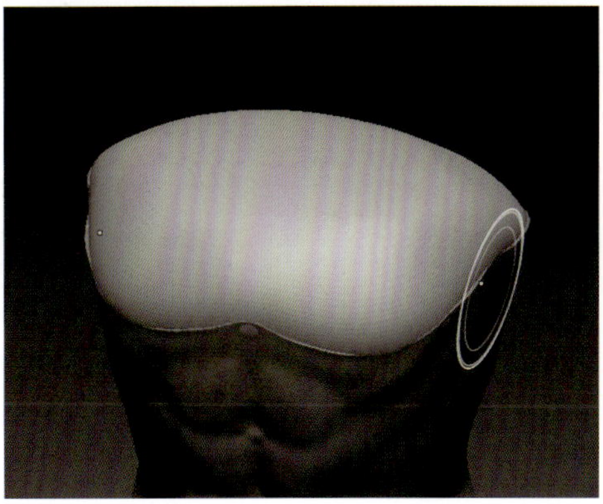

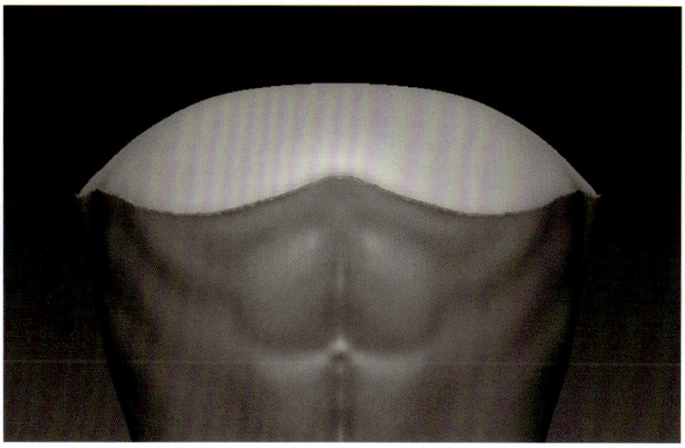

❸ 将腹部与 Sphere3D 球体合并为一个图层，重新布线，并模糊处理接缝处。

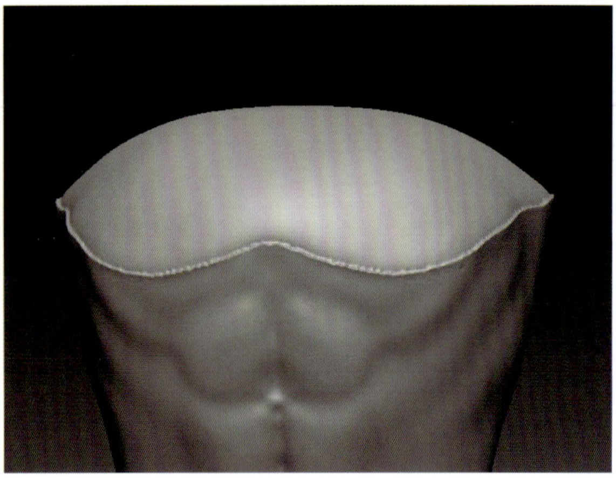

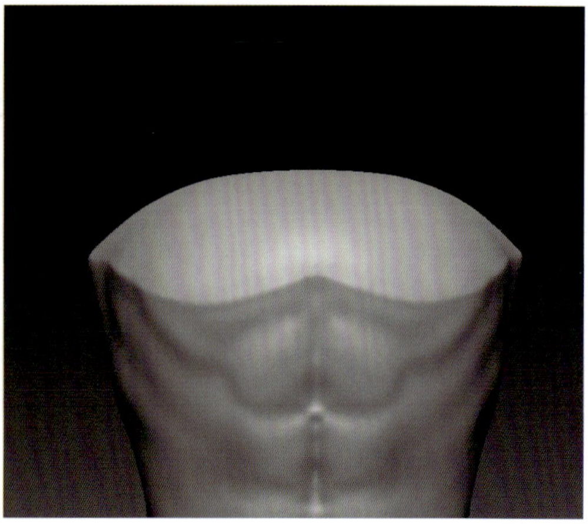

❹ 为制作好的图层创建副本，选择其中一个，使用差集运算把胸部关节切割出来。

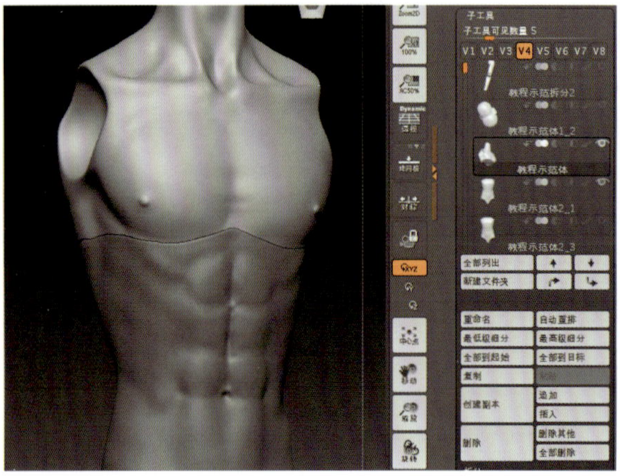

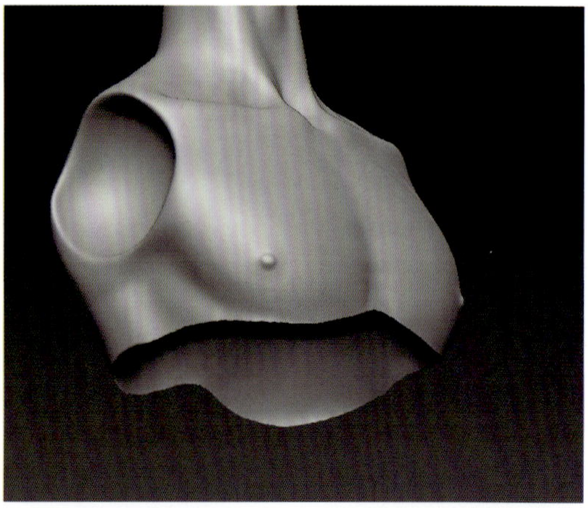

❺ 对切割处进行模糊处理。

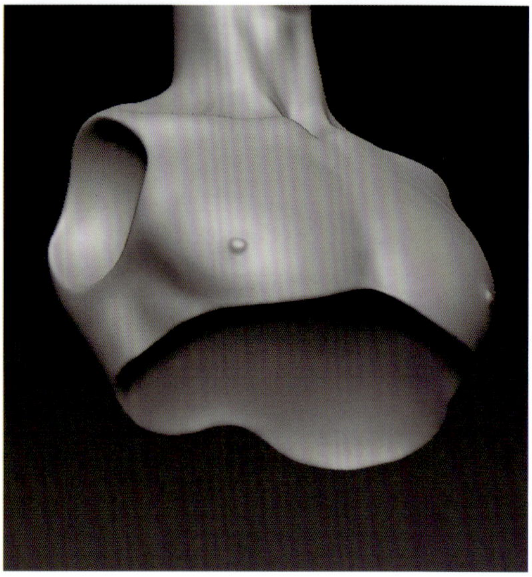

❻ 至此，胸部关节制作完成。

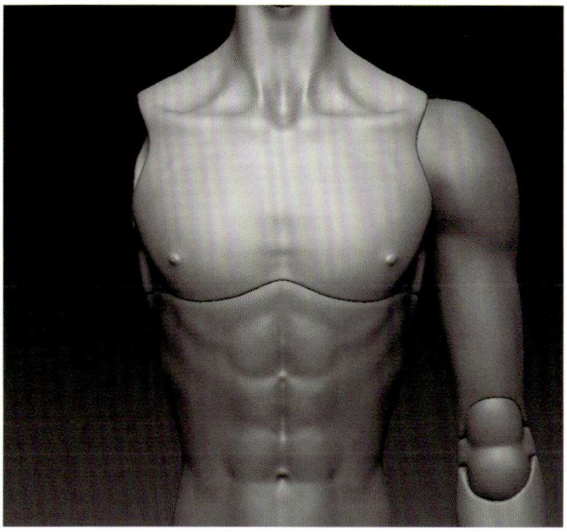

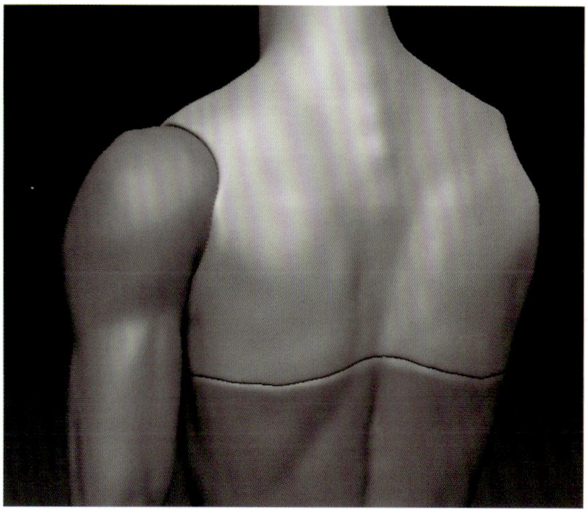

8.2.4 大腿关节的制作

❶ 追加或插入一个 Sphere3D 球体，调整其大小，将其放到大腿处。

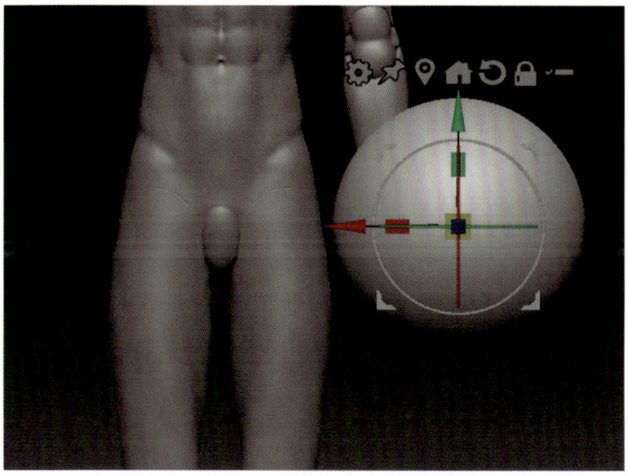

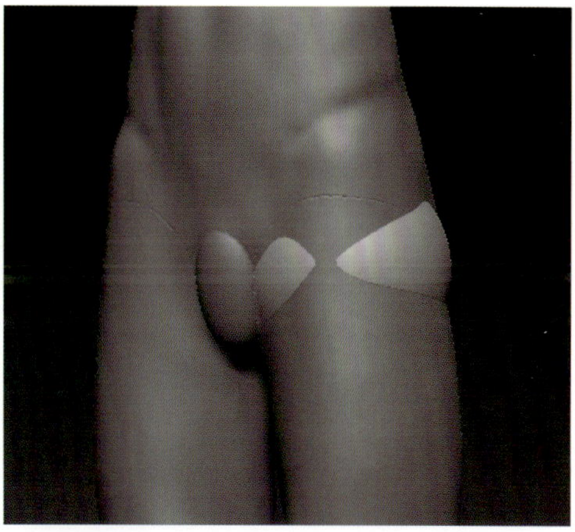

❷ 把 Sphere3D 球体大致调整成所需的形状。Sphere3D 球体的宽度要为整体胯部的一半以内，以给另一侧的 Sphere3D 球体预留位置。

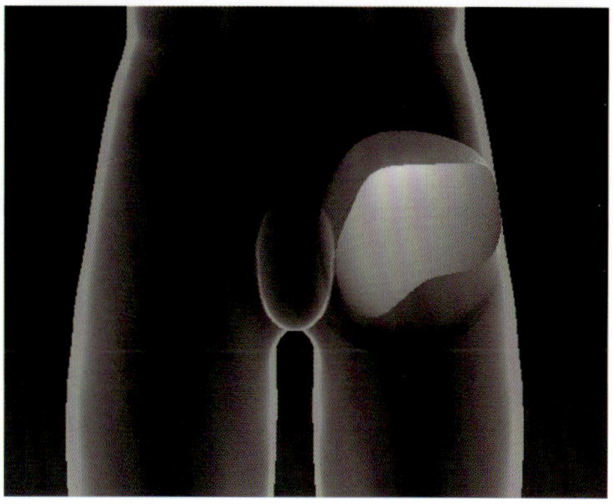

❸ 调整 Sphere3D 球体的形状。注意，弧度不要过大，以免出现无法卡入卡槽的情况。

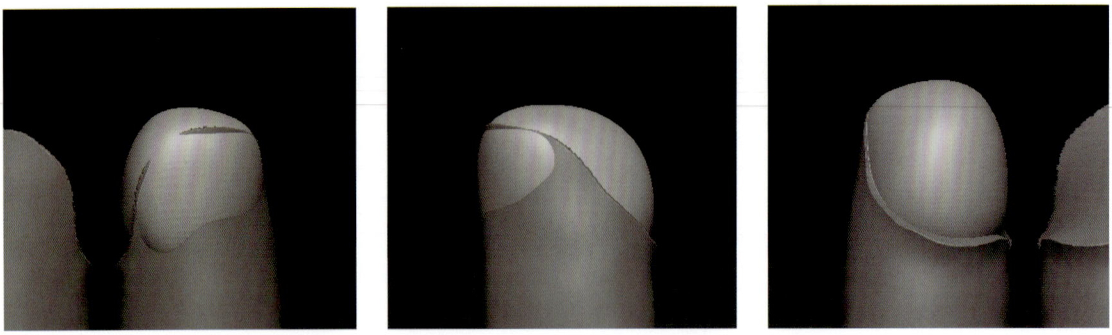

❹ 模糊处理大腿根部的切割处，用笔刷调整以衔接 Sphere3D 球体。

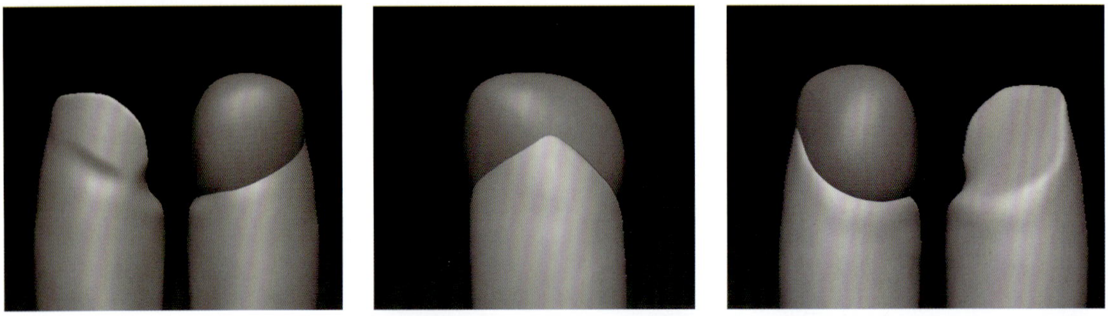

❺ 将大腿与 Sphere3D 球体合并为一个图层，重新布线，并模糊处理接缝处。

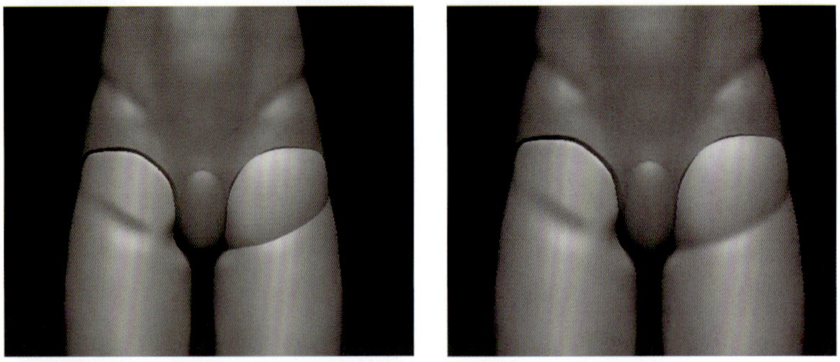

❻ 为制作好的图层创建两个副本，选择其中一个，单击“变形”→“镜像”按钮，补全另一侧。

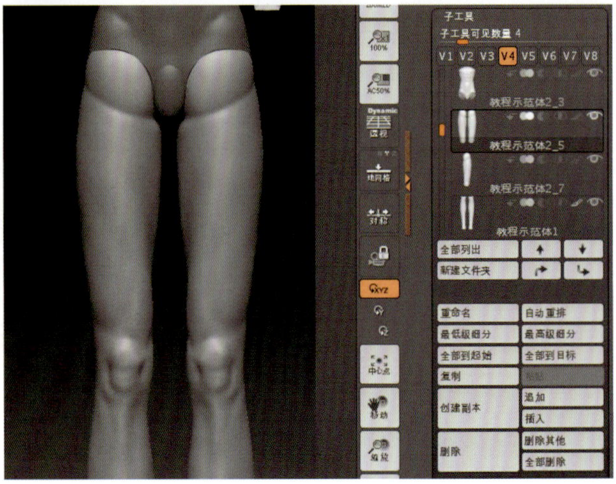

❼ 使用差集运算，用创建的副本把腹部的大腿关节切割出来。

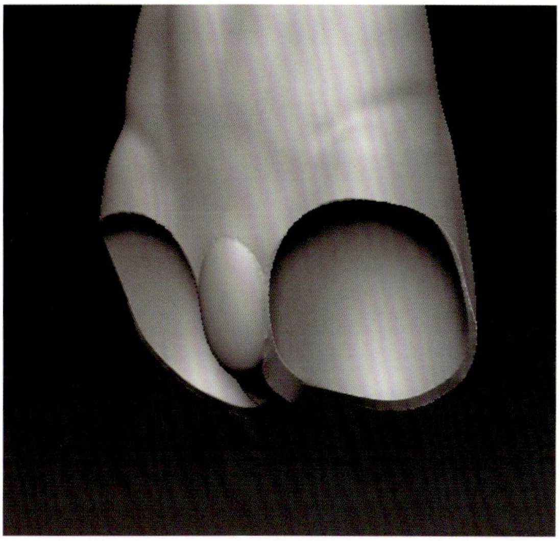

❽ 对腹部的切割处进行模糊处理。

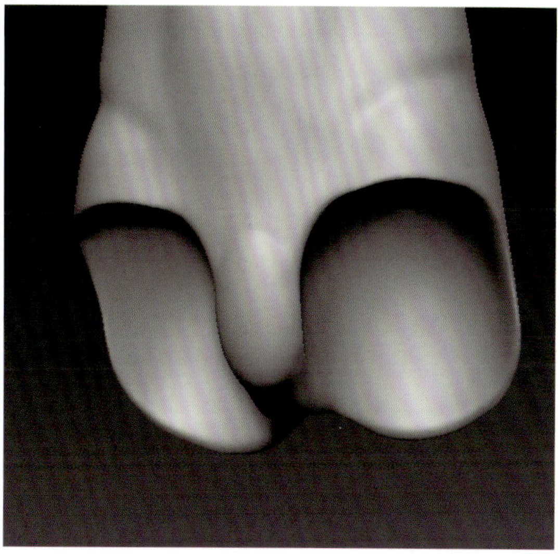

❾ 至此，大腿关节制作完成。

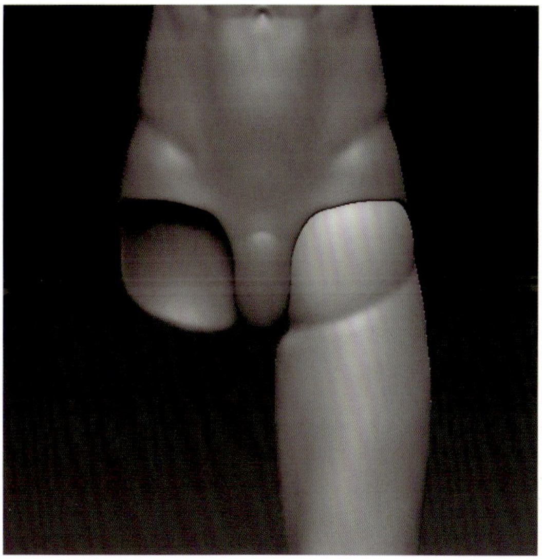

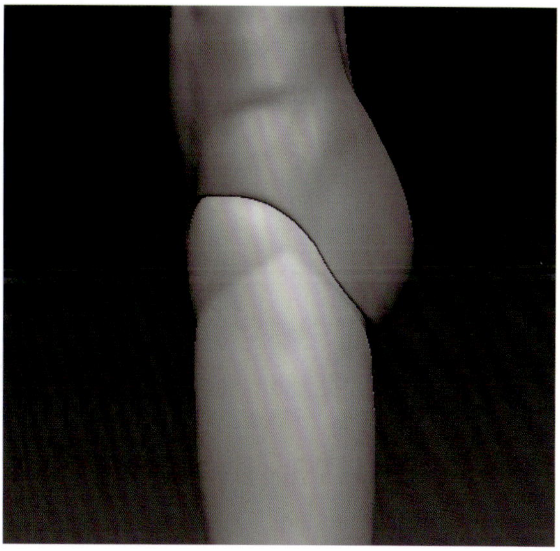

8.2.5 膝盖关节的制作

❶ 追加或插入一个 Sphere3D 球体，调整其大小，将其放到膝盖处。

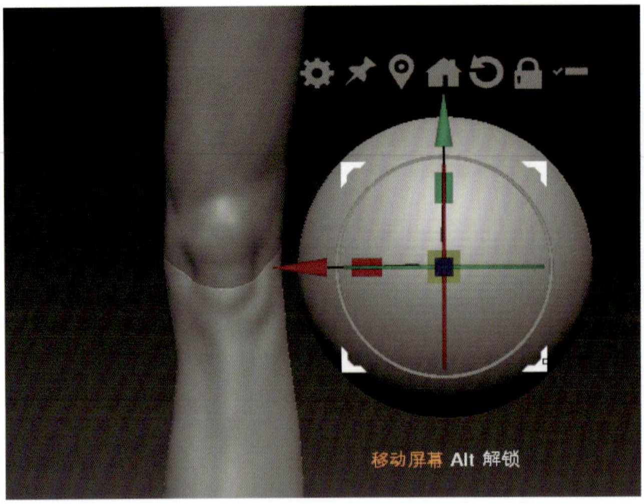

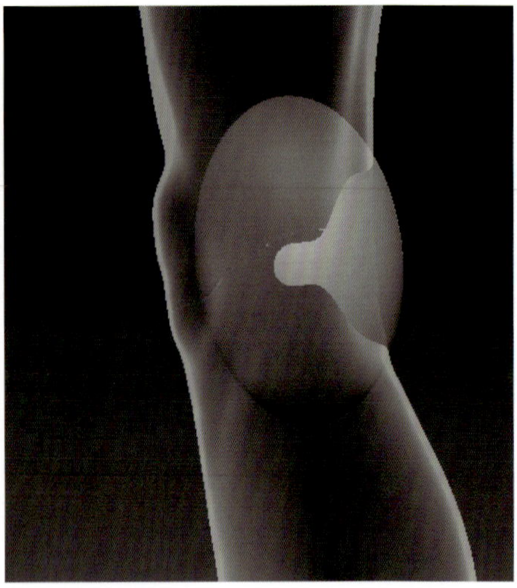

❷ 调整 Sphere3D 球体的形状，注意侧面的弧度与背面的宽度。

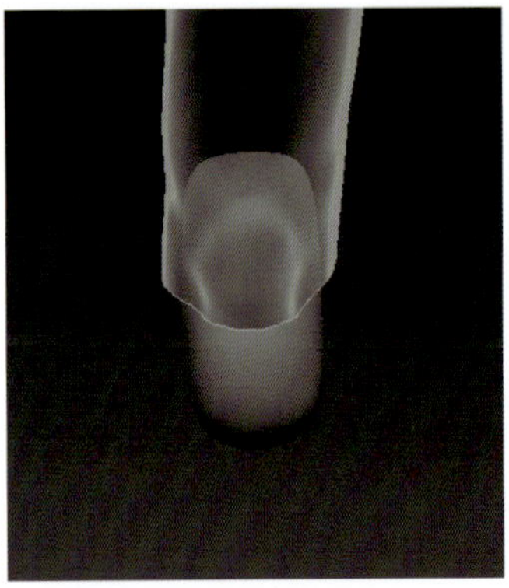

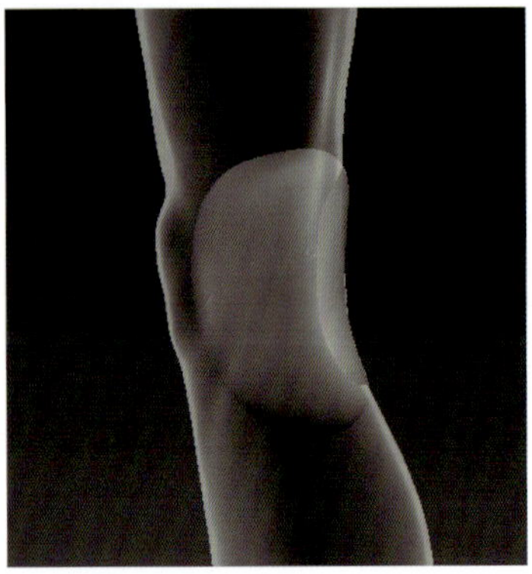

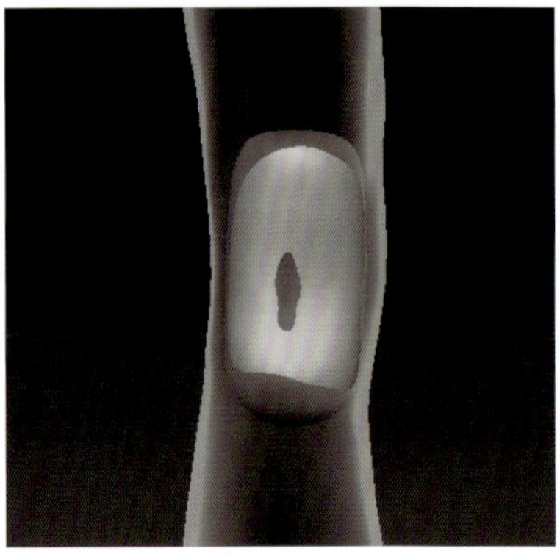

❸ 检查关节切割后的厚度，可以根据自己的喜好进行调整，注意不要过薄，以免关节开裂。

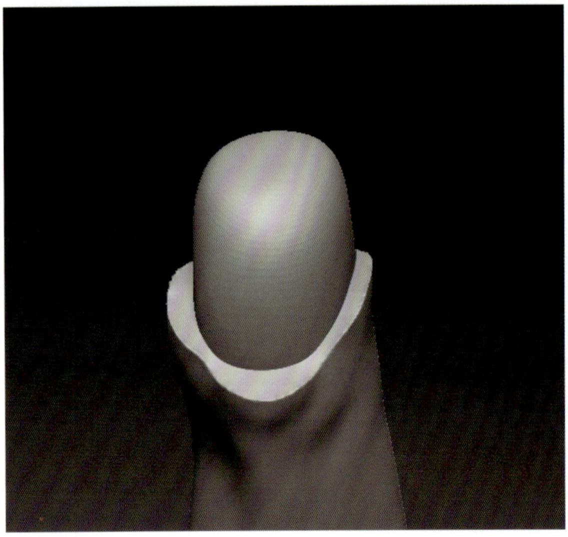

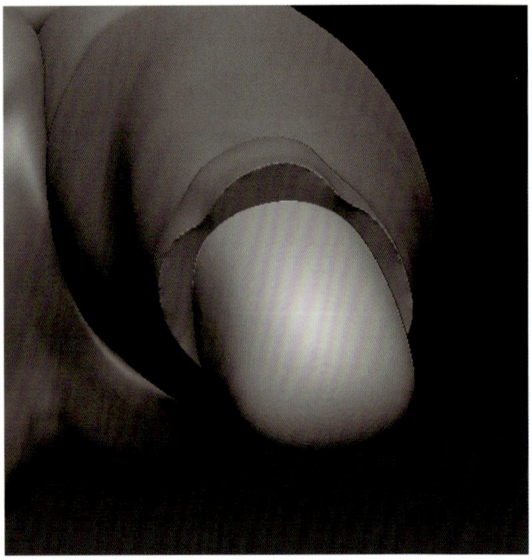

❹ 持续调整 Sphere3D 球体为合适的形状。

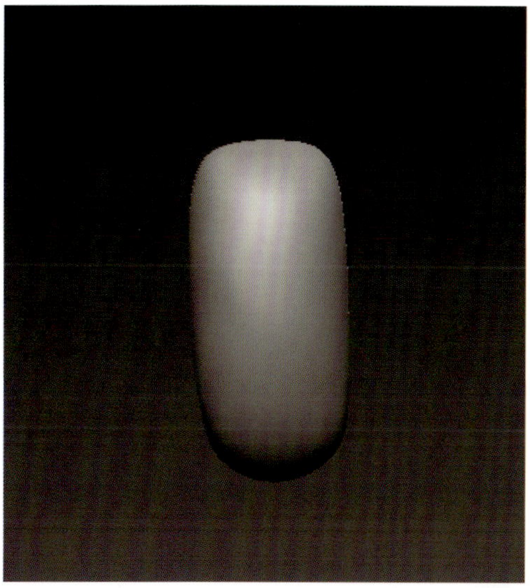

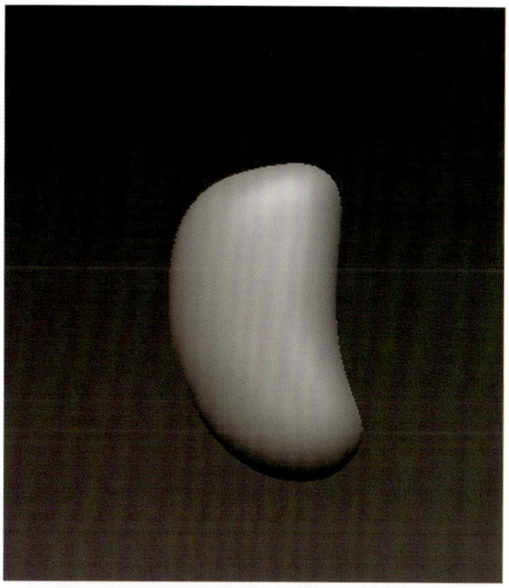

❺ 为制作好的 Sphere3D 球体图层创建两个副本，选择其中一个，单击“变形”→“镜像”按钮，将两个副本分别拖曳到大腿图层与小腿图层的下方。

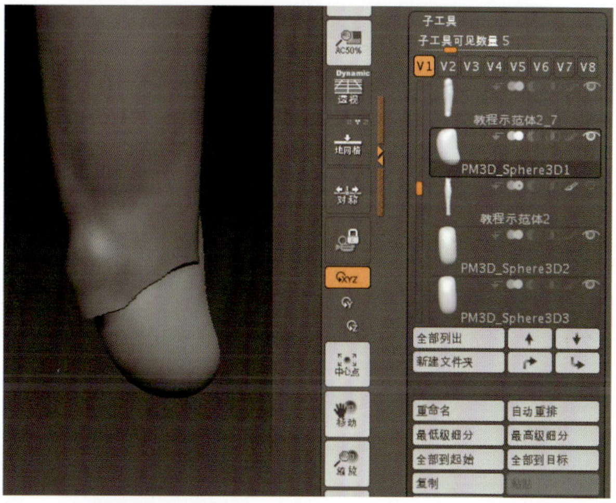

❻ 使用差集运算，用创建的副本把腹部的大腿与小腿的膝盖关节切割出来。

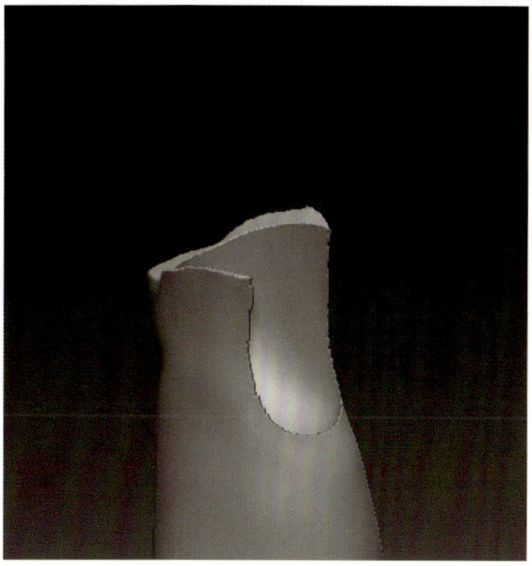

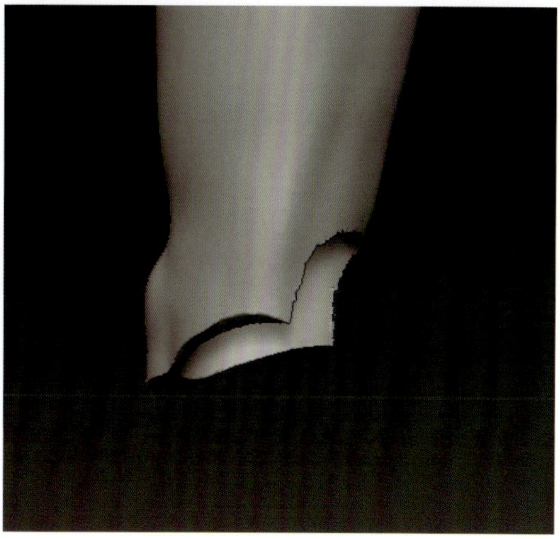

❼ 切割好的膝盖呈如右图所示的状态。

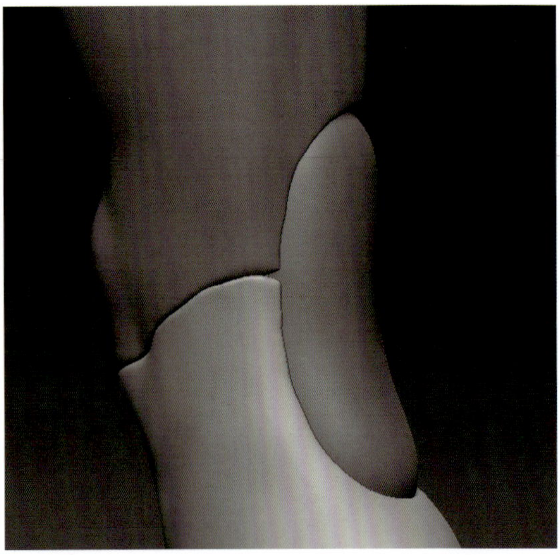

❽ 用蒙版遮罩涂抹关节的尖锐处，拆分并删除尖锐部分。重新布线以封闭实体，并对切割处进行模糊处理。

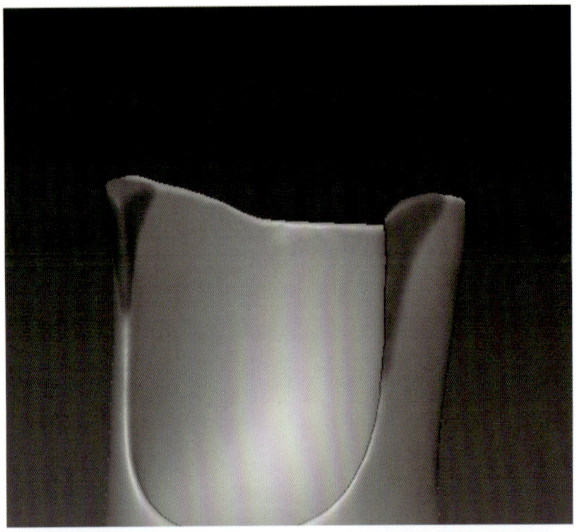

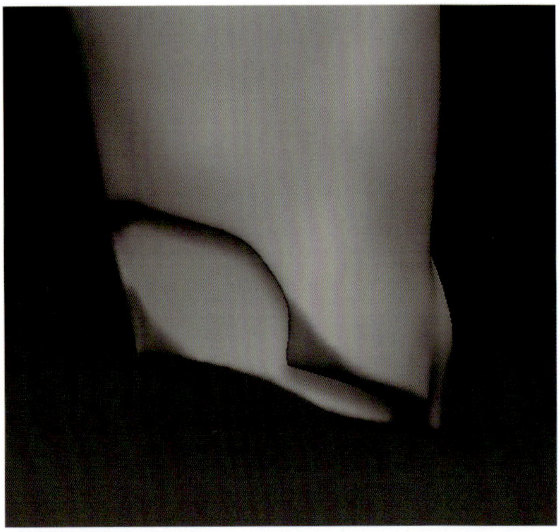

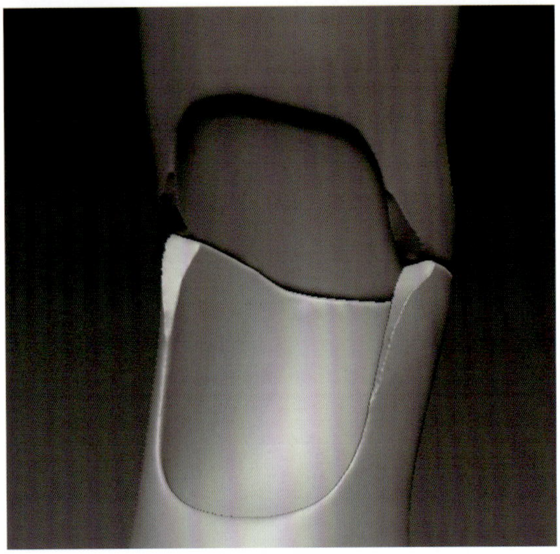

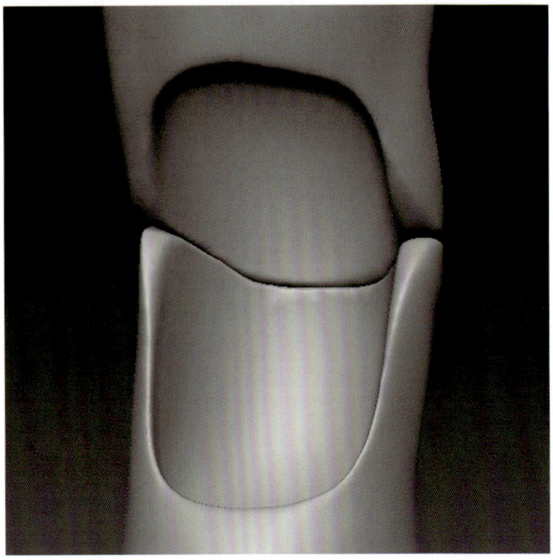

❾ 至此，膝盖关节制作完成。

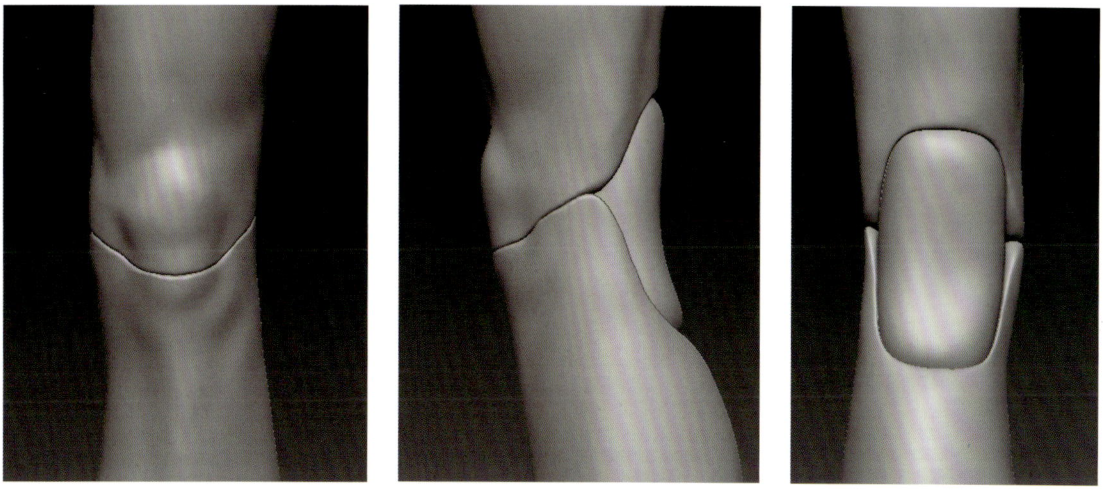

❿ 此时，身体大部分的关节均已制作完成。为了便于制作与节省计算机内存，避免计算机卡顿，关节的制作与其他后期的制作都将在同一条胳膊与腿上完成。制作完成后，单击“变形”→“镜像”按钮，补全另一侧即可。当然，也可以在完整的身体上制作，以感受整体线条。

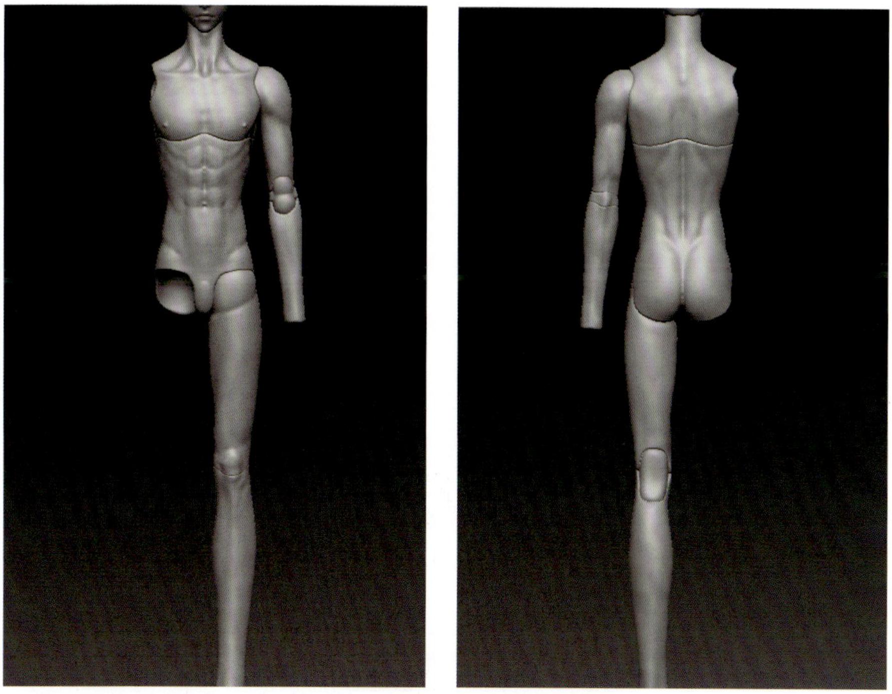

小贴士

在使用 ZBrush 制作关节的过程中，因无法像手动制作那样可以实时测试效果，故即使是专业人形师也不一定可以一次就制作出完美的身体关节，通常需要多次的打印与修改来后期完善身体关节。本书中只展示第 1 次制作的关节的效果。

8.2.6 手腕关节的制作

❶ 使用蒙版遮罩切除手腕，切线在手掌的结束点。

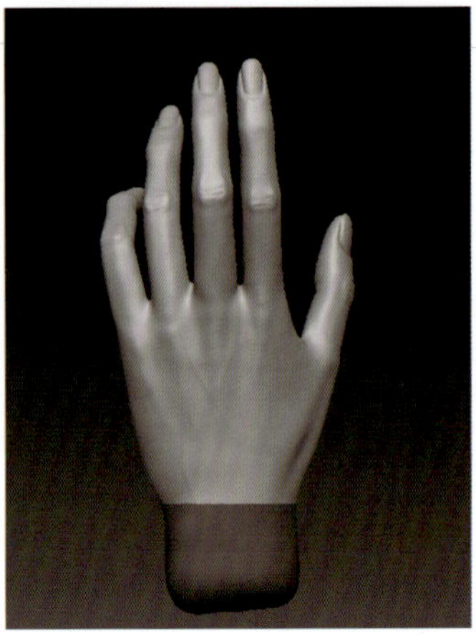

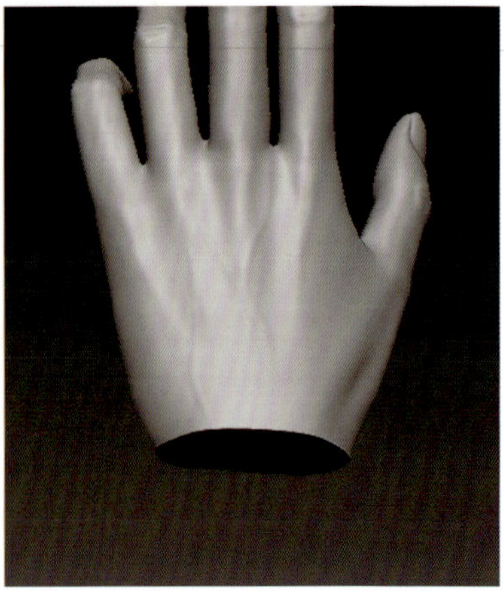

❷ 追加或插入一个Sphere3D球体，调整其大小，并将其放到手腕处。

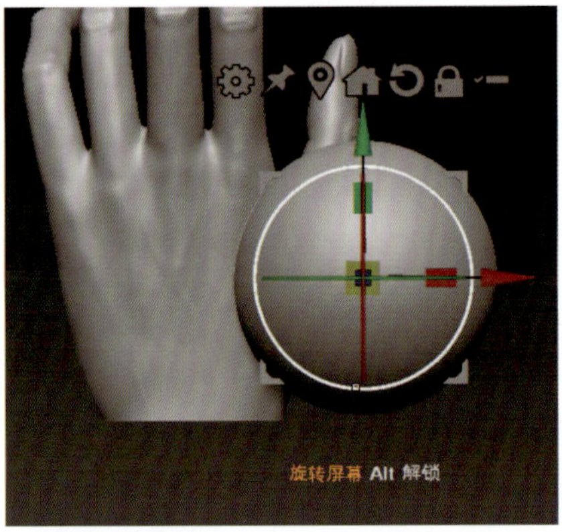

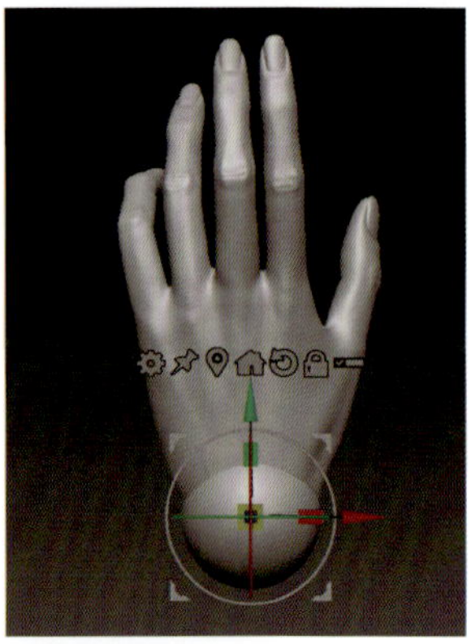

❸ 根据自己的喜好将Sphere3D球体调整为合适的形状。在此，可以将其调整为自然的扁长形，也可以直接将其调整为圆球状。

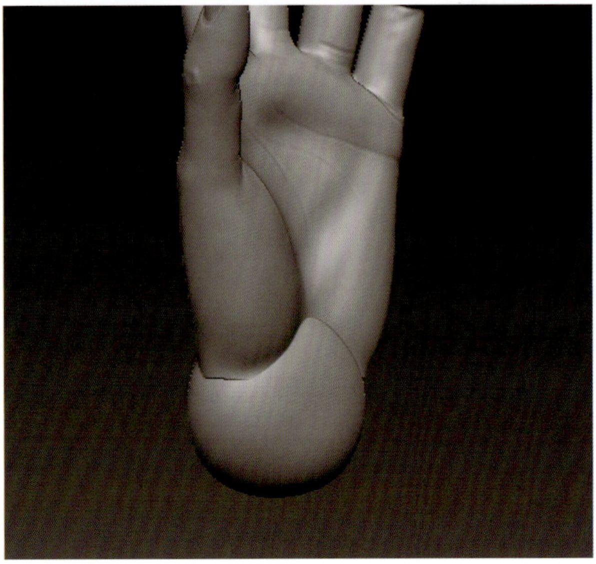

❹ 把另一个手腕切除。

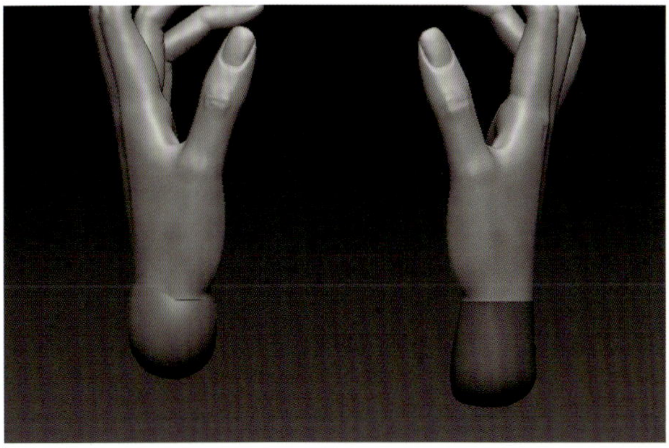

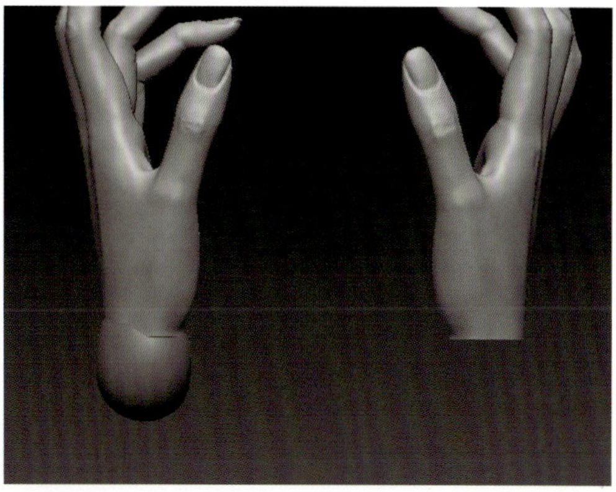

❺ 创建 Sphere3D 球体图层副本，单击“变形”→“镜像”按钮，补全另一侧。

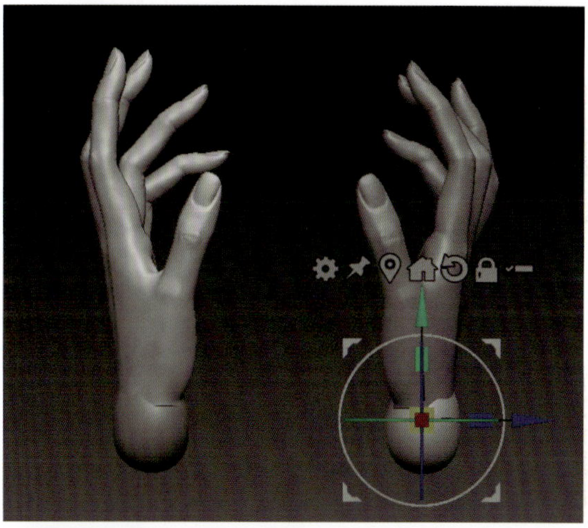

❻ 将手腕与 Sphere3D 球体合并为一个图层，重新布线，并模糊处理接缝处。

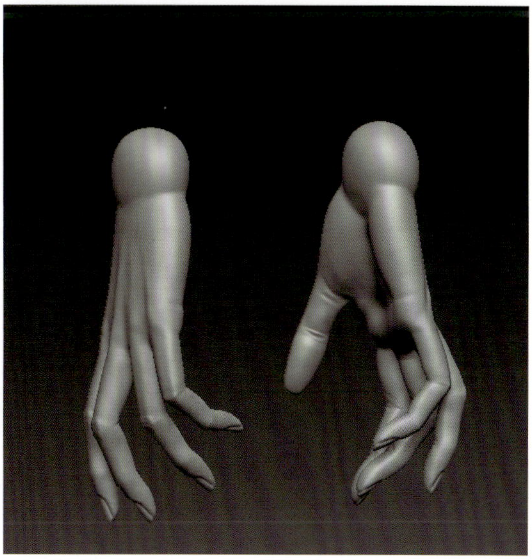

❼ 在画面右上角单击“工具”→“导出”按钮，将制作好的手部导出为 OBJ 文件。

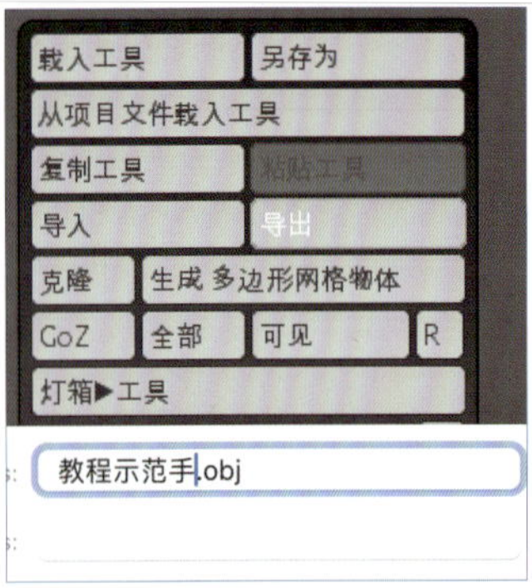

❽ 打开身体文件，为任意图层创建副本，选择该图层，单击“工具”→“导入”按钮，将导出的 OBJ 文件导入身体文件。

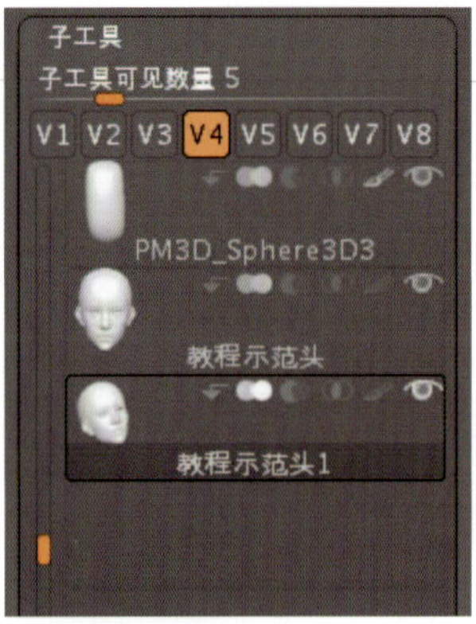

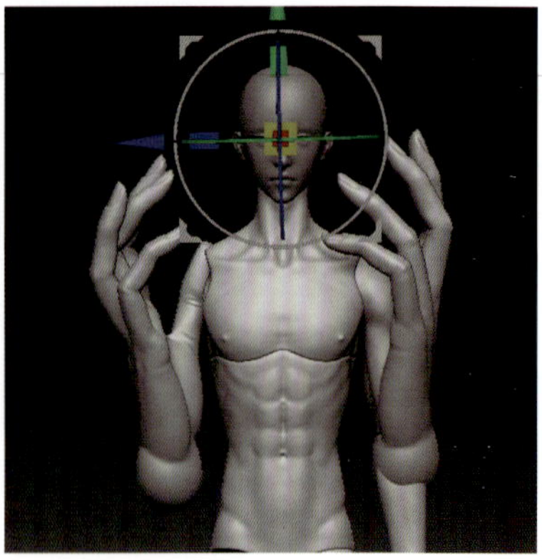

❾ 打开 3D 操纵器，调整大小与位置，将手部放到手腕处。

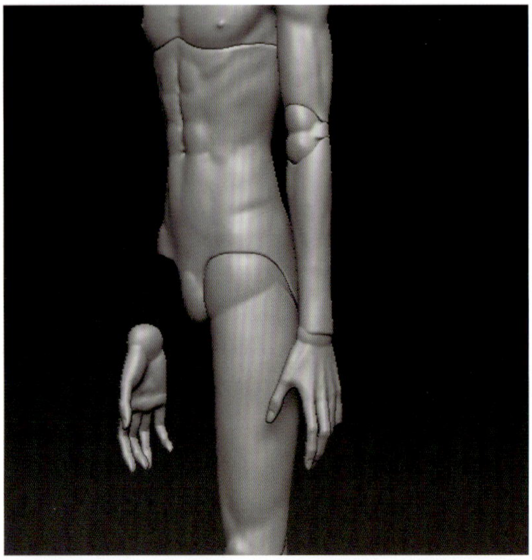

❿ 调整契合度。

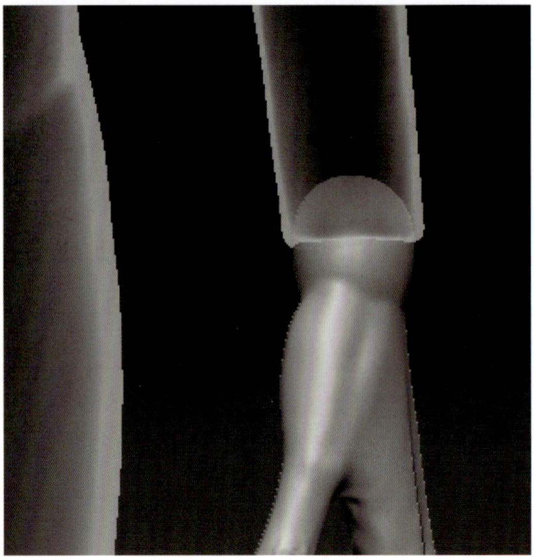

⓫ 为制作好的手部图层创建副本，选择其中一个，将其拖曳到胳膊图层的下方，使用差集运算把手腕关节切割出来。

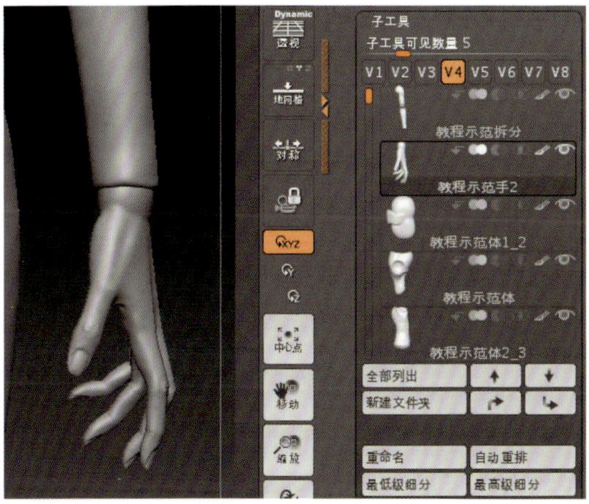

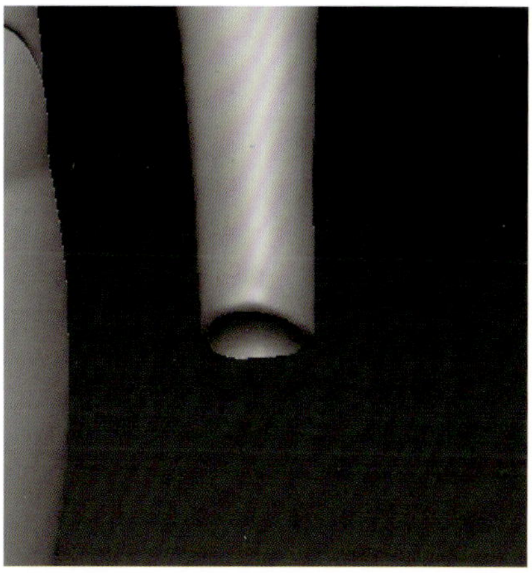

⓬ 对切割处进行模糊处理。

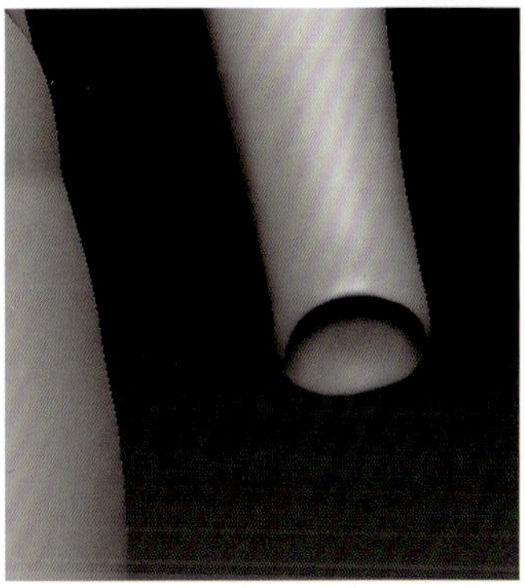

⓭ 至此，手腕关节制作完成。

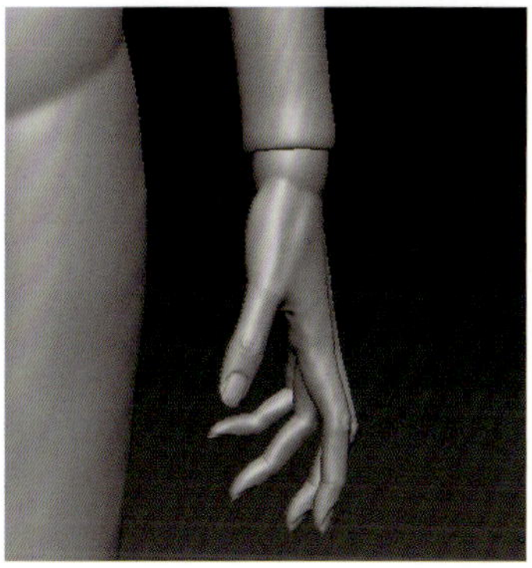

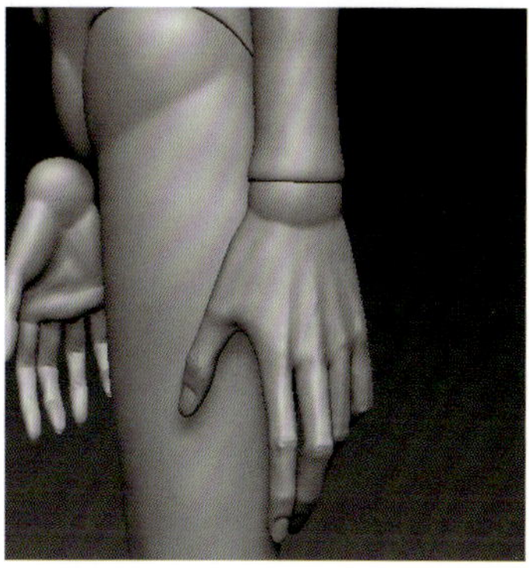

8.2.7　脚腕关节的制作

❶ 追加或插入一个 Sphere3D 球体，调整其大小，并将其放到脚腕处。

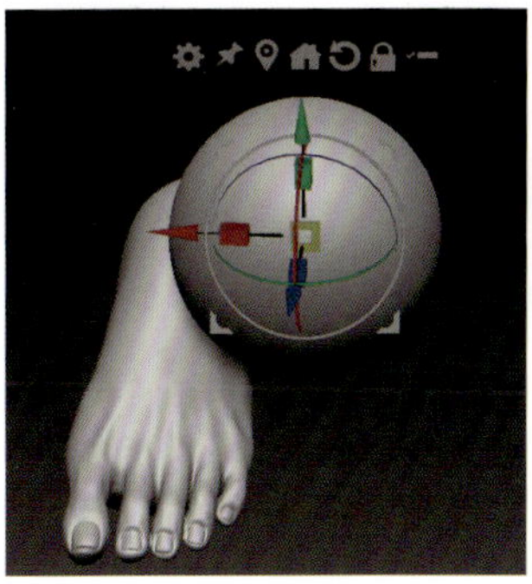

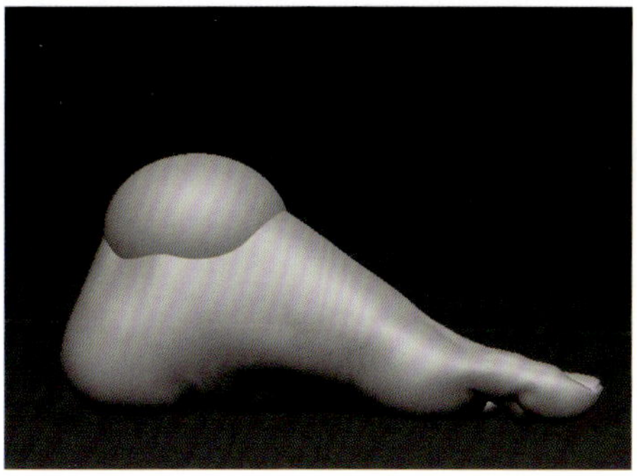

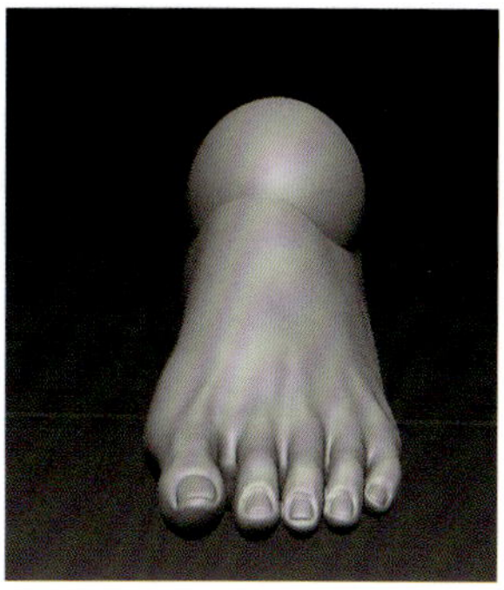

❷ 根据自己的喜好将 Sphere3D 球体调整为合适的形状，同时尽量使其与脚腕衔接。

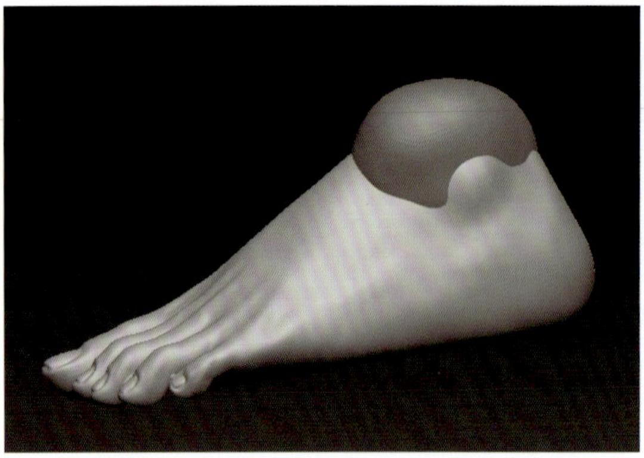

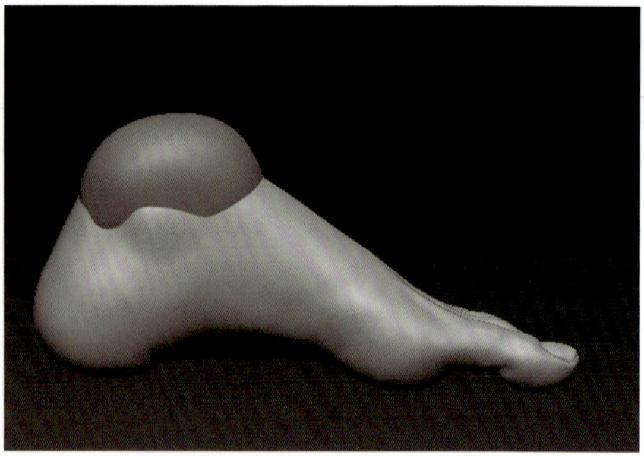

❸ 将脚腕与 Sphere3D 球体合并为一个图层，重新布线，并模糊处理接缝处。

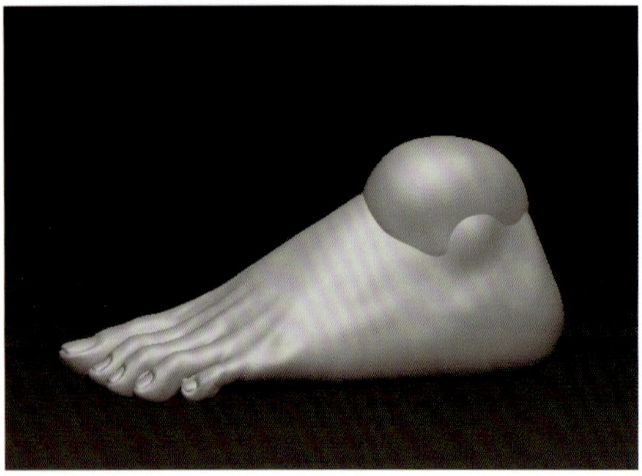

❹ 在画面右上角单击“工具”→“导出”按钮，将制作好的脚部导出为 OBJ 文件。

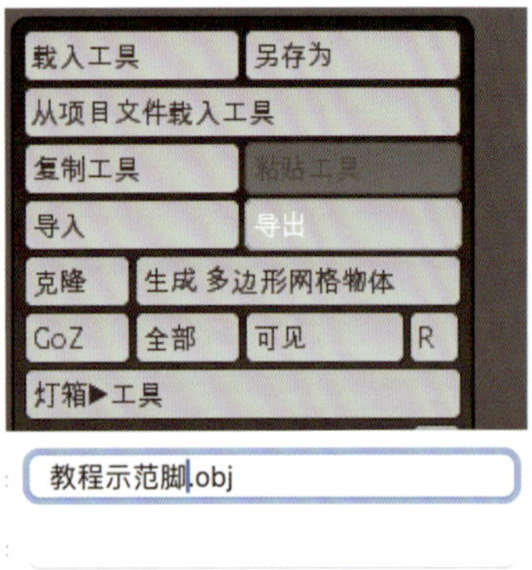

❺ 打开身体文件，为任意图层创建副本，选择该图层，单击“工具”→“导入”按钮，将导出的 OBJ 文件导入身体文件。

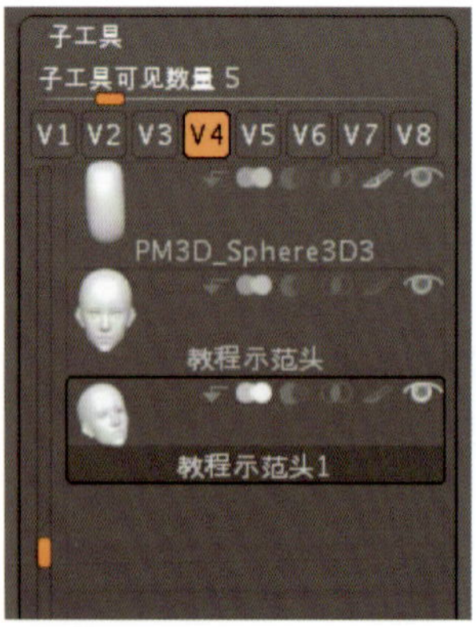

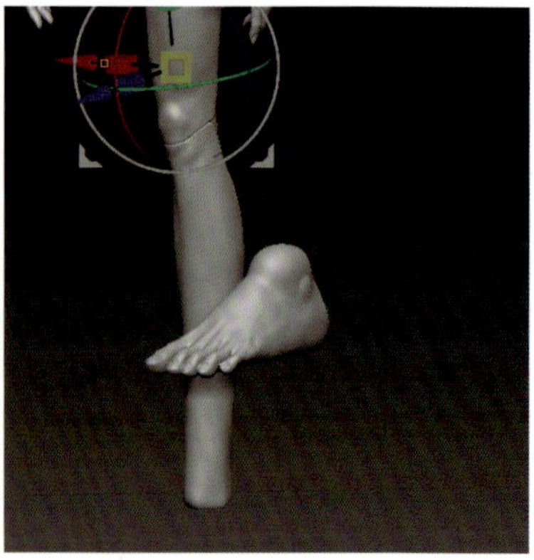

❻ 打开 3D 操纵器，调整大小与位置，将脚部放到脚腕处。

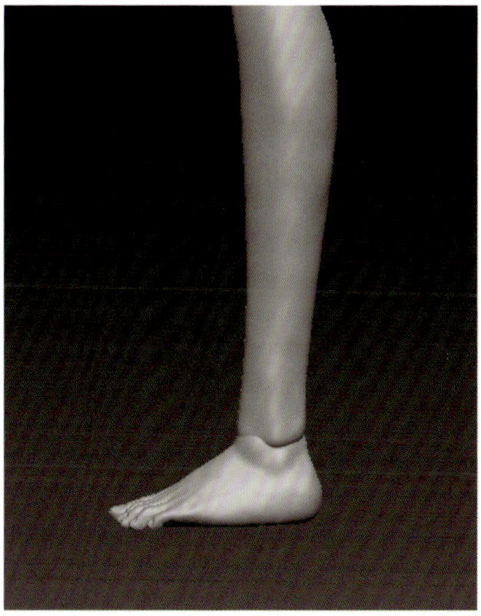

❼ 调整契合度。

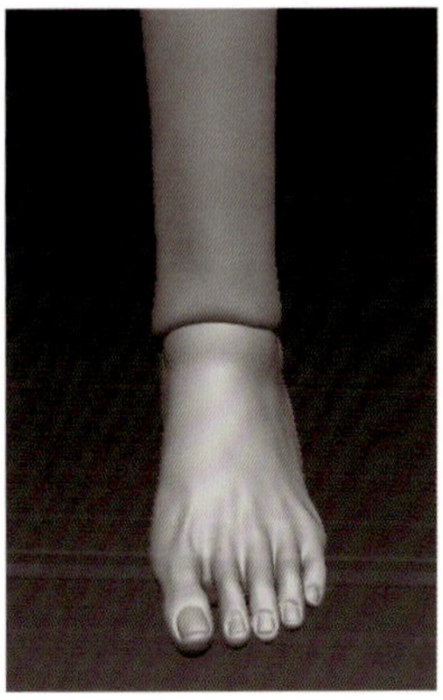

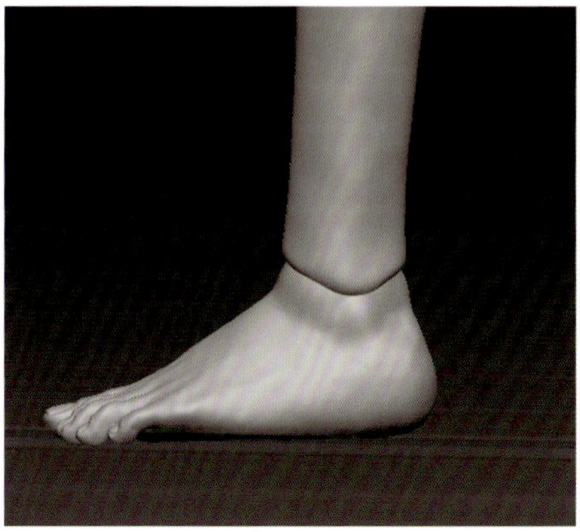

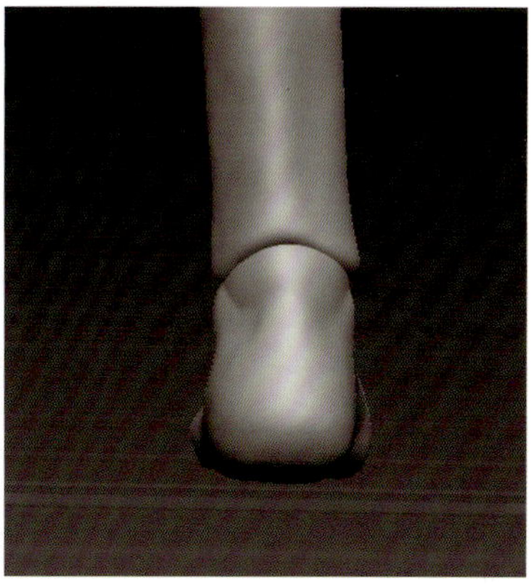

❽ 为制作好的脚部图层创建副本，选择其中一个，将其拖曳到小腿图层的下方，使用差集运算把脚腕关节切割出来。

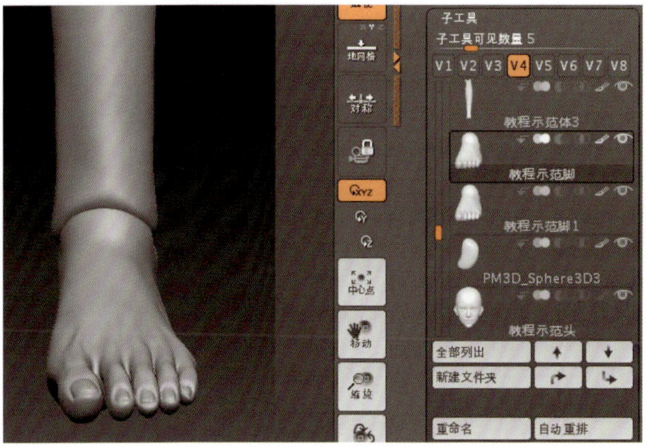

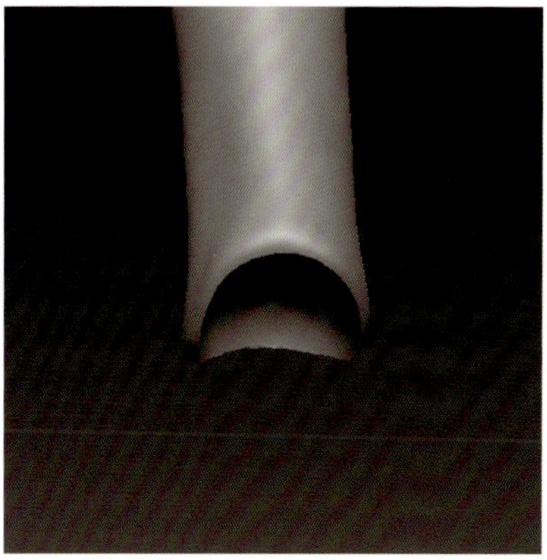

❾ 对切割处进行模糊处理。

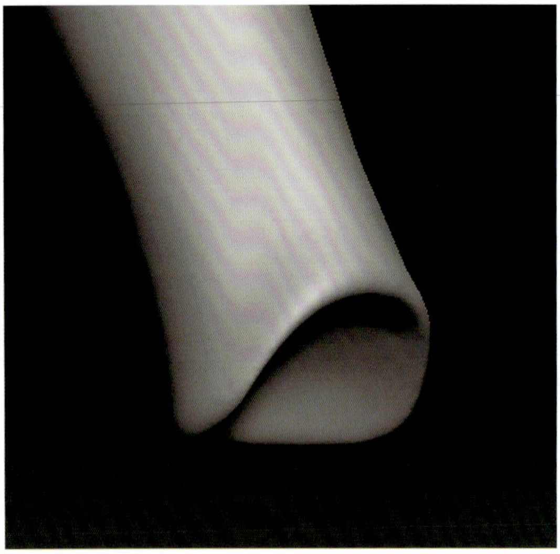

❿ 至此，脚腕关节制作完成。

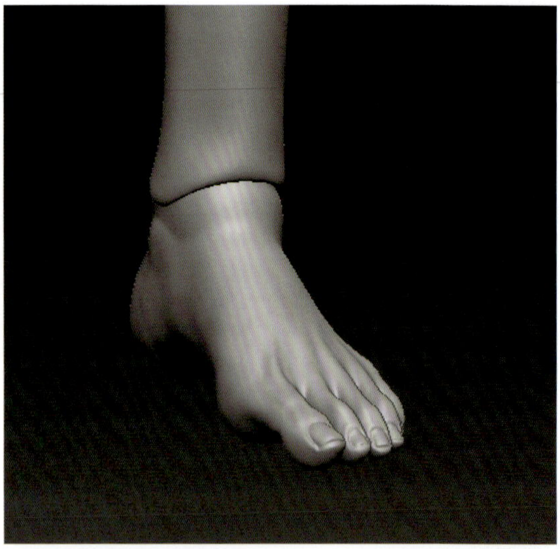

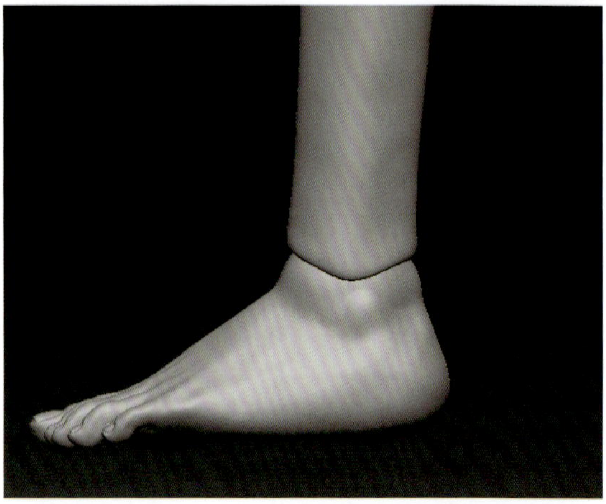

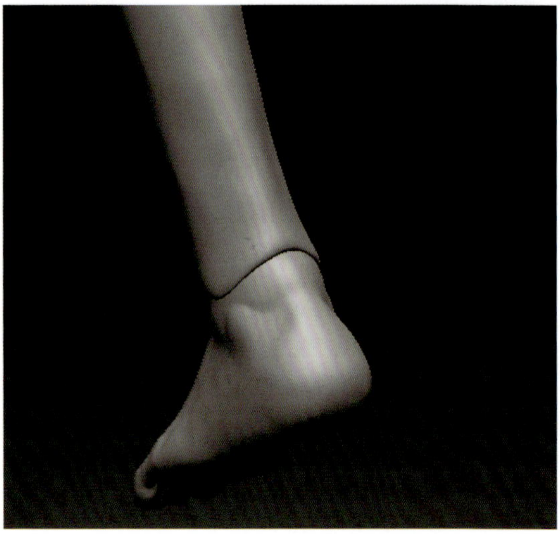

Chapter

09

BJD拉筋孔的制作

9.1 胸部拉筋孔的制作

❶ 为胸部关节图层创建副本，使用该图层制作内芯。选择下方的图层，单击“透明”按钮，对其进行轻微的缩小。

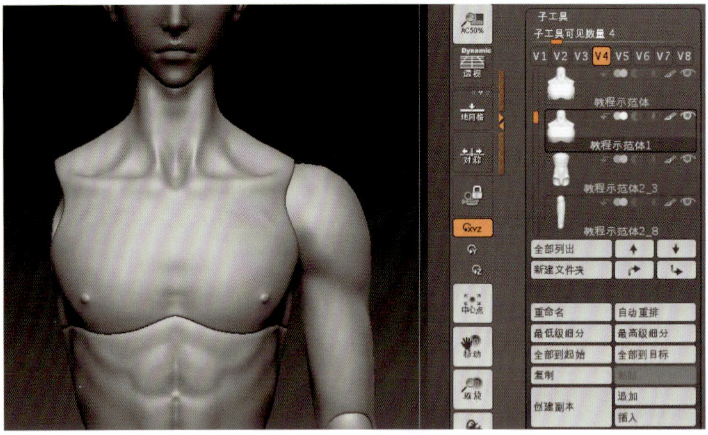

❷ 将上方的图层取消可见，将下方的图层的分辨率降低 100~200 像素，重新布线，使用大笔刷进行模糊处理。

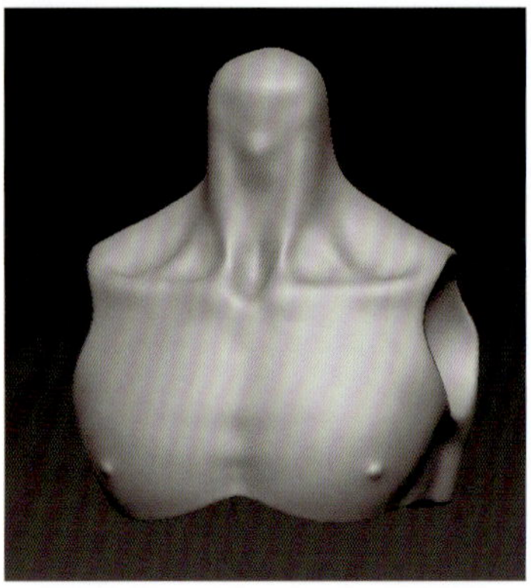

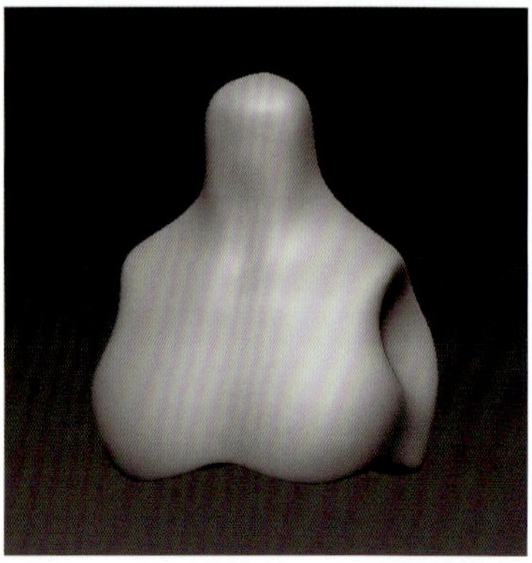

❸ 将上方的图层设置为可见，单击“透明”按钮，调整下方的图层的形状。由于内芯代表的是翻模时填充的硅胶，因此该身体后期需要翻模，要注意所有内芯均不可鼓包或凹陷，线条应流畅，以免无法扯出硅胶。

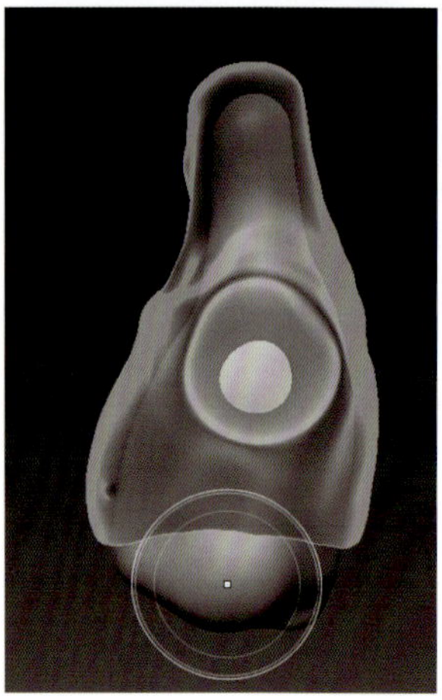

❹ 检查下方胸部的厚度，使用差集运算切割出拉筋孔。

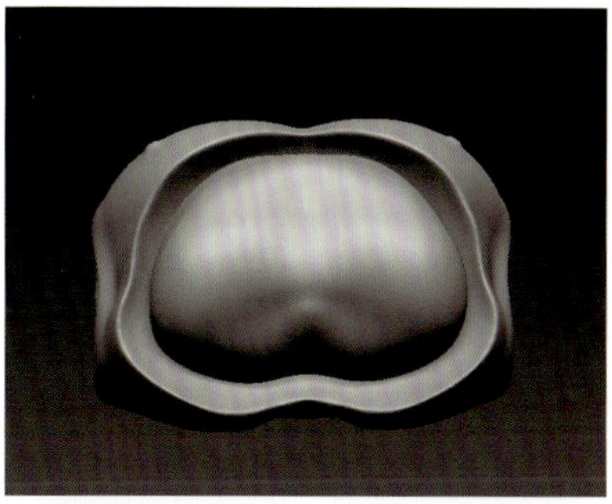

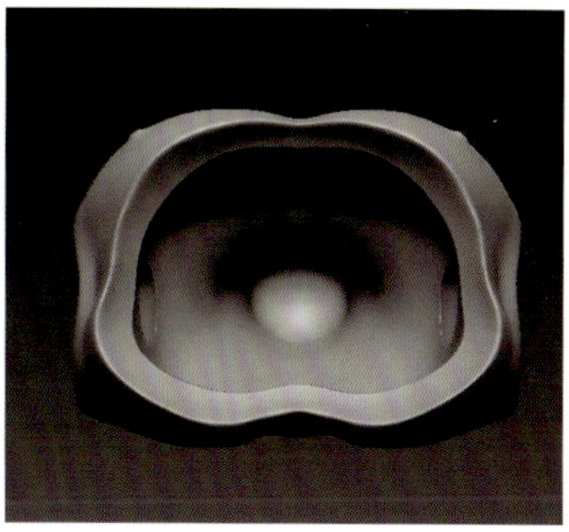

❺ 对切割处进行模糊处理。

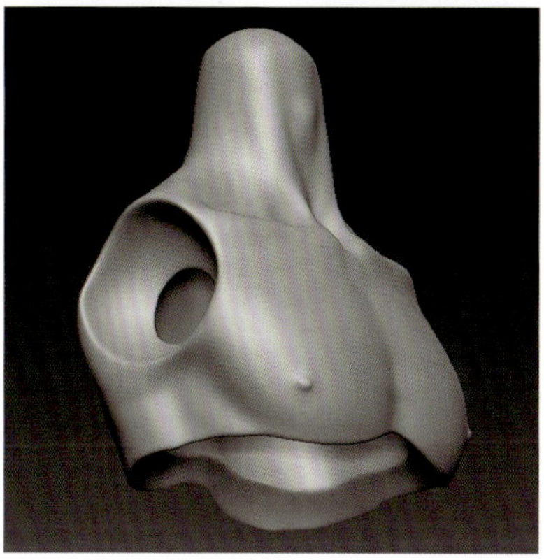

❻ 追加或插入一个 Cylinder3D 圆柱体，将其放到脖子中间。为 Cylinder3D 圆柱体图层创建副本，将其横过来，制作 S 钩卡口。

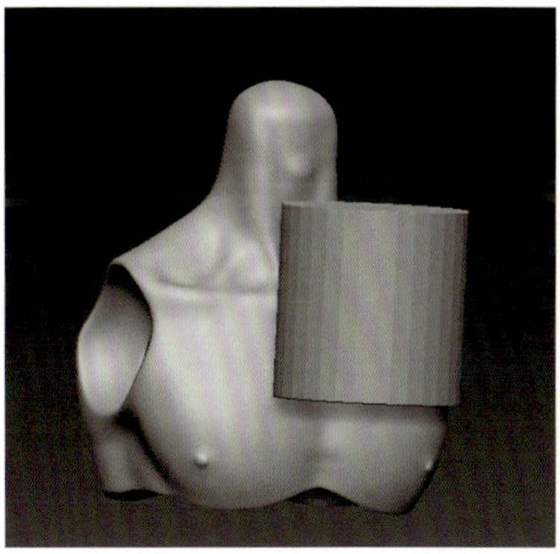

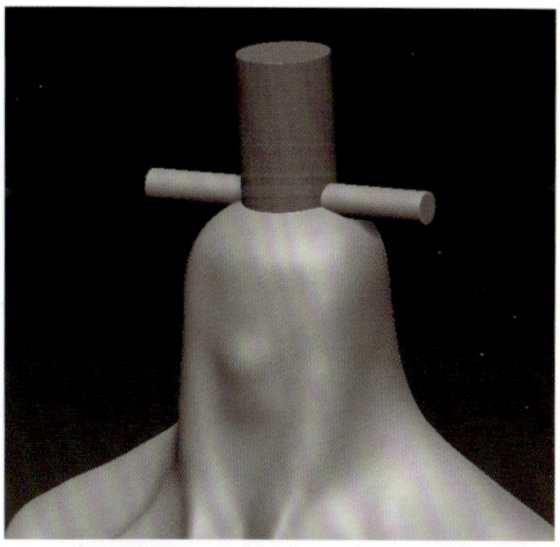

❼ 使用差集运算切割出拉筋孔，并对切割处进行模糊处理。

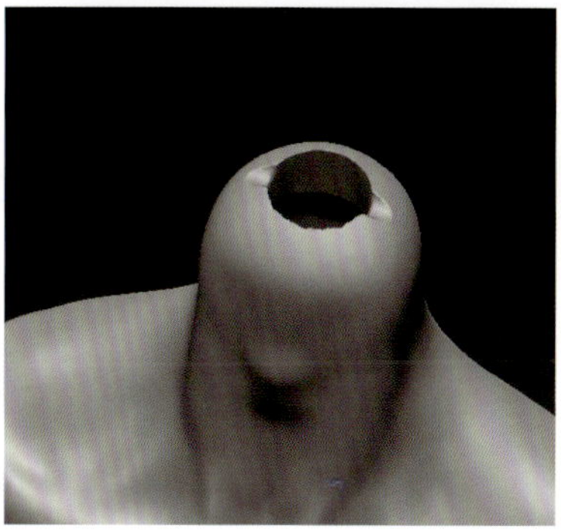

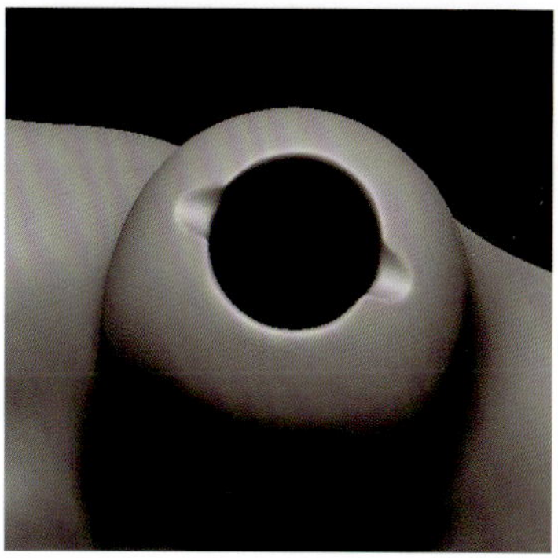

❽ 至此，胸部拉筋孔制作完成。

9.2 胳膊拉筋孔的制作

❶ 追加或插入一个 Cylinder3D 圆柱体，调整其大小并将其拉长后放到大臂中间的位置。

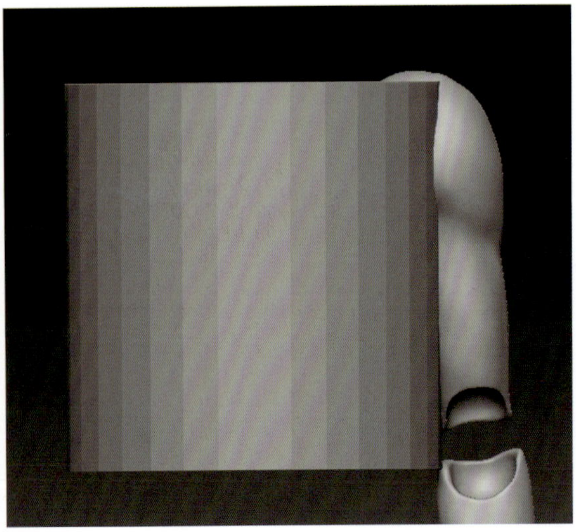

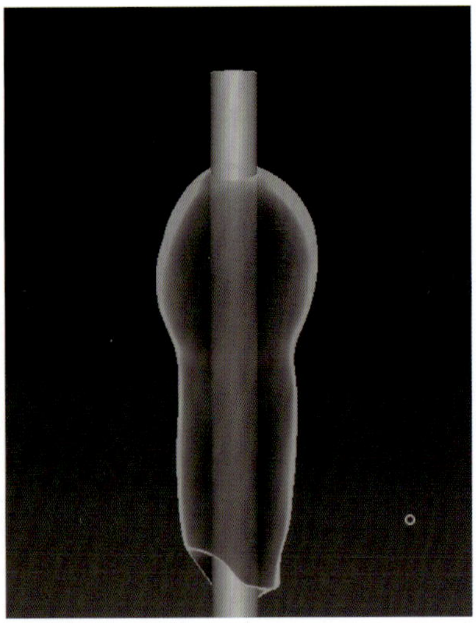

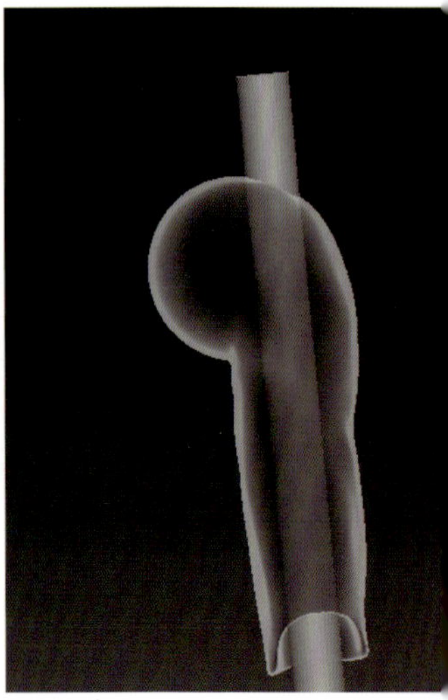

❷ 为 Cylinder3D 圆柱体增加一级细分，激活“Dynamesh”按钮，或删除低级细分。

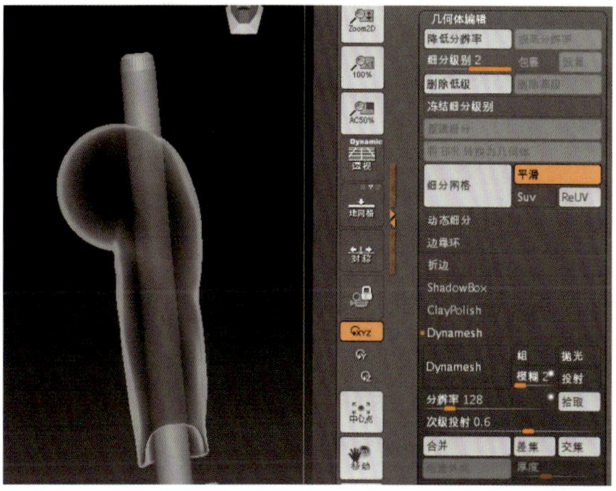

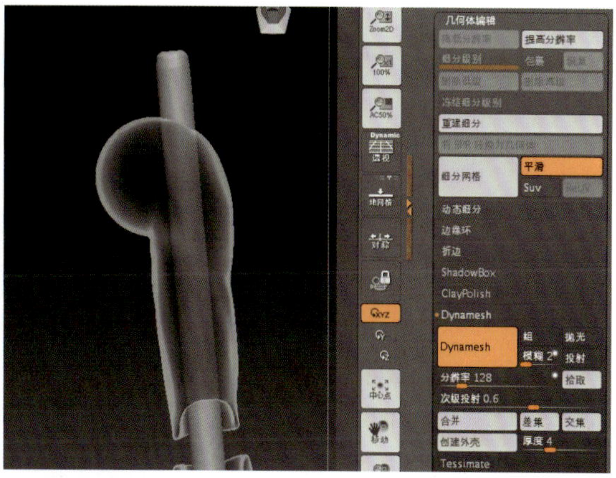

❸ 使用蒙版遮罩和 3D 操纵器，制作 Cylinder3D 圆柱体的弯曲状态。

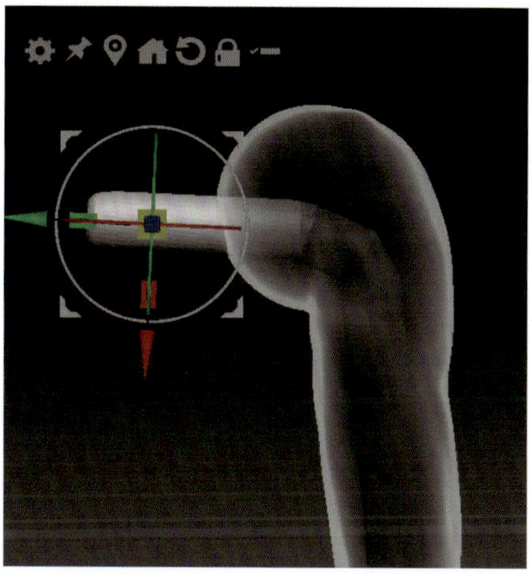

❹ 重新布线，调整弧度。

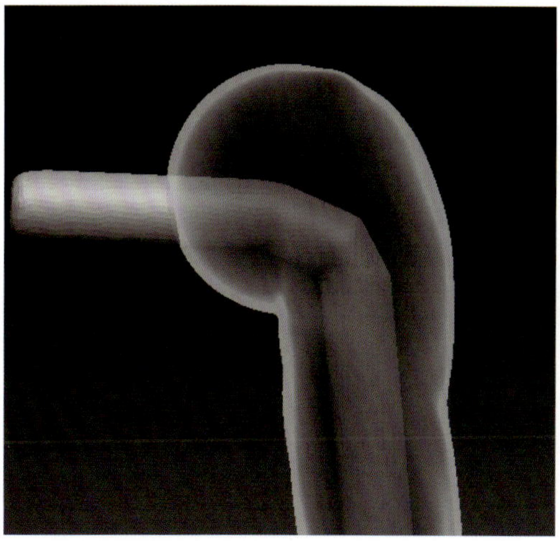

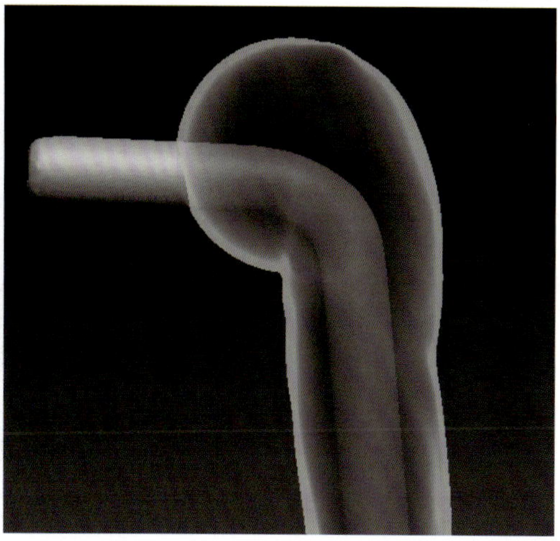

❺ 使用差集运算切割出拉筋孔，并模糊处理切割处。

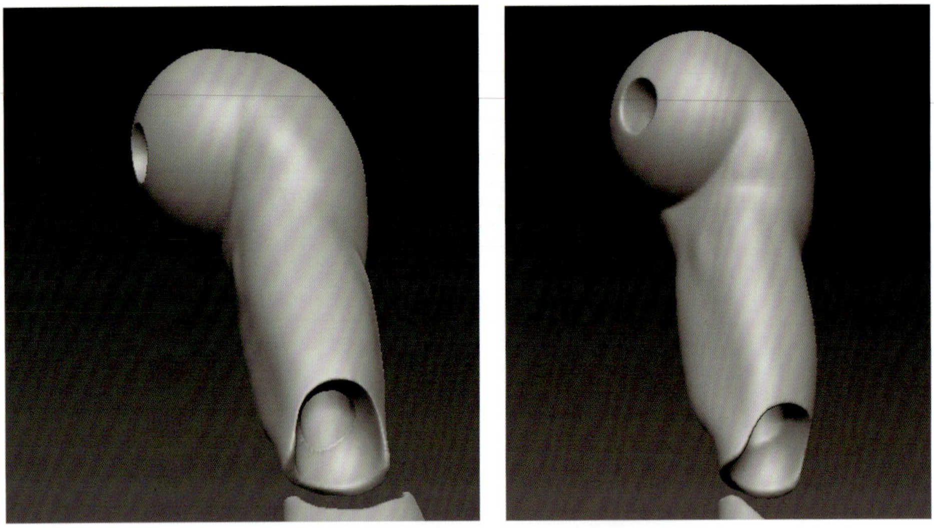

❻ 追加或插入一个 Cylinder3D 圆柱体，调整其大小并将其拉长后放到小臂中间的位置。

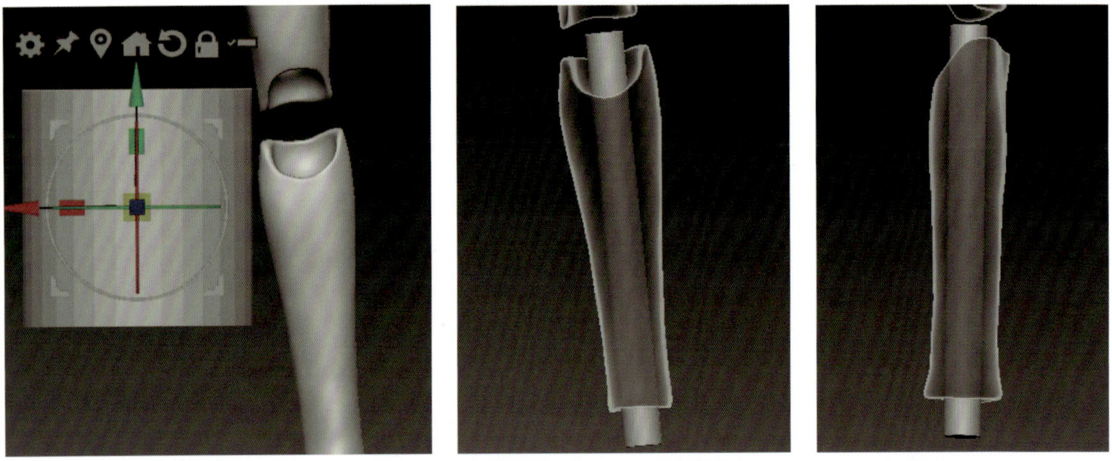

❼ 使用差集运算切割出拉筋孔，并模糊处理切割处。

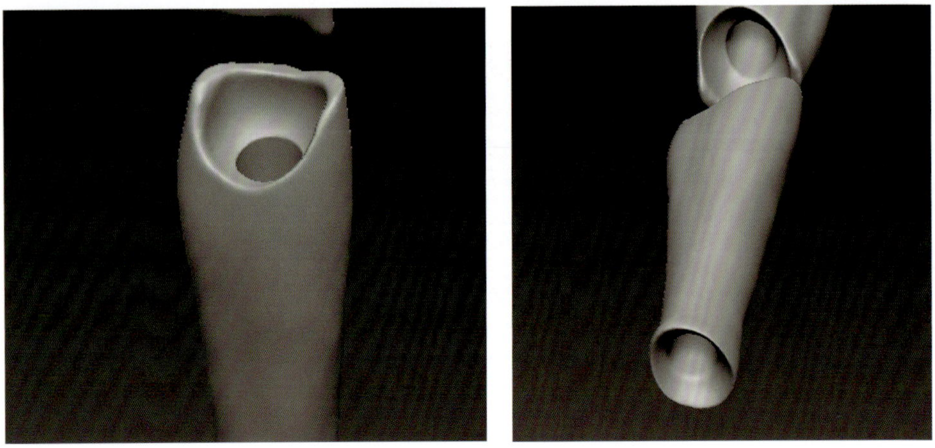

8 追加或插入一个 Cylinder3D 圆柱体，调整其大小并将其拉长后放到关节中间的位置。

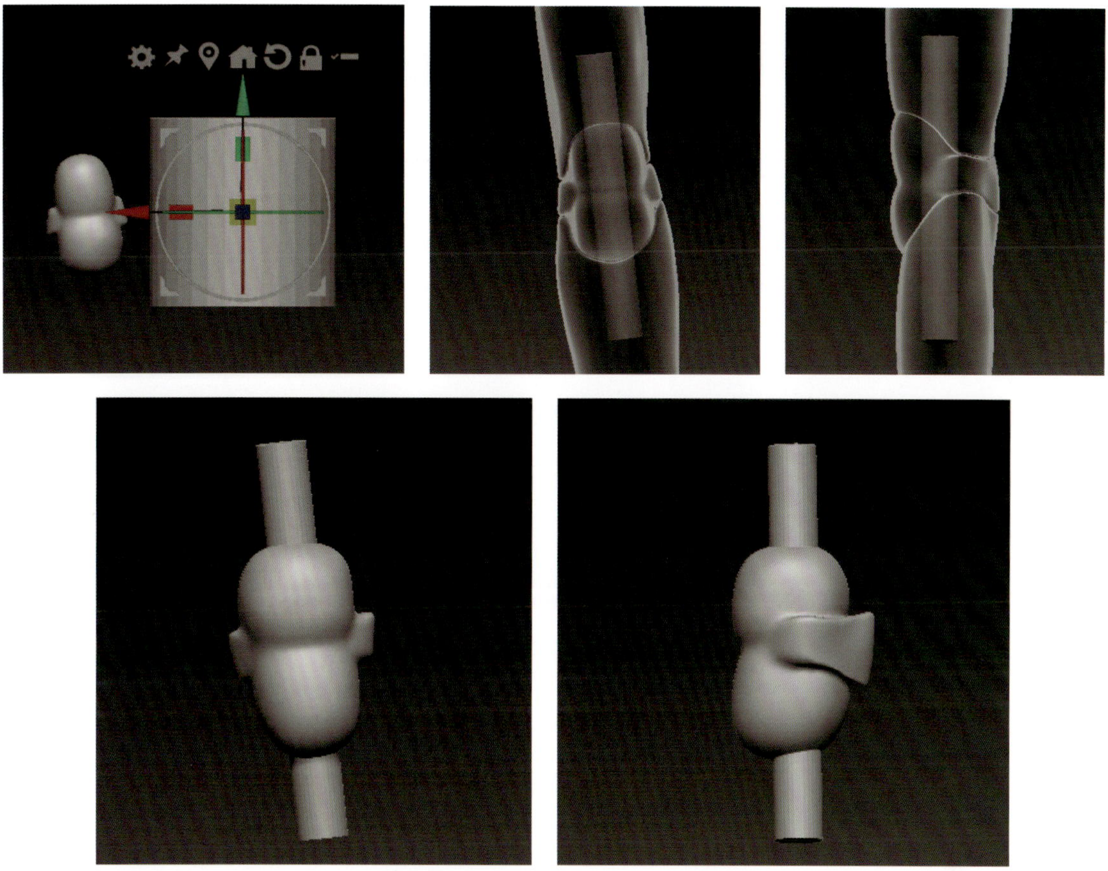

9 使用差集运算切割出拉筋孔，并模糊处理切割处。

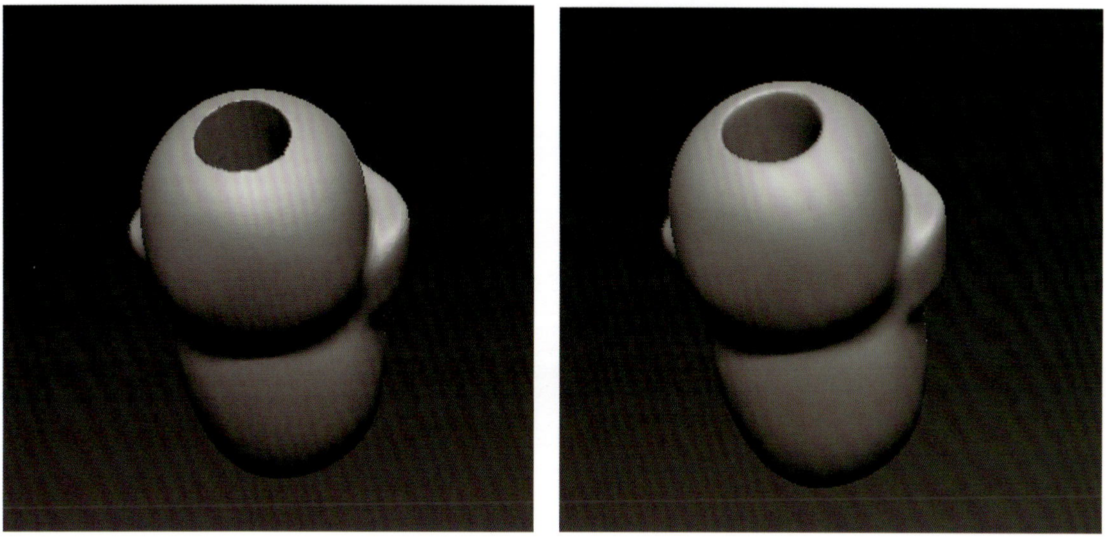

⑩ 至此，胳膊拉筋孔制作完成。

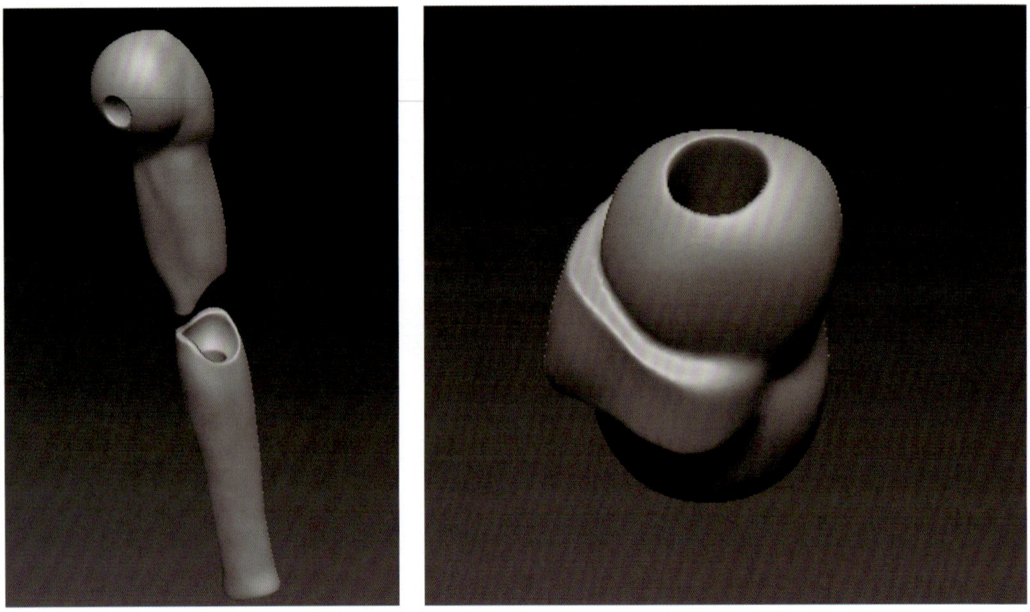

9.3 腹部拉筋孔的制作

① 追加或插入一个 Sphere3D 球体，调整其大小并将其拉长后放到腹部中间的位置。

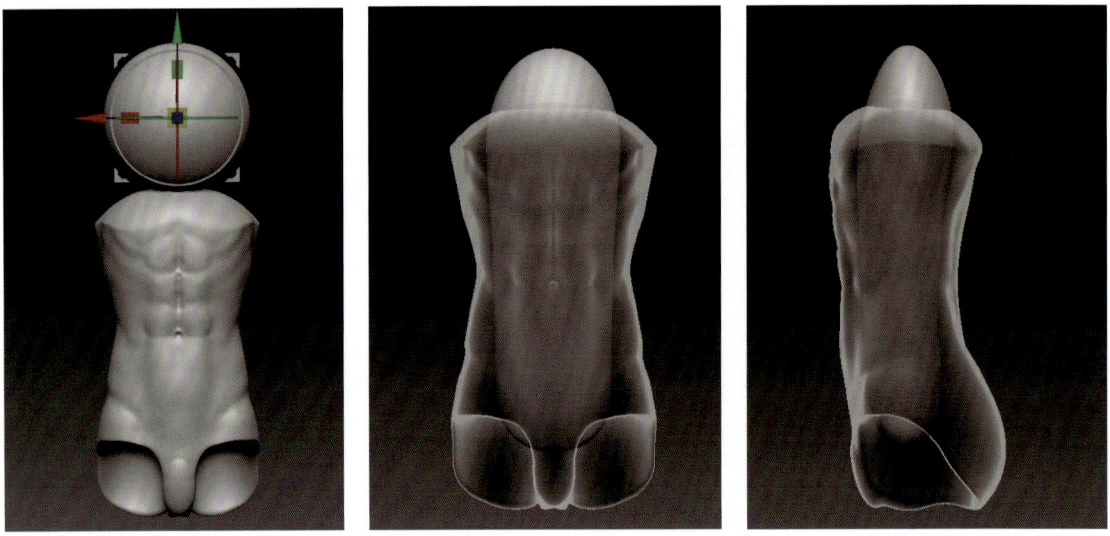

❷ 调整上半部分的开口。注意，开口不宜过大，以免活动关节时会露出洞口。

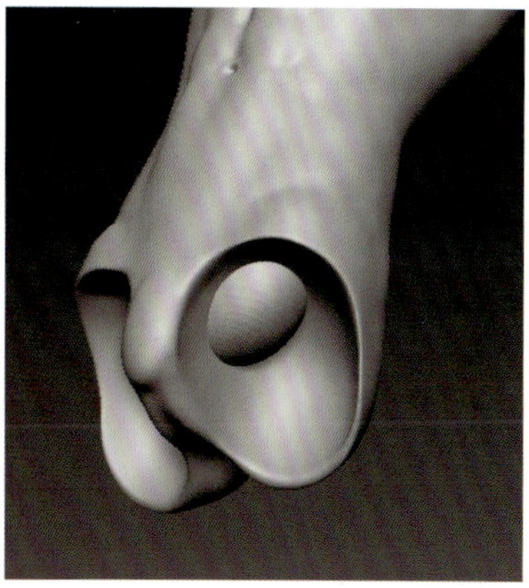

❸ 使用差集运算切割出拉筋孔，并模糊处理切割处。

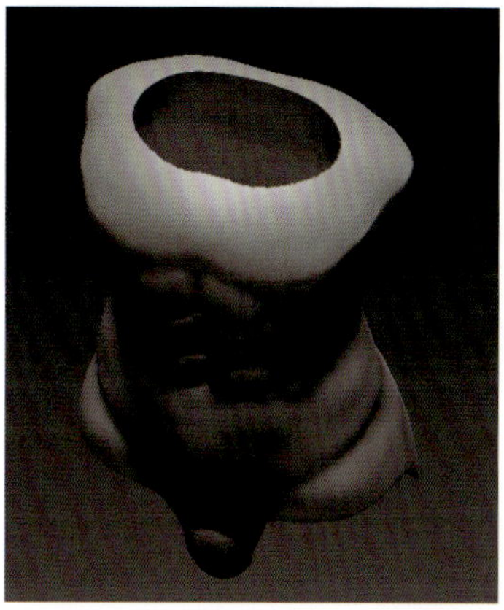

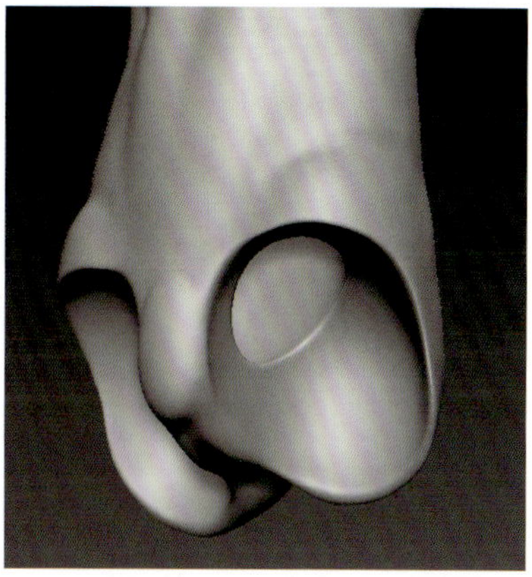

❹ 至此，腹部拉筋孔制作完成。

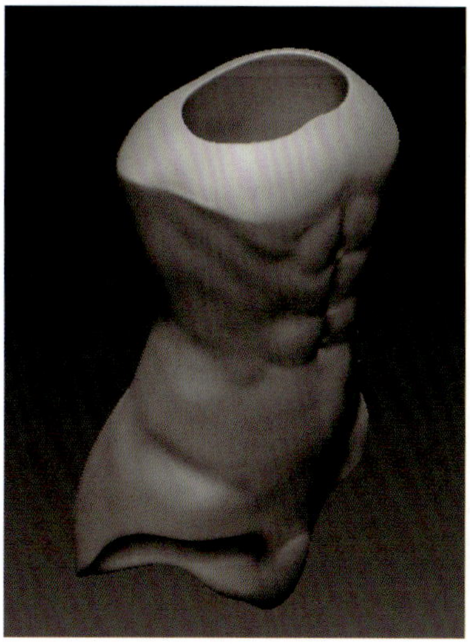

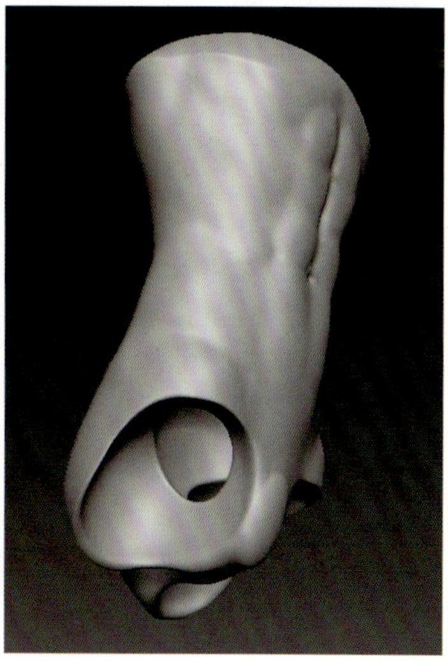

9.4 腿部拉筋孔的制作

❶ 追加或插入一个 Cylinder3D 圆柱体，调整其大小并将其拉长后放到大腿中间的位置。

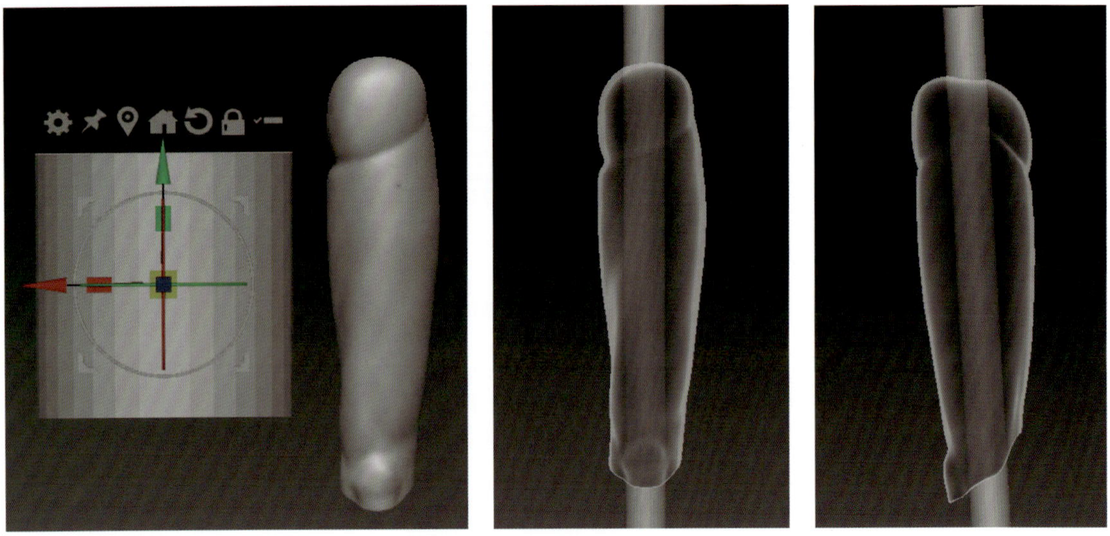

❷ 使用差集运算切割出拉筋孔，并模糊处理切割处。

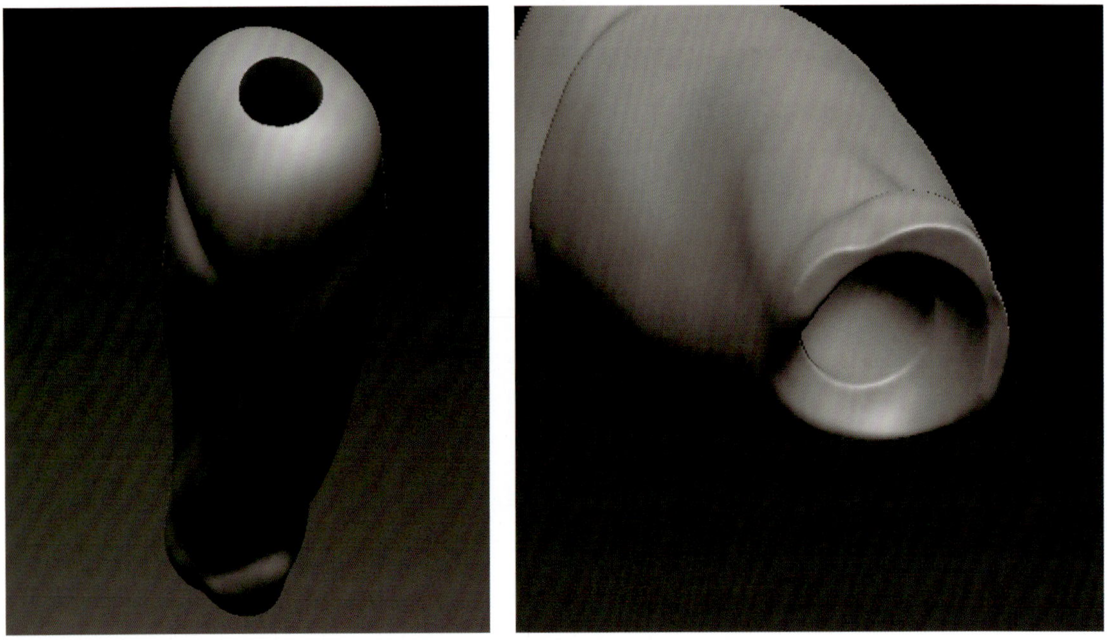

❸ 追加或插入一个 Cylinder3D 圆柱体，调整其大小并将其拉长后放到小腿中间的位置。

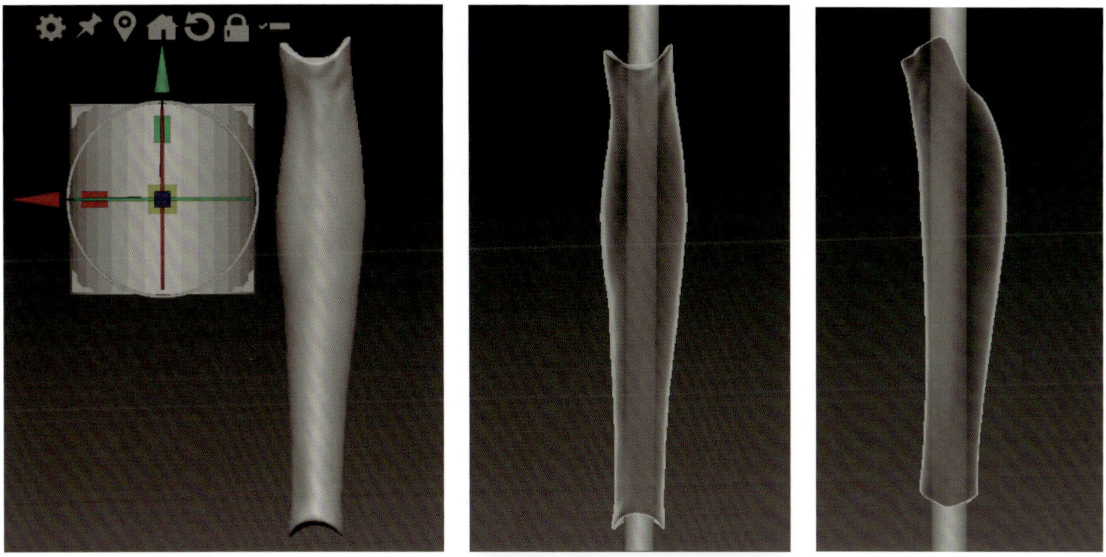

❹ 使用 Move 笔刷将 Cylinder3D 圆柱体调整为符合小腿的弧度。

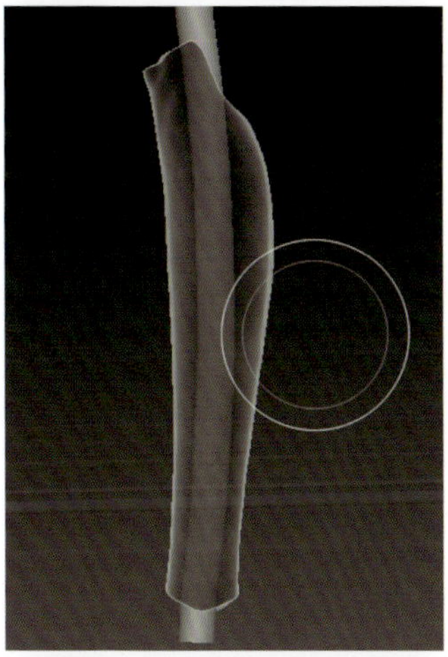

❺ 使用差集运算切割出拉筋孔，并模糊处理切割处。

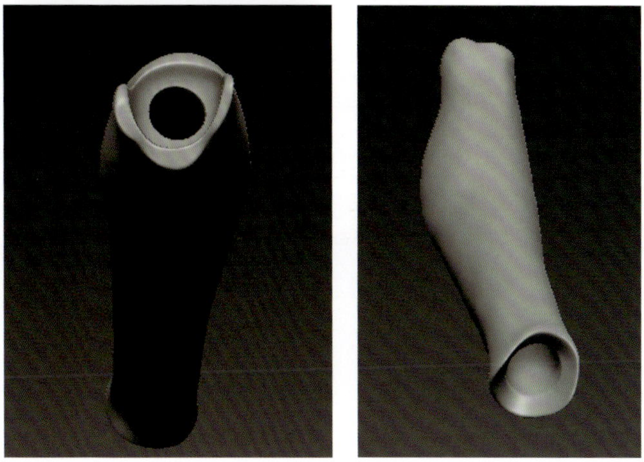

❻ 追加或插入一个 Cylinder3D 圆柱体，调整其大小并将其拉长后放到关节中间的位置。

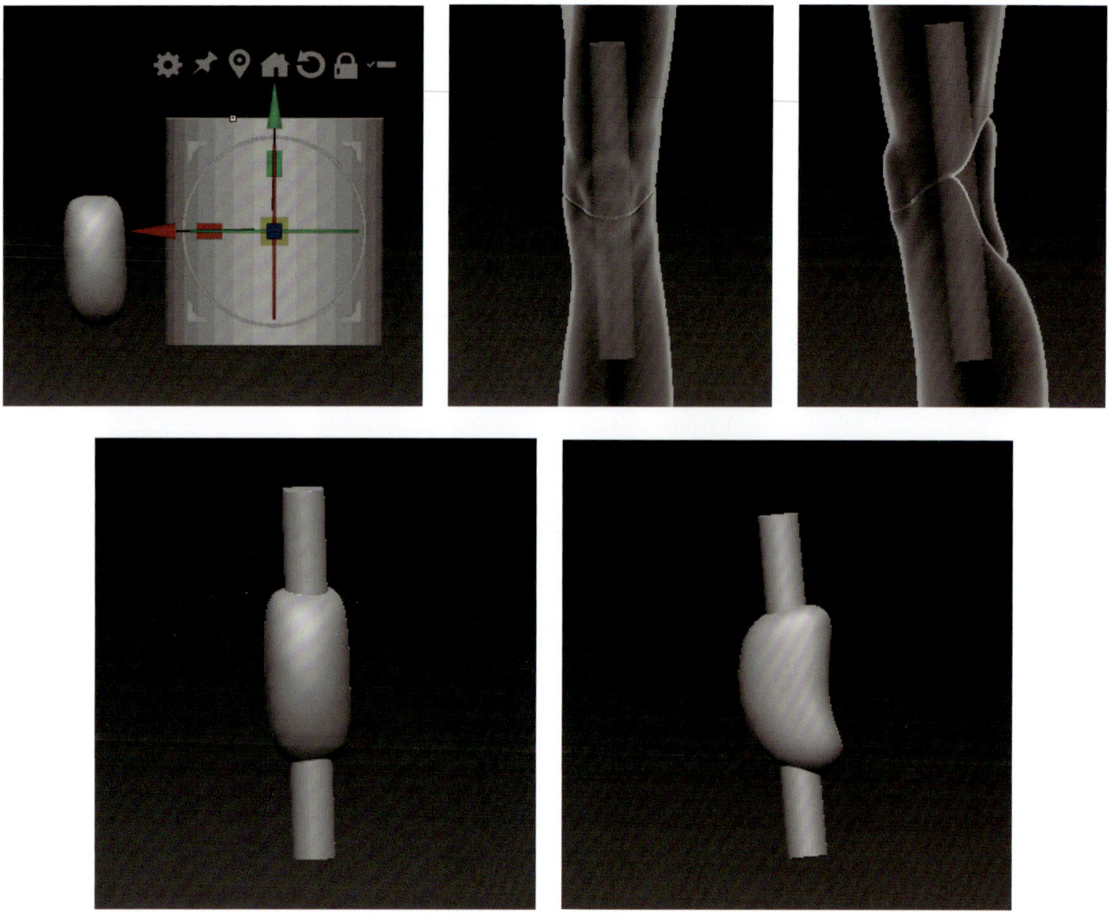

❼ 使用差集运算切割出拉筋孔，并模糊处理切割处。

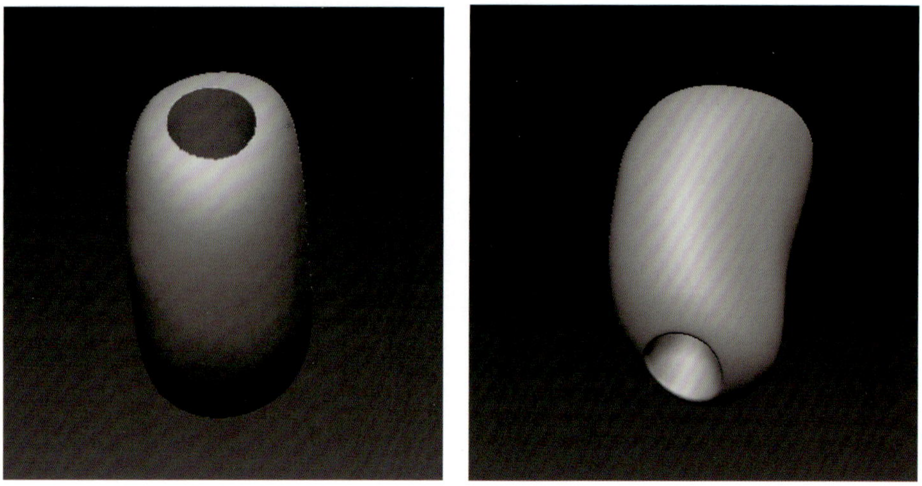

❽ 至此，腿部拉筋孔制作完成。

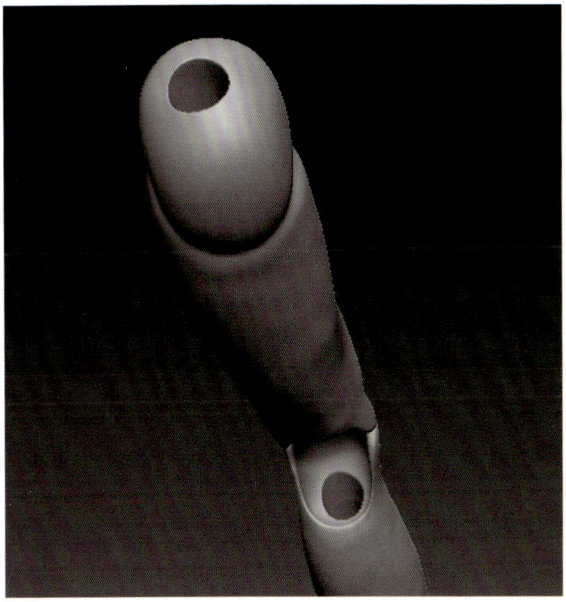

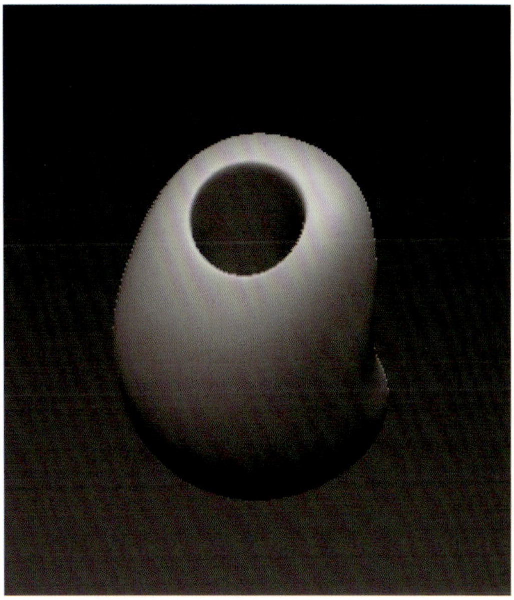

Chapter

10

BJD关节槽的制作

10.1 关节槽文件的制作

小贴士

由于 ZBrush 的预设文件中没有合适的关节槽文件，因此可以制作一个并将其保存，以便长期使用。

❶ 追加或插入一个 Cube3D 正方体和一个 Cylinder3D 圆柱体。

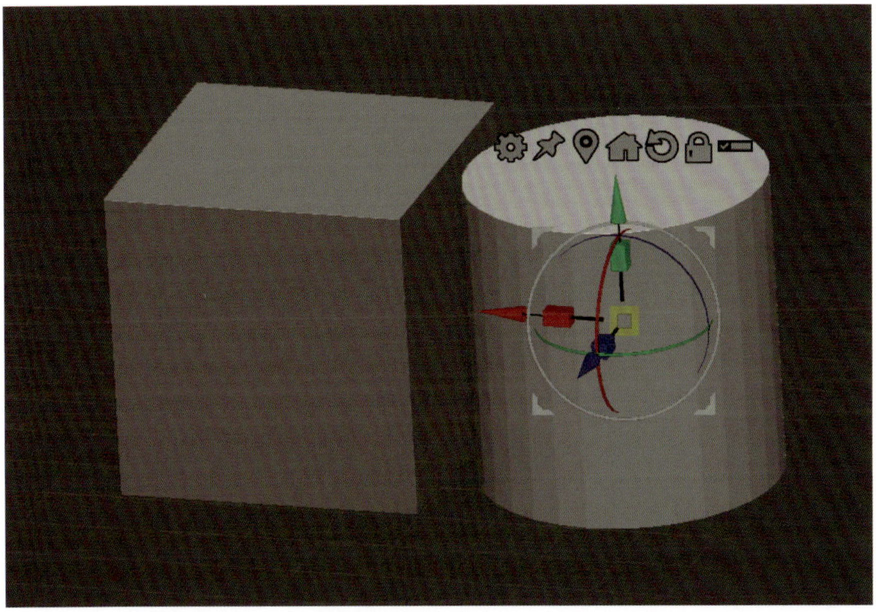

❷ 调整 Cylinder3D 圆柱体的放置状态，将其放到正方体中，并嵌入正方体的一半。

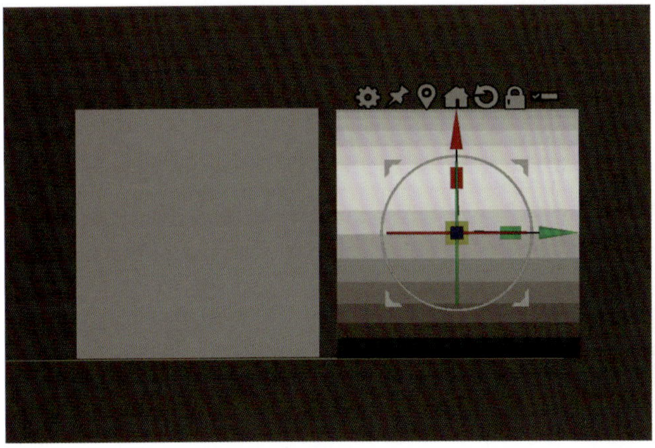

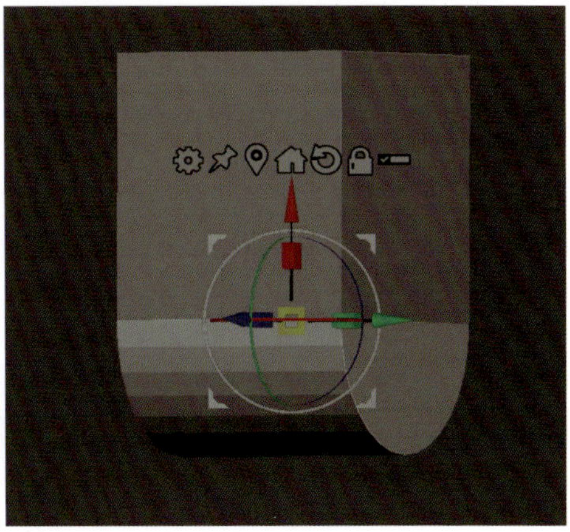

❸ 两次单击“细分网格”按钮，分别把 Cube3D 正方体与 Cylinder3D 圆柱体各提高两次细分级别。

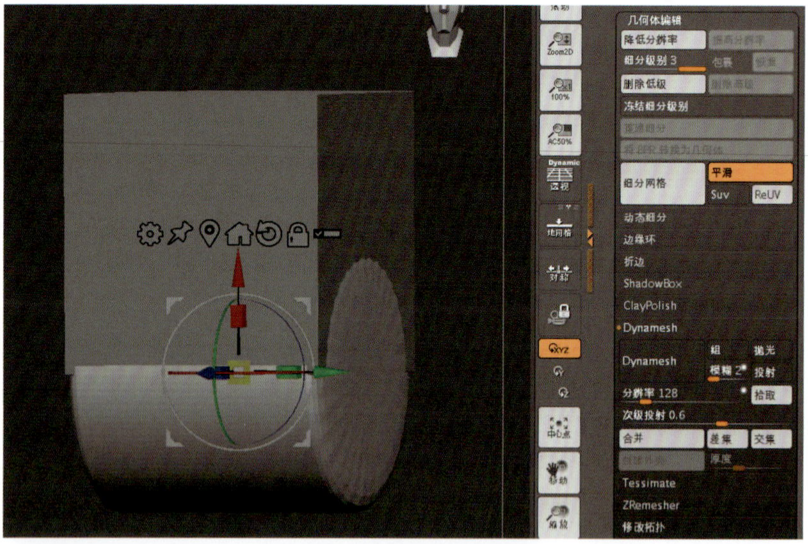

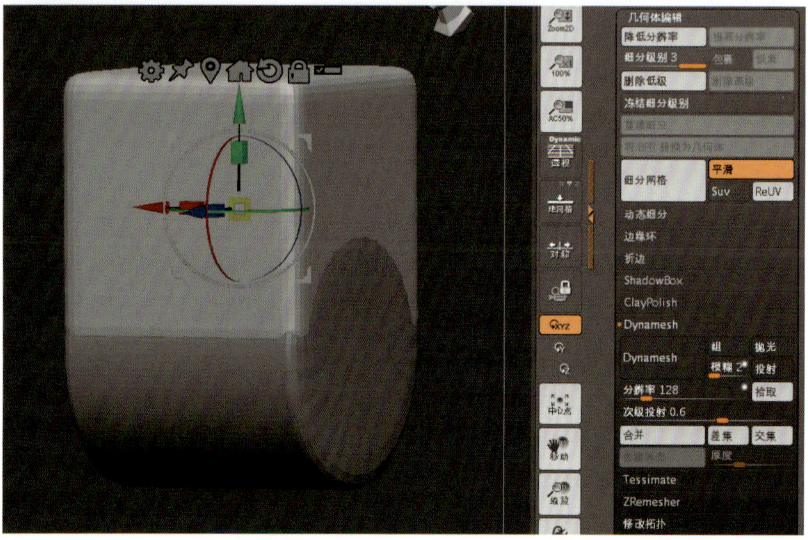

❹ 把 Cube3D 正方体与 Cylinder3D 圆柱体合并为一个图层，重新布线后模糊处理。

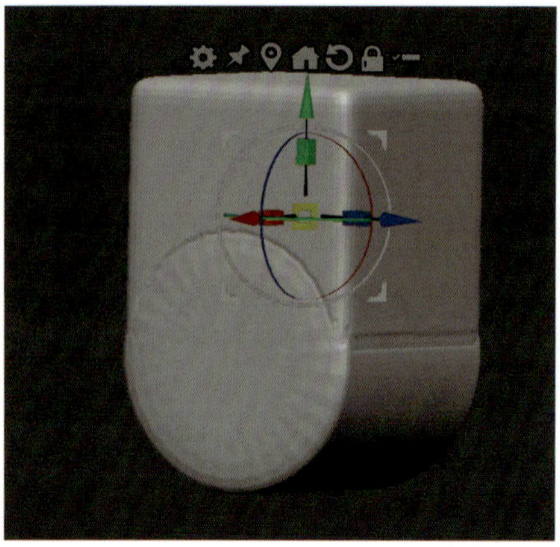

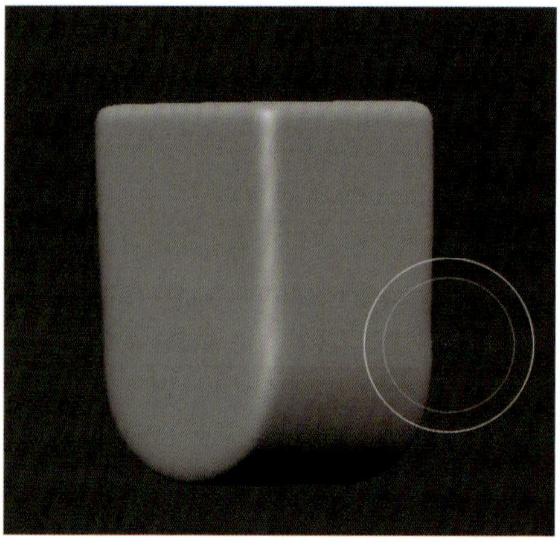

❺ 导出关节槽文件为 OBJ 格式，之后即可长期使用该文件，用于切割关节槽。

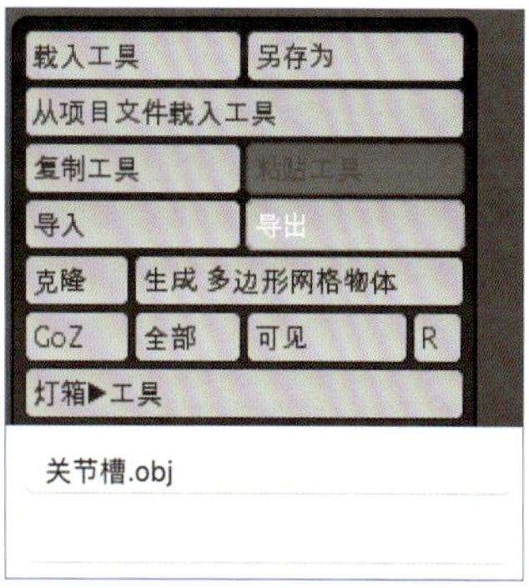

10.2 大臂关节槽的制作

❶ 打开身体文件，为任意图层创建副本，选择其中一个，导入制作好的关节槽文件。

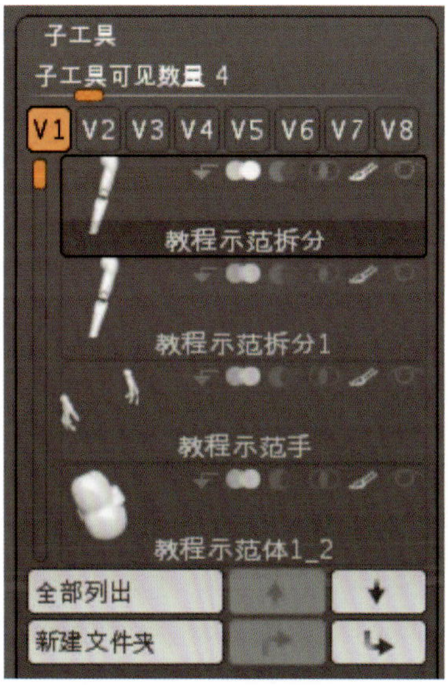

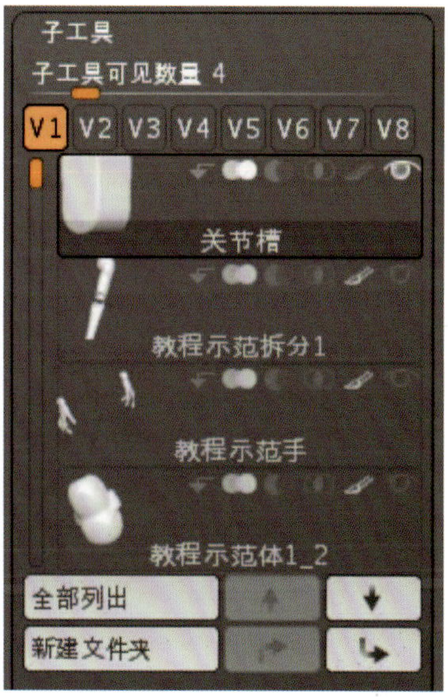

❷ 把关节槽文件的原图层作为母图层，每个关节槽文件都用该图层创建副本，使用副本图层切割关节槽。创建副本后，选择副本图层，将其拖曳到胳膊图层的下方。

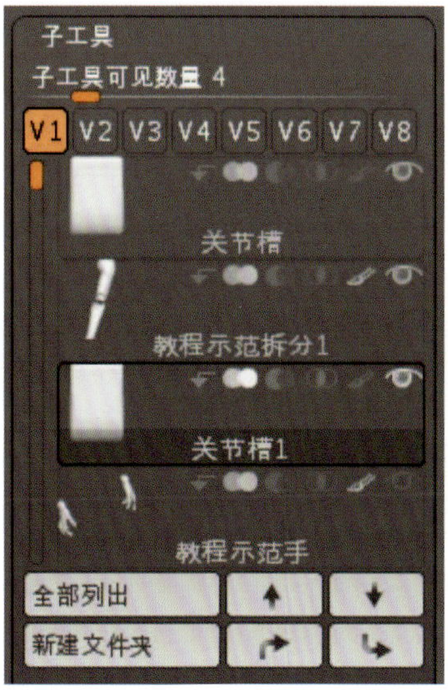

❸ 打开 3D 操纵器，调整关节槽的形状和位置。

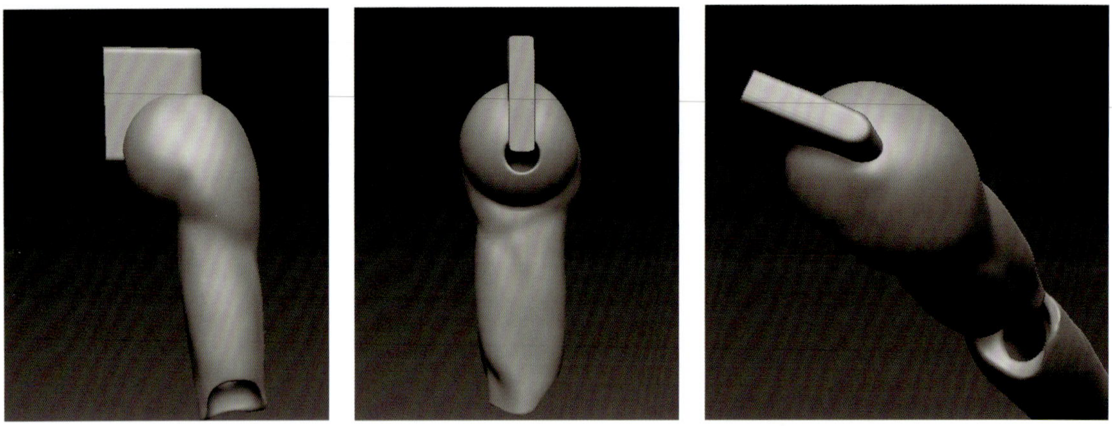

❹ 使用差集运算切割出关节槽。

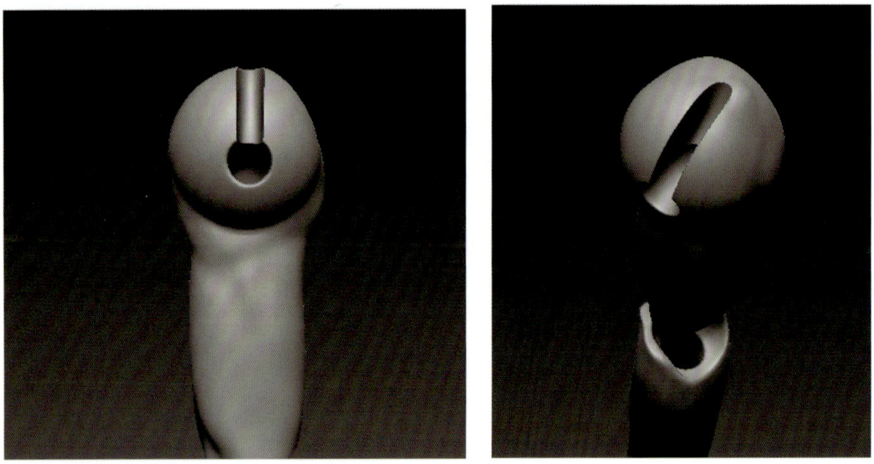

❺ 模糊处理切割处。至此，大臂关节槽制作完成。

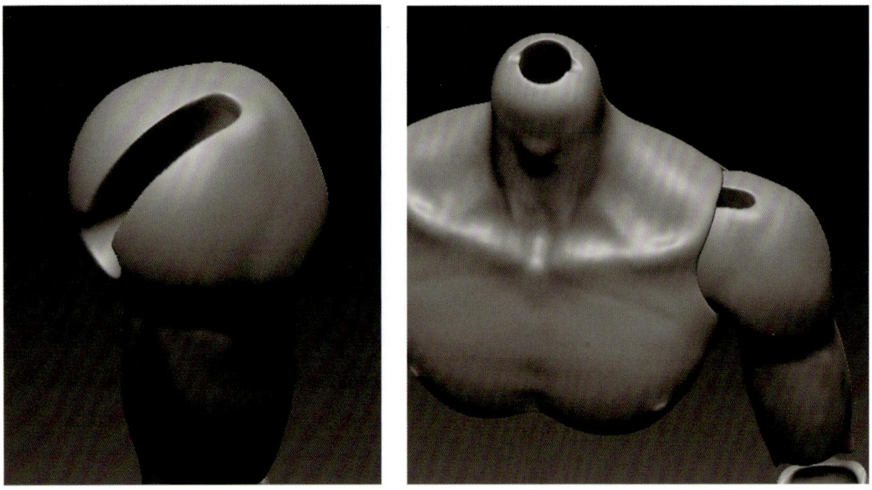

10.3 手肘关节槽的制作

❶ 创建关节槽图层的副本，将其拖曳到肘部关节图层的下方。

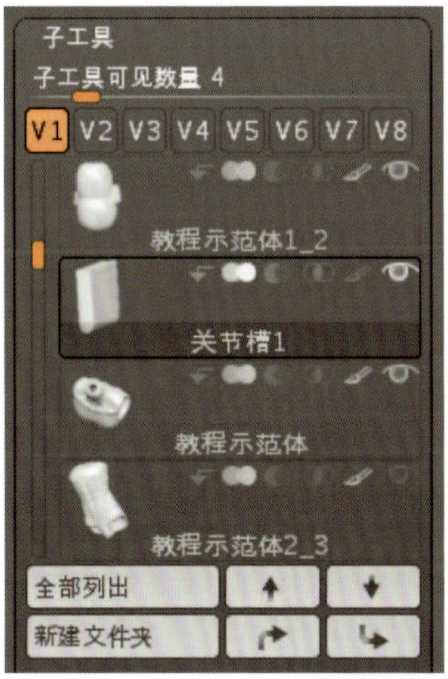

❷ 打开 3D 操纵器，调整关节槽的形状和位置。

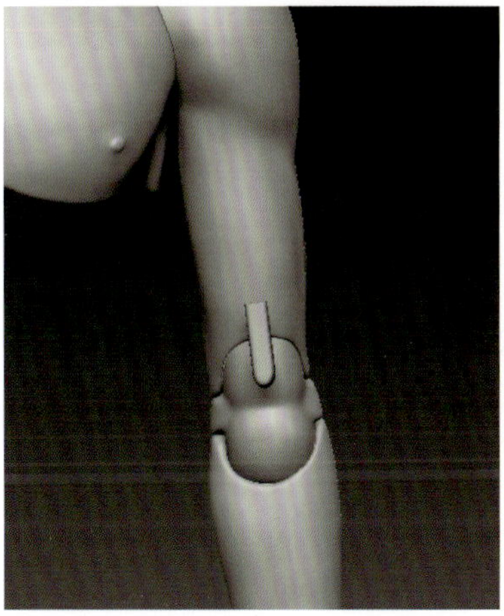

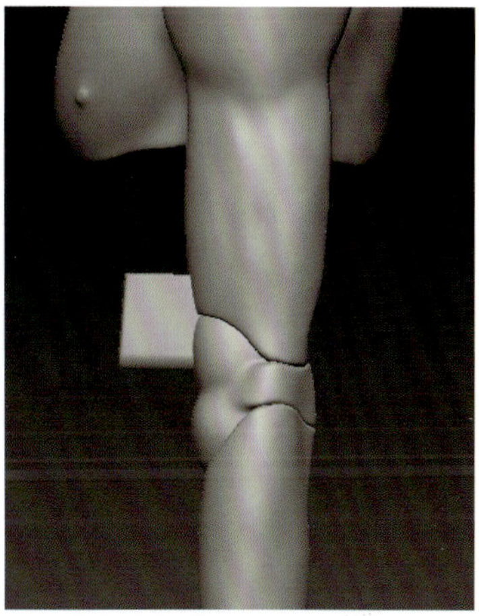

❸ 创建调整好的关节槽图层的副本，将其倒转并调整其位置。

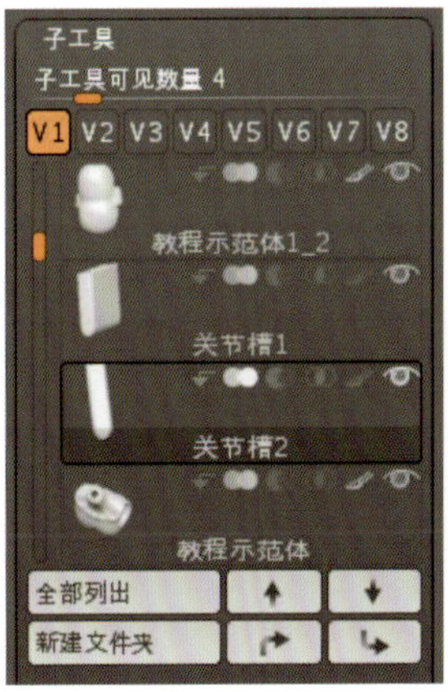

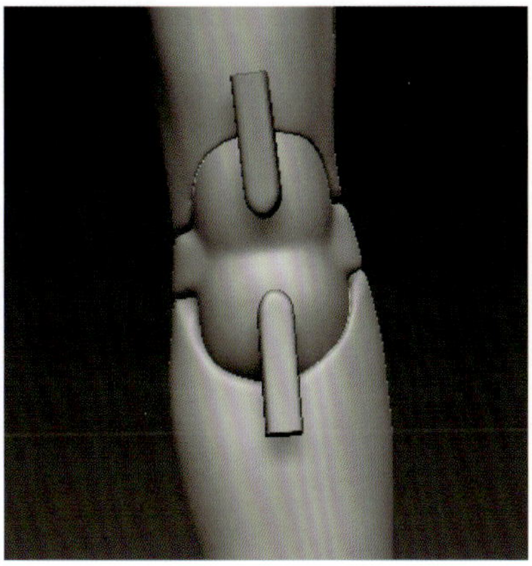

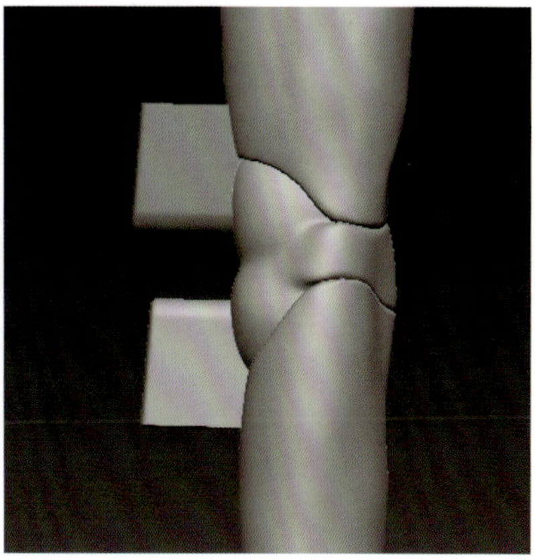

❹ 使用差集运算切割出关节槽，并模糊处理切割处。

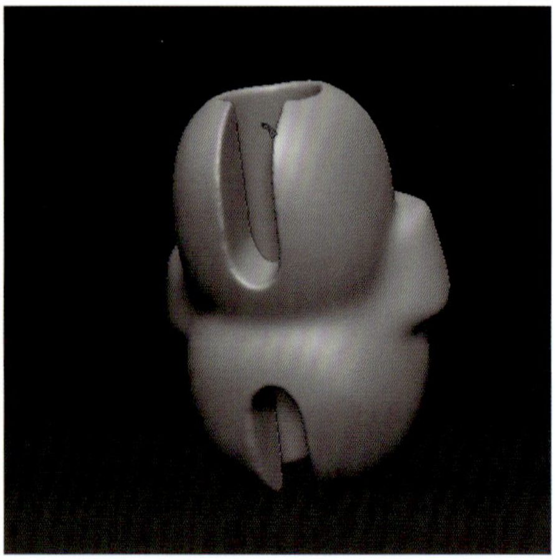

❺ 至此，手肘关节槽制作完成。

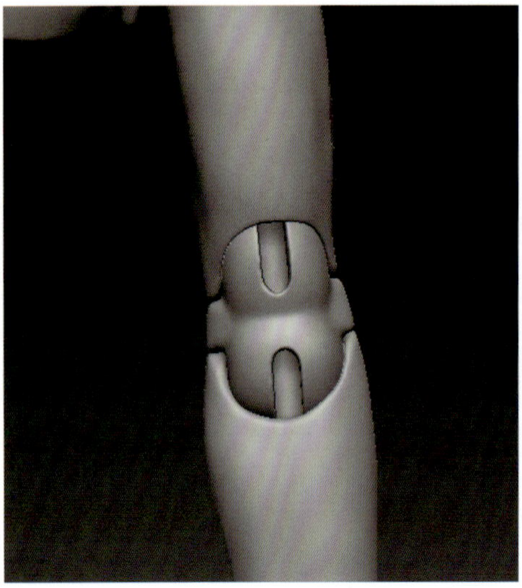

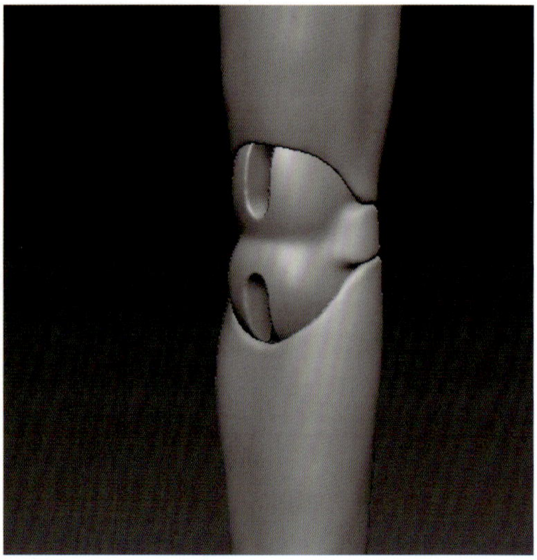

10.4 大腿关节槽的制作

❶ 创建关节槽图层的副本，将其拖曳到大腿图层的下方。

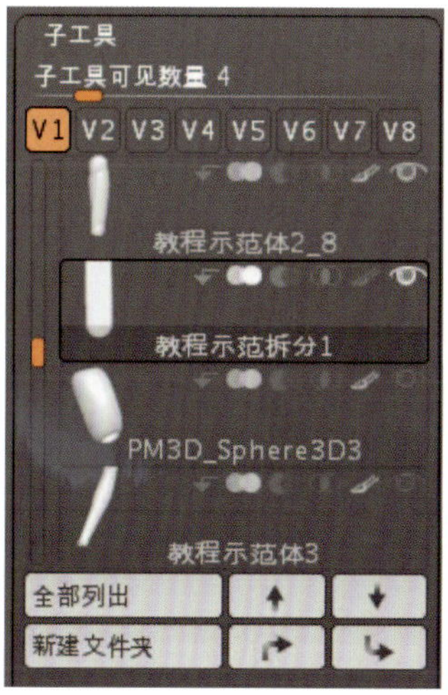

❷ 打开 3D 操纵器，调整关节槽的形状和位置。

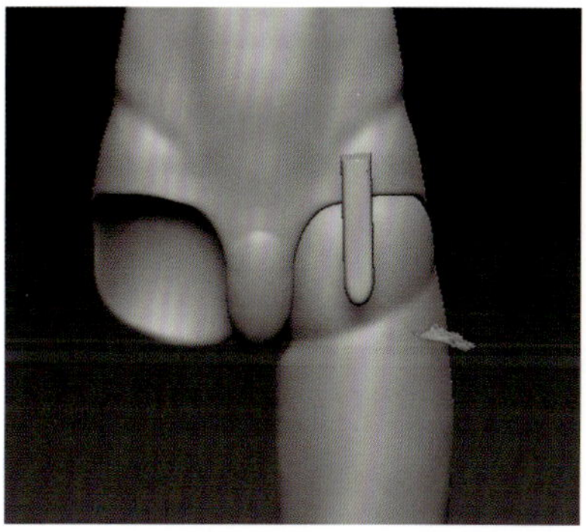

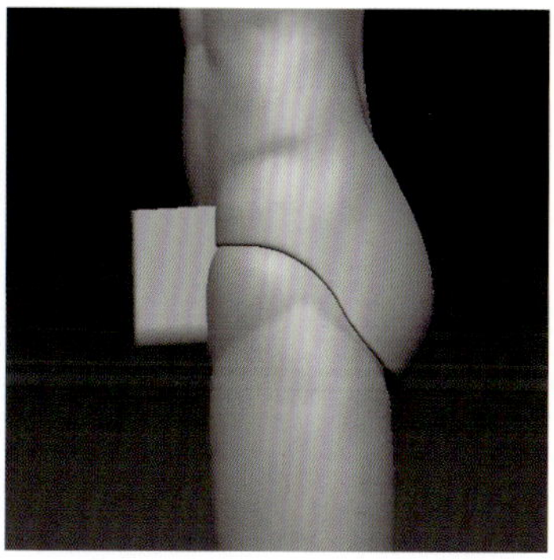

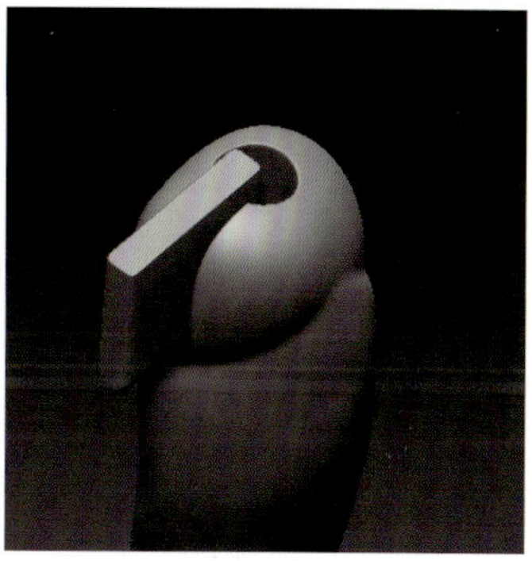

❸ 使用差集运算切割出关节槽。

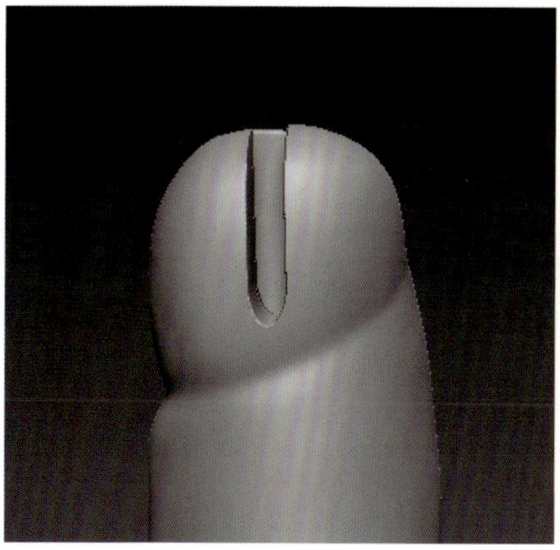

❹ 模糊处理切割处。至此，大腿关节槽制作完成。

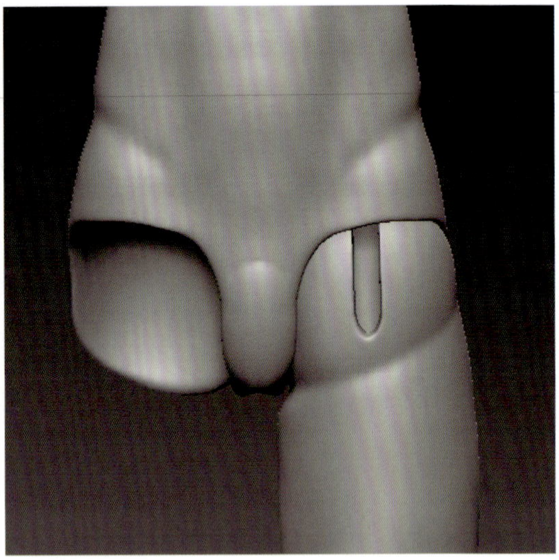

10.5 膝盖关节槽的制作

❶ 创建关节槽图层的副本，将其拖曳到膝盖关节图层的下方。

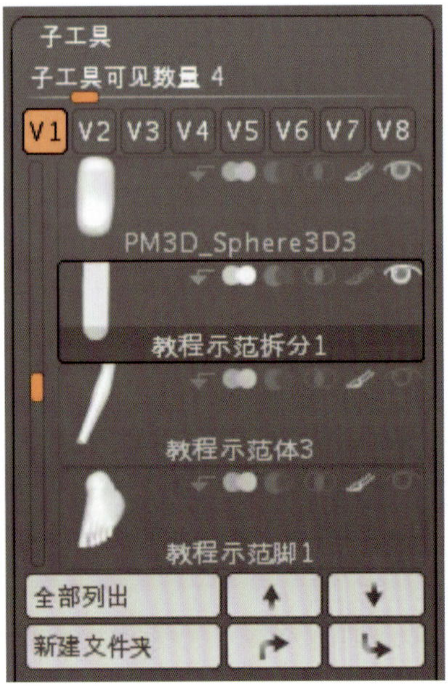

❷ 打开 3D 操纵器，调整关节槽的形状和位置。

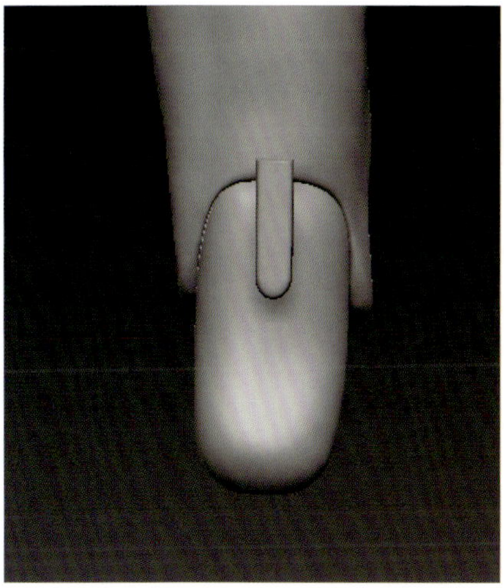
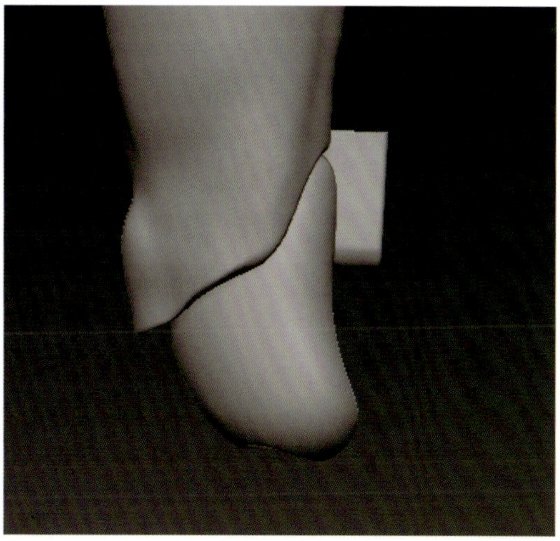

❸ 创建调整好的关节槽图层的副本，将其倒转并调整其位置。

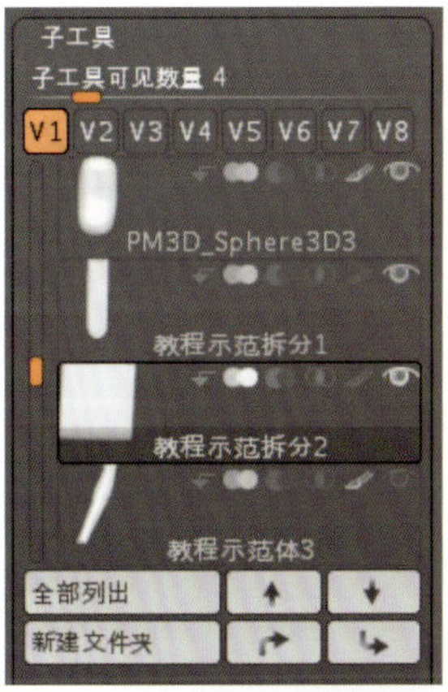

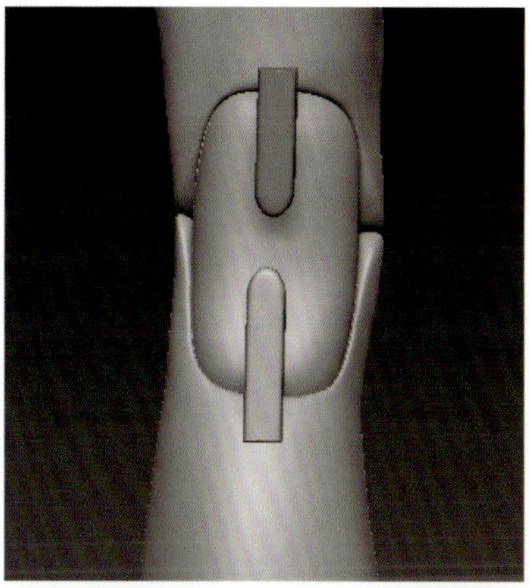
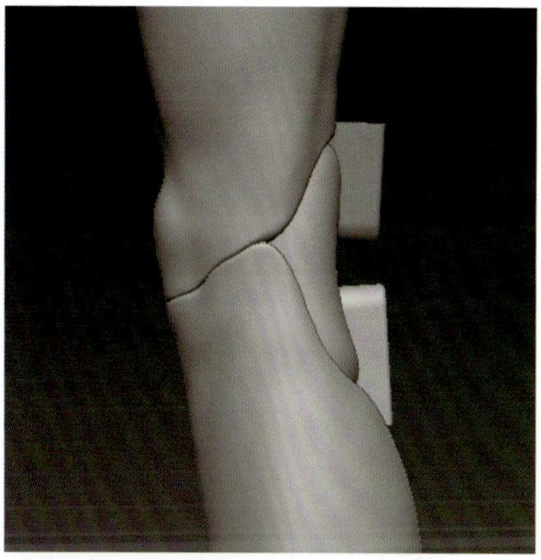

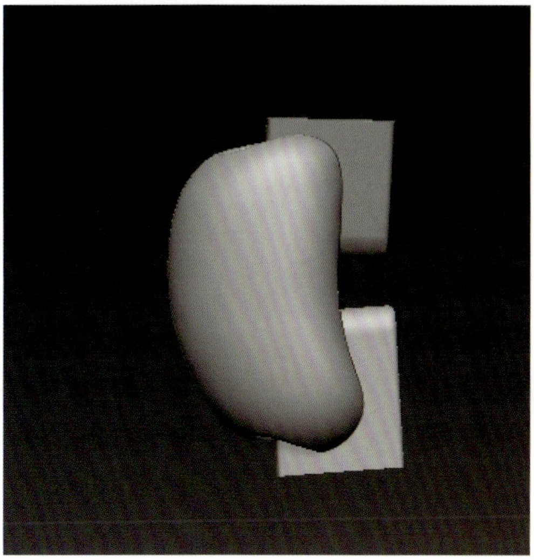

❹ 使用差集运算切割出关节槽，并模糊处理切割处。

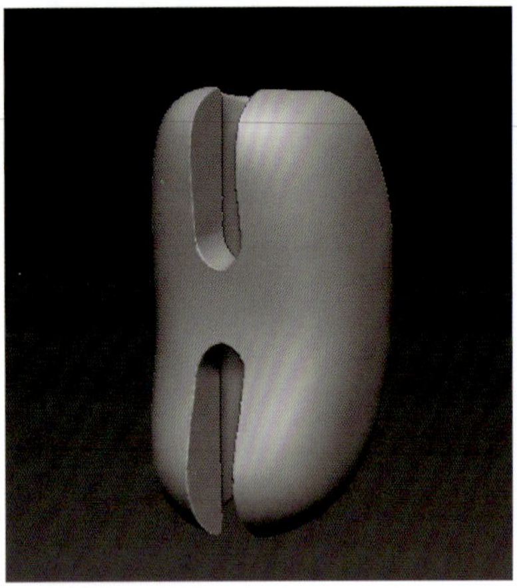
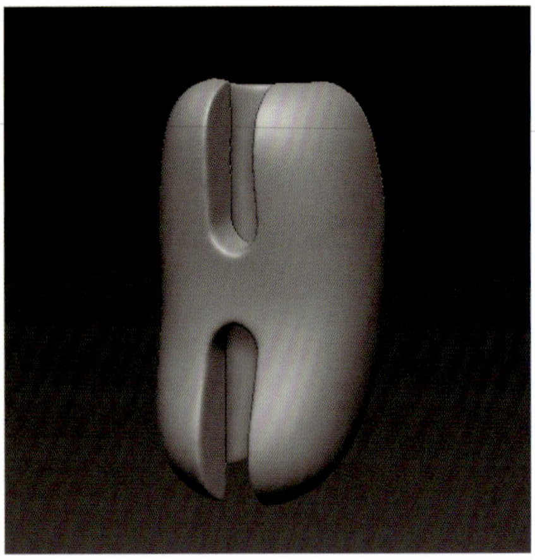

❺ 至此，膝盖关节槽制作完成。

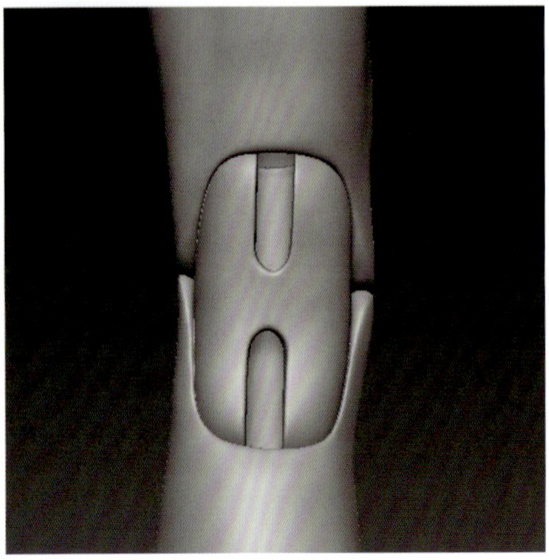
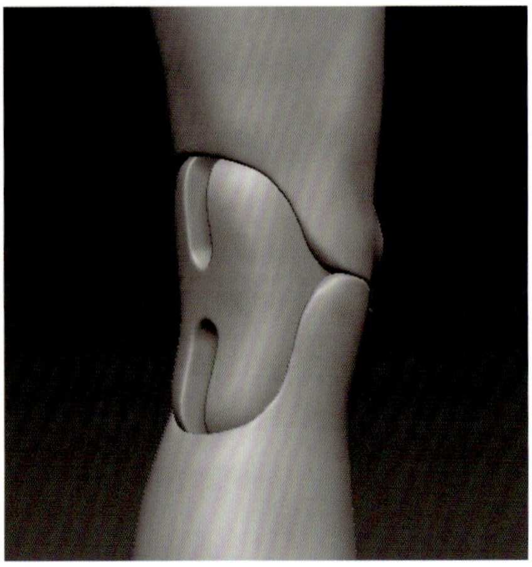

10.6 手腕关节槽的制作

❶ 创建关节槽图层的副本，将其拖曳到手腕关节图层的下方。

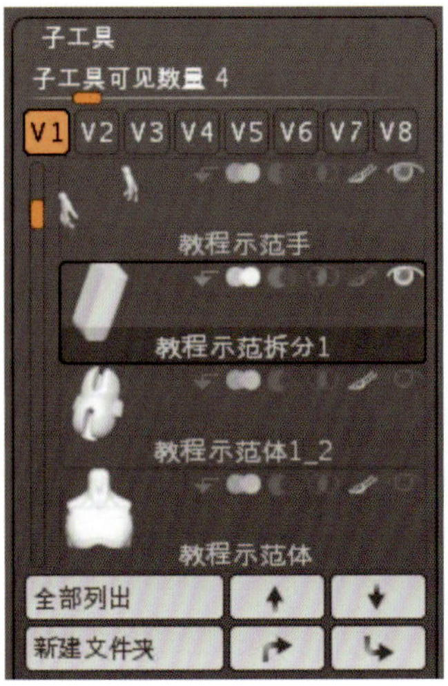

❷ 打开 3D 操纵器，调整关节槽的形状和位置。

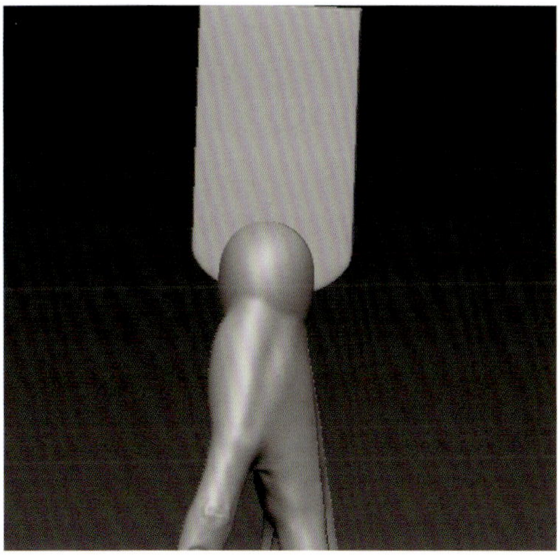

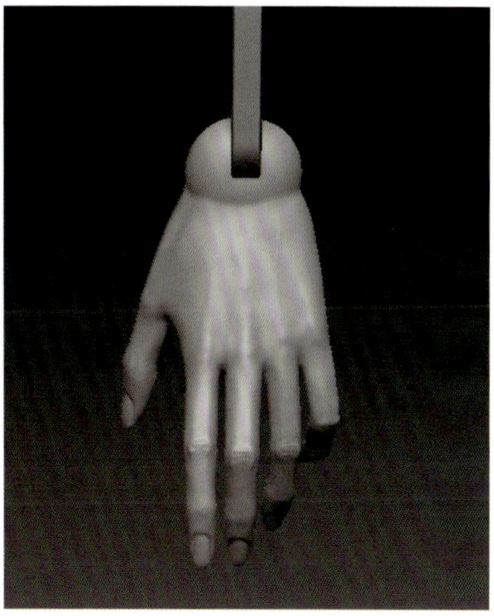

❸ 略微降低关节槽的分辨率，模糊处理两侧，使其呈圆弧状，并导出关节槽文件为 OBJ 格式，之后可以长期使用。

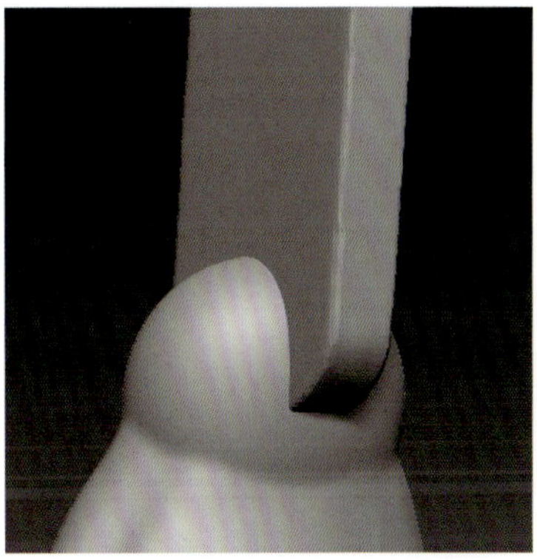

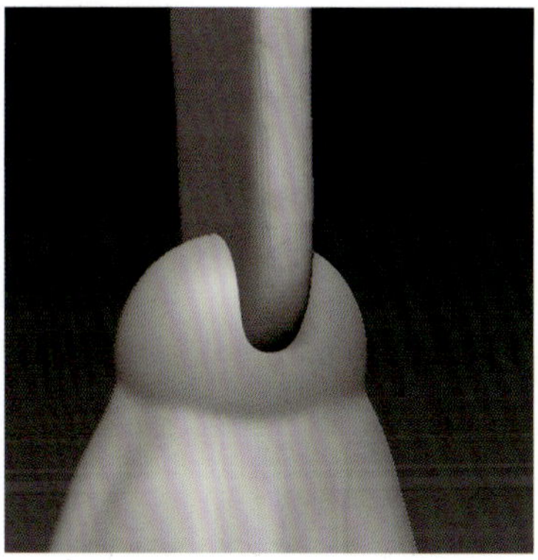

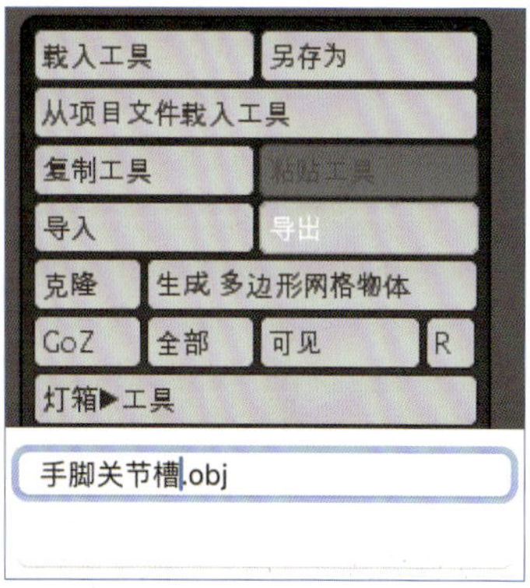

❹ 为模糊处理好的关节槽图层创建副本，将其放到另一个手腕上。

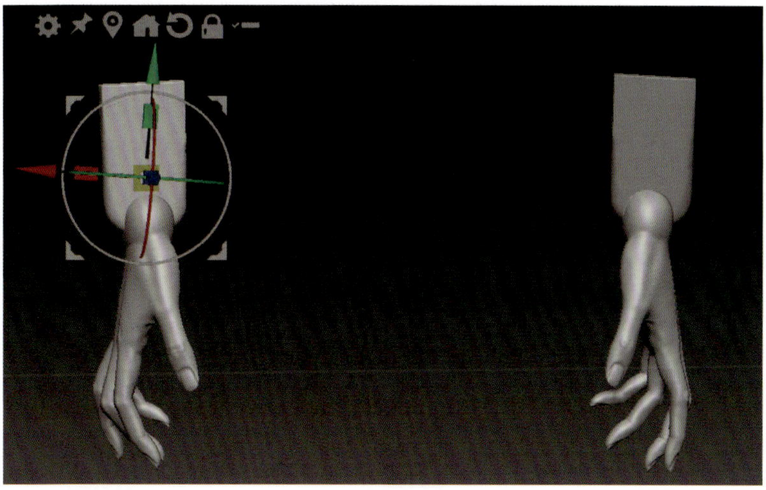

❺ 使用差集运算切割出关节槽，并模糊处理切割处。

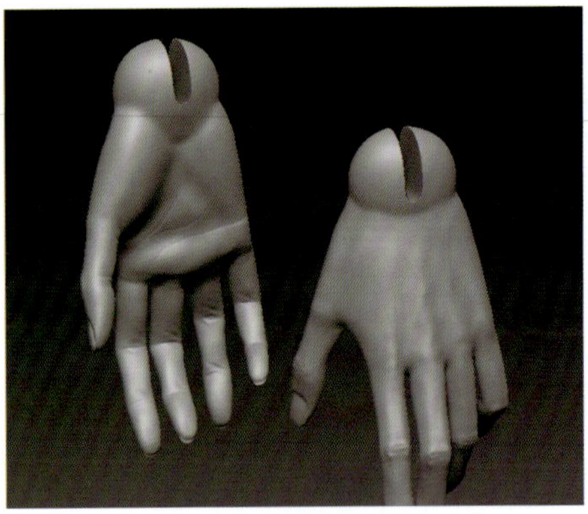

❻ 至此，手腕关节槽制作完成。

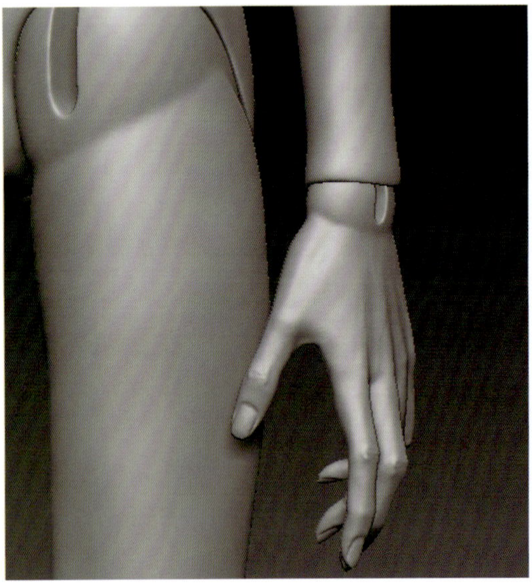

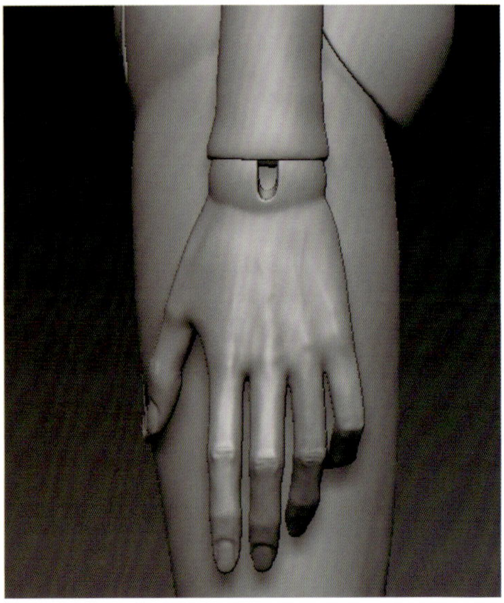

10.7 脚腕关节槽的制作

❶ 为任意图层创建副本，选择其中一个，导入制作好的手脚关节槽文件。

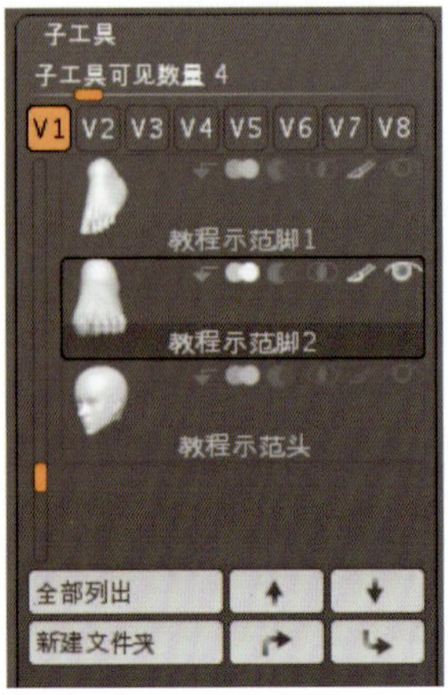

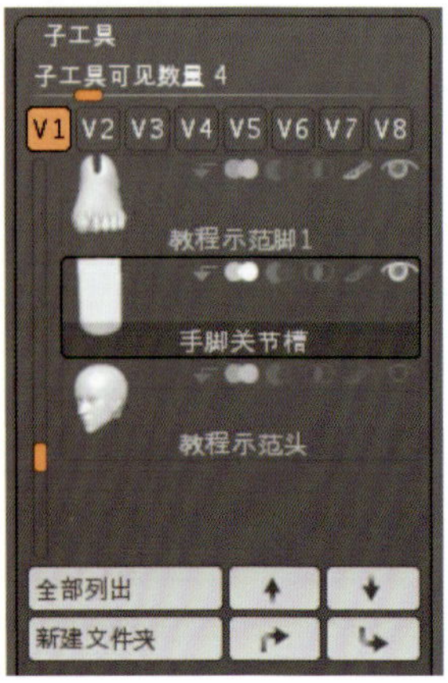

❷ 打开 3D 操纵器，调整关节槽的形状和位置。

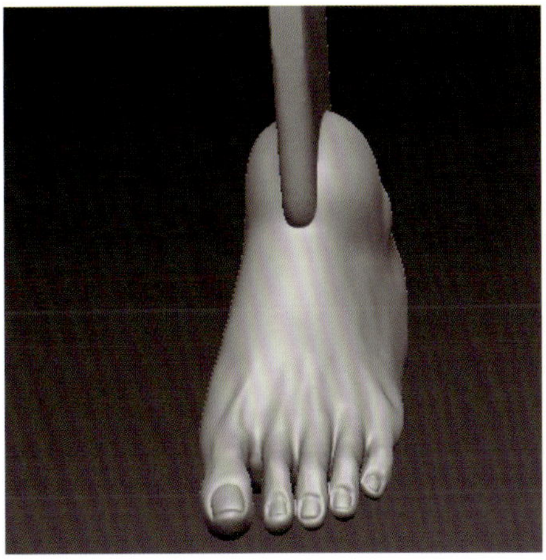

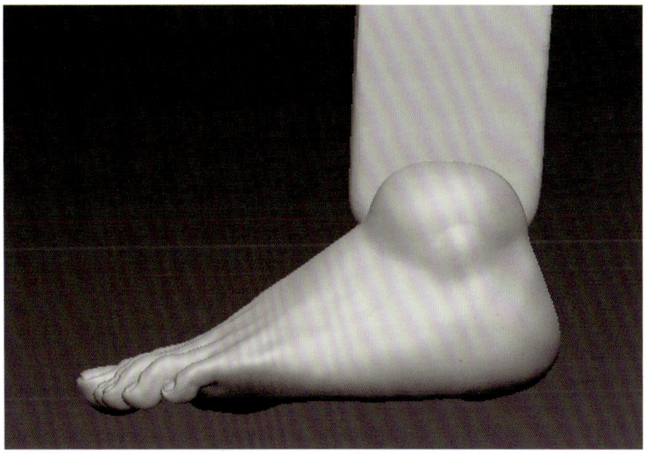

❸ 使用差集运算切割出关节槽，并模糊处理切割处。

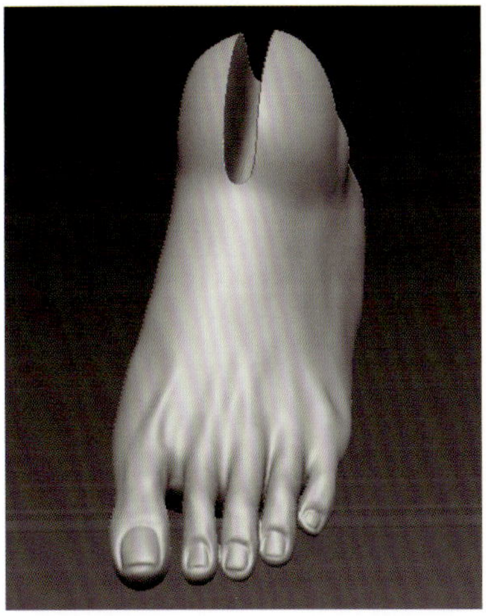

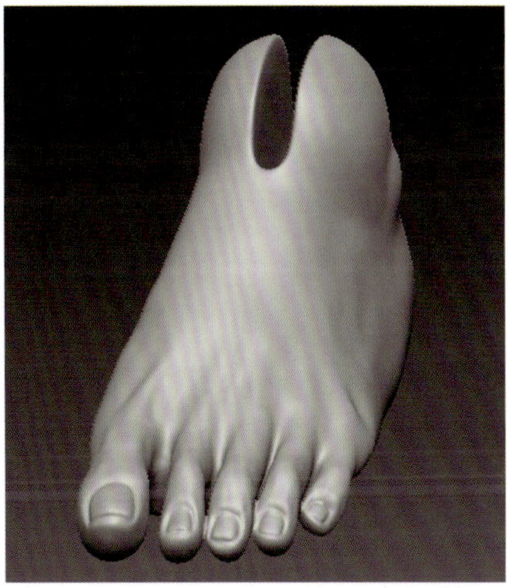

❹ 至此，脚腕关节槽制作完成。

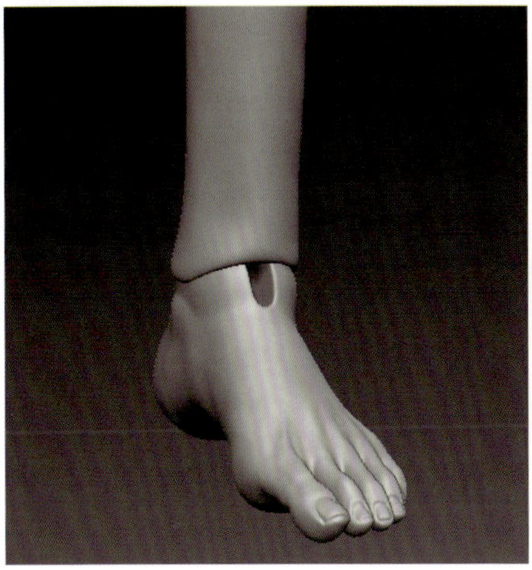

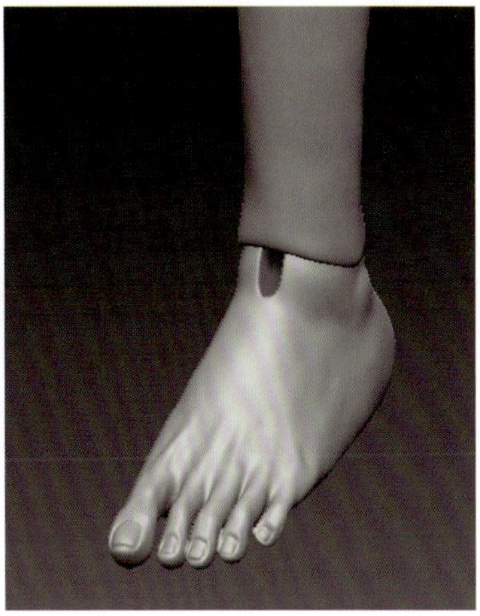

❺ 整体关节槽制作完成。

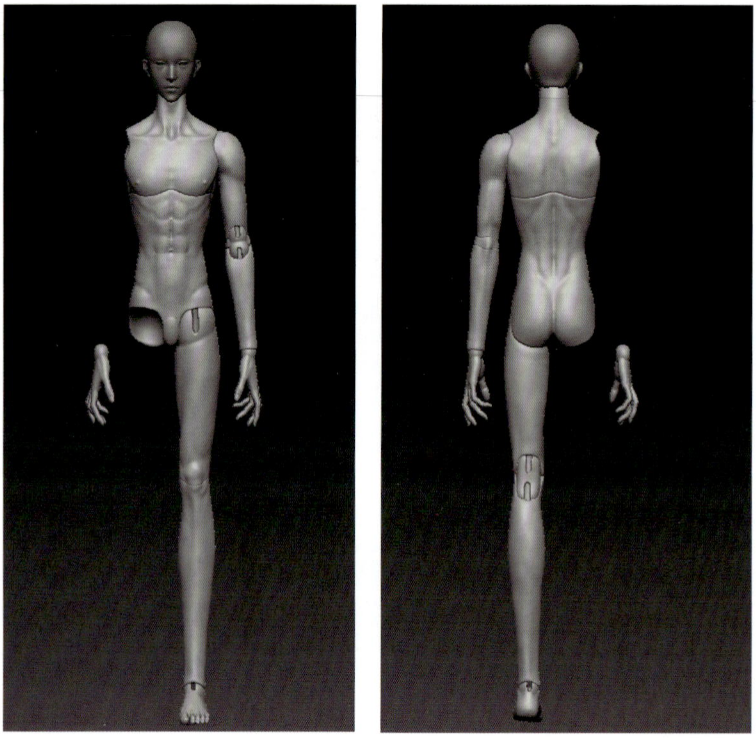

10.8 整体补全

❶ 创建胳膊图层的副本，选择其中一个，单击“变形”→“镜像”按钮，补全另一侧。

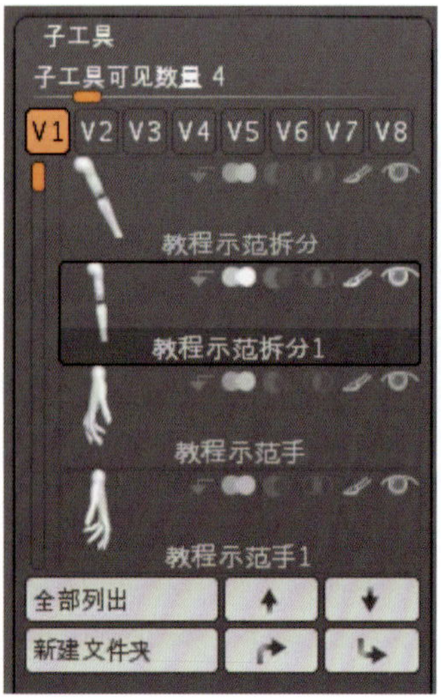

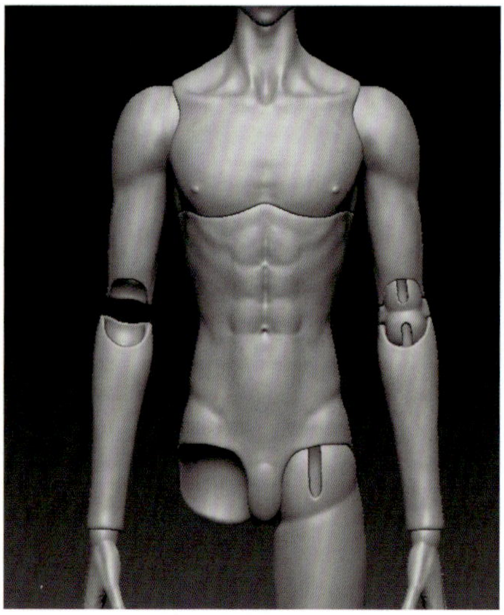

❷ 创建肘部关节图层的副本，选择其中一个，单击“变形”→“镜像”按钮，补全另一侧。

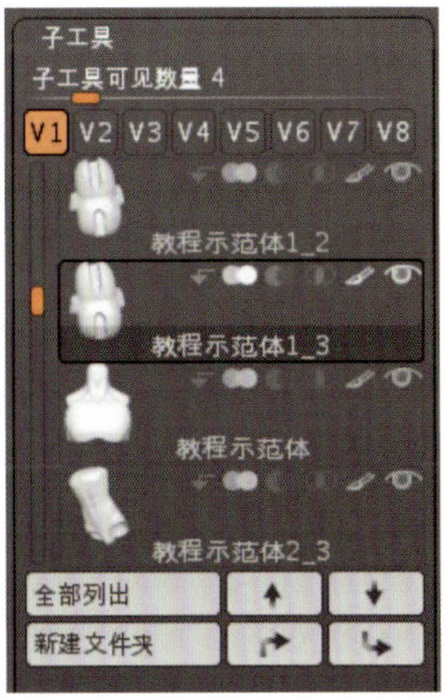

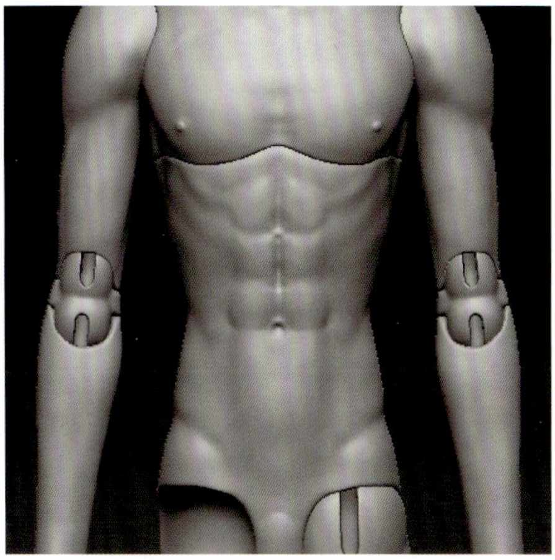

❸ 创建大腿图层的副本，选择其中一个，单击“变形”→“镜像”按钮，补全另一侧。

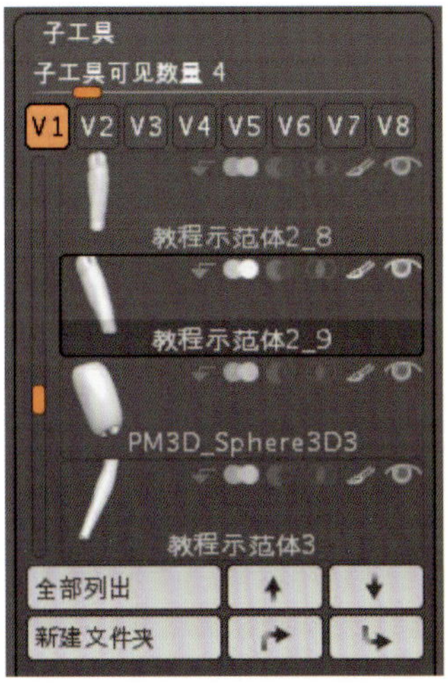

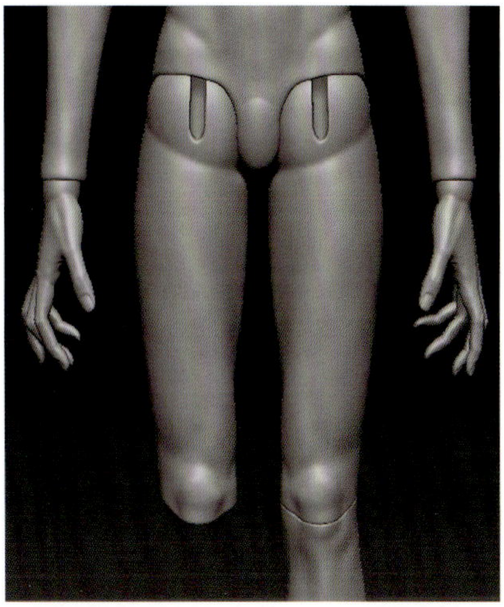

❹ 创建膝盖关节图层的副本，选择其中一个，单击“变形”→“镜像”按钮，补全另一侧。

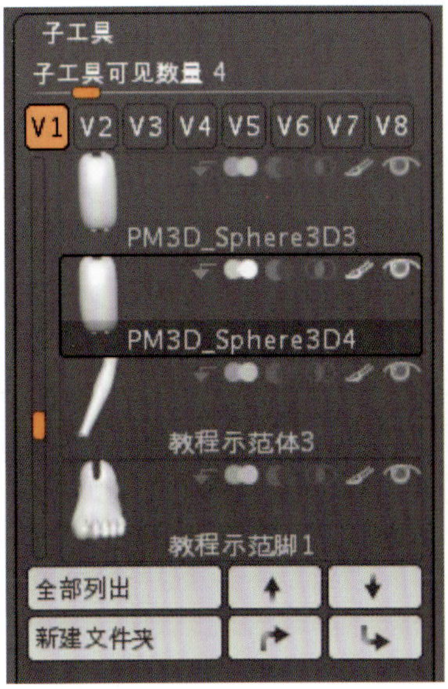

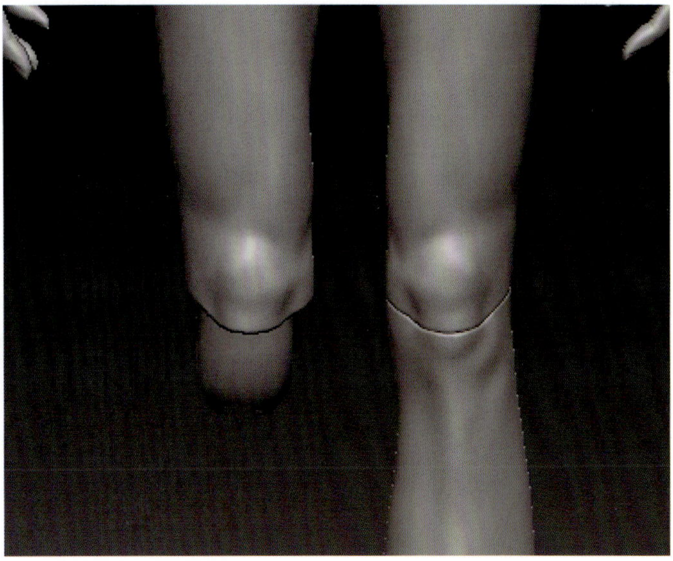

❺ 创建小腿图层的副本，选择其中一个，单击“变形”→“镜像”按钮，补全另一侧。

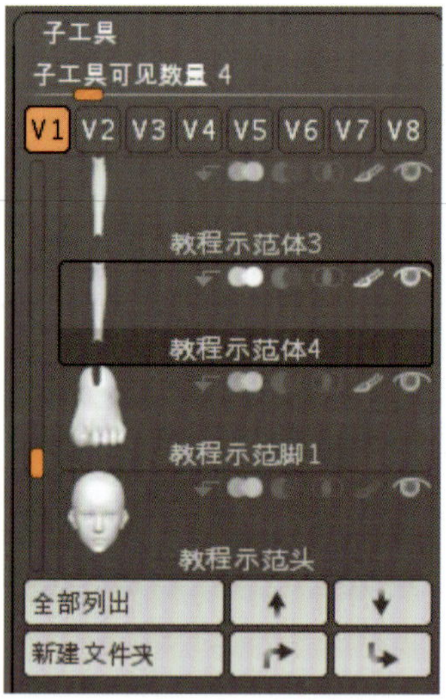

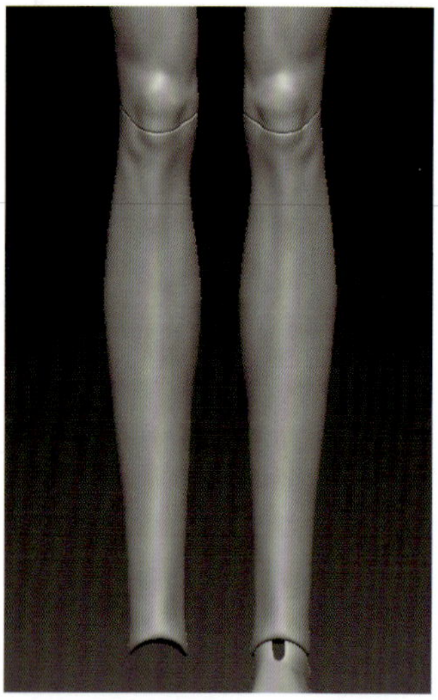

❻ 创建脚部图层的副本，选择其中一个，单击“变形”→“镜像”按钮，补全另一侧。

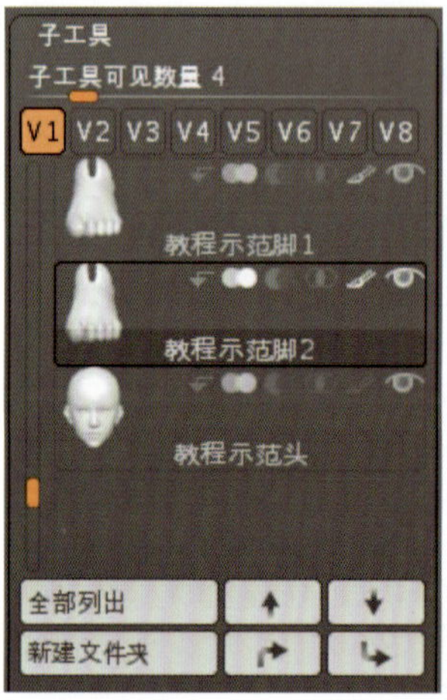

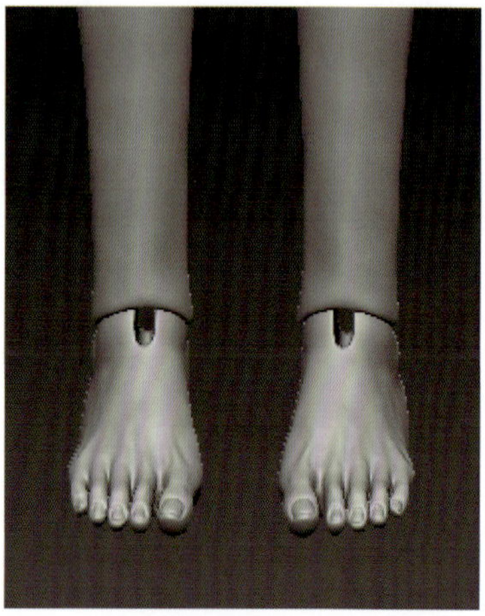

❼ 至此，整体男性 BJD 制作完成。

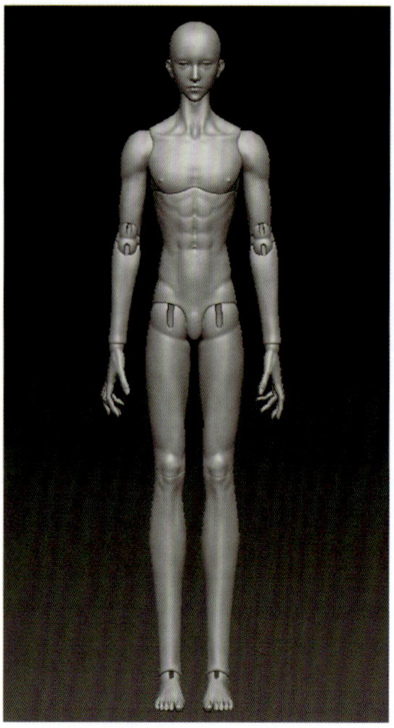

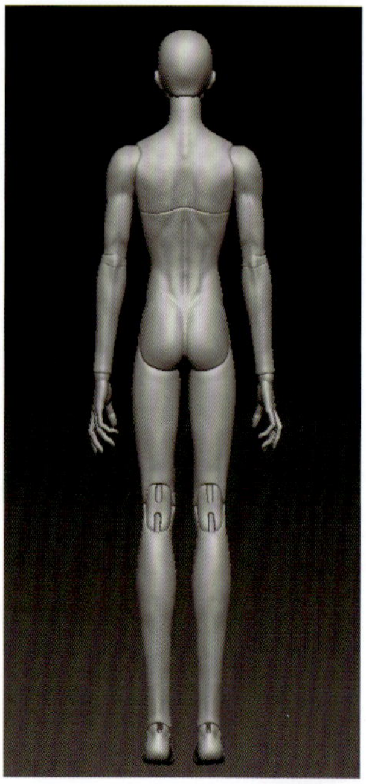

Chapter

11

打印测试与翻模须知

11.1 批量导出为STL文件

❶ 新建一个文件夹。

整体男性BJD

❷ 打开 ZBrush，在“Z 插件”面板中单击“导出到 STL”按钮。

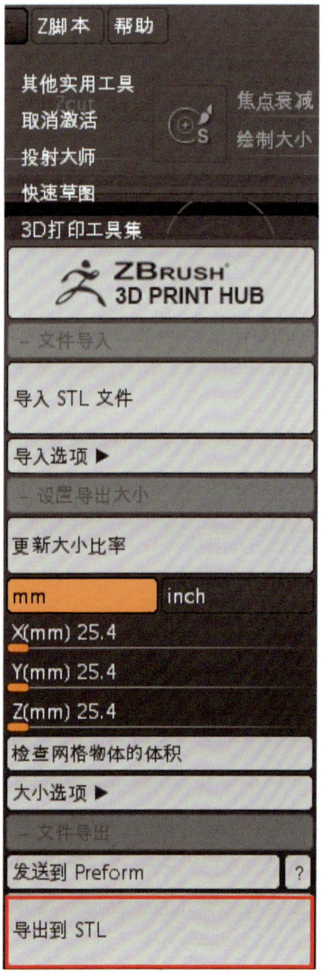

❸ 选择合适的命名方式。

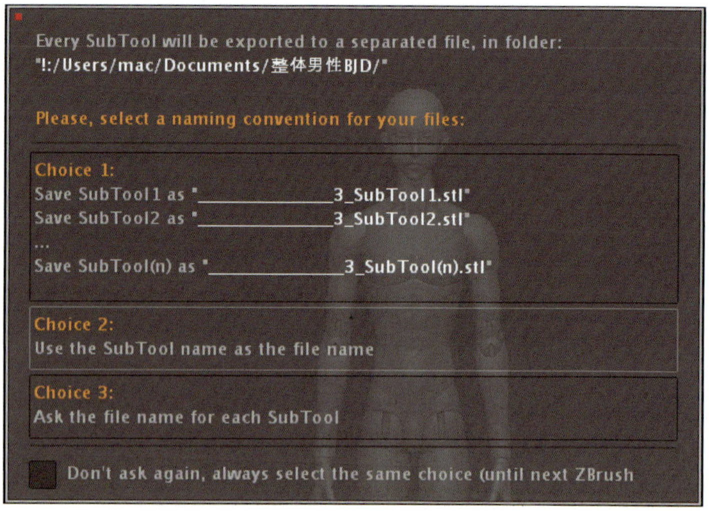

❹ 保存完成后，将所有文件压缩即可。

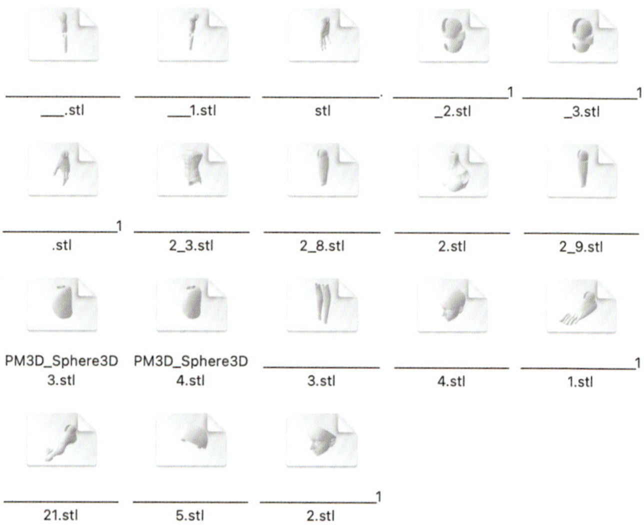

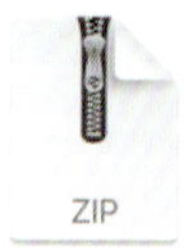

整体男性BJD.zip

11.2 批量导出为OBJ文件

❶ 新建一个文件夹。

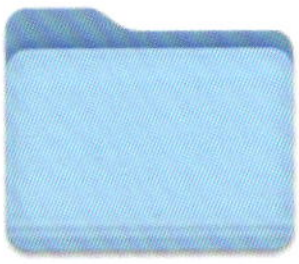

整体男性BJD

❷ 在“Z 插件”面板中单击“导出到 OBJ”按钮。

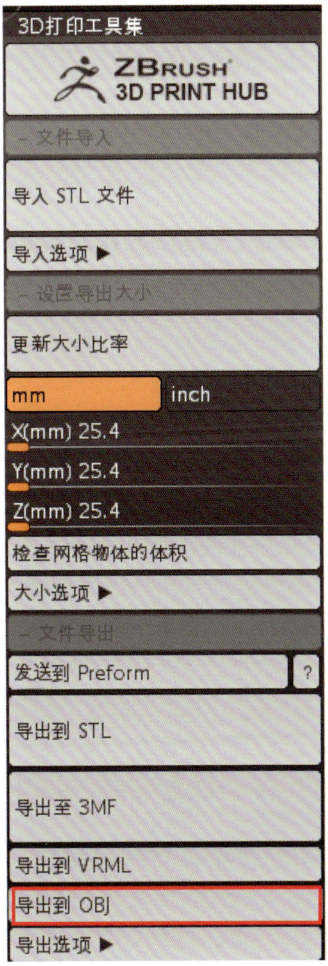

❸ 选择合适的命名方式。

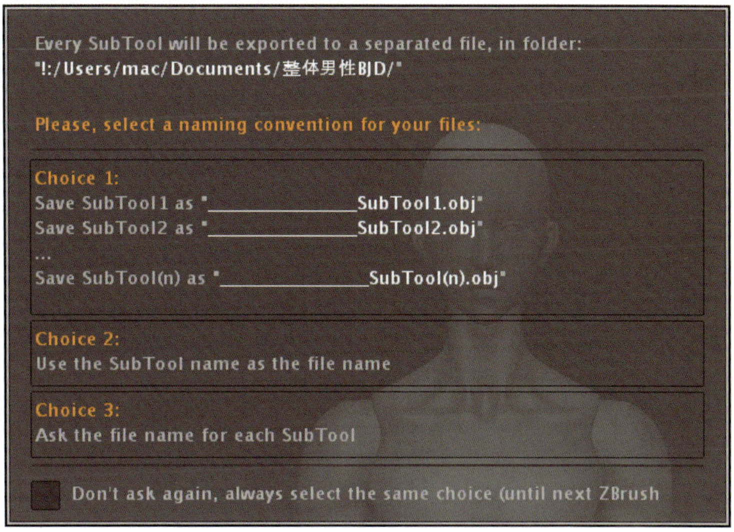

❹ 保存完成后，将所有文件压缩即可。

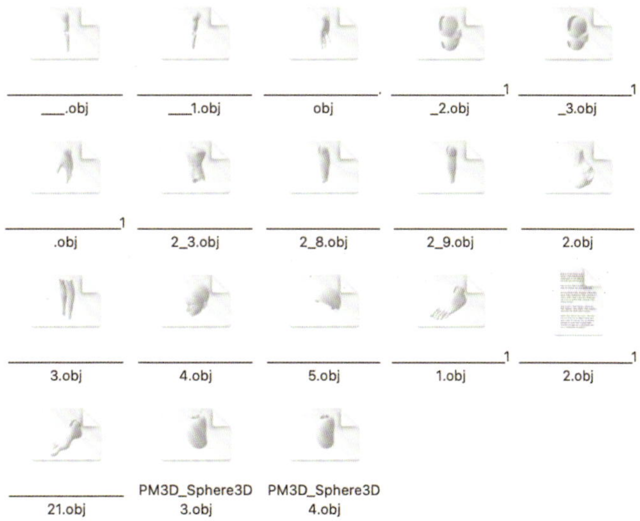

整体男性BJD.zip

11.3 打印测试须知

由于 3D 打印在打印机及材料的选择上有一定的专业性，因此建议读者选择在专门的 3D 打印机构进行打印测试，以替代自己打印。后期如果对打印感兴趣，读者也可以自行选购打印机进行尝试。但要注意，因打印机在工作时会产生影响身体健康的气体，故需要将打印机放到一个独立空间内进行工作。打印可选用的材料有：光敏树脂、PLA 塑料、尼龙、TPU、ABS、类 PP、PEEK、不锈钢、钛合金等。其中，光敏树脂是常用的 BJD 打印材料。

光敏树脂有着多样的颜色与质感，价格也各不相同，读者可以咨询打印机构选择测试材料。也可以用光敏树脂直接打印成品，但用光敏树脂直接打印成品存在黄化快、易损坏、易断层开裂的情况，只合适短期把玩。

ZBrush 因版本的限制，低版本无法打开高版本的 ZTL 文件。而由于大多数打印机构的软件使用的是相对稳定的低版本，因此选择好可靠的打印机构后，建议提供STL或OBJ文件以供打印。在这两种格式的文件中，因STL文件导入较快，故推荐使用 STL 文件。

在同一个文件中，因为所有子工具在导出为 STL 和 OBJ 格式后都会保持同样的比例，所以可以在同一个文件中调整好所有子工具的比例后导出，以保证打印的部件可以相互契合。

如果准备制作一套大尺寸的 BJD，那么打印测试的尺寸建议不低于 40cm。40~45cm 为推荐尺寸。ZBrush 在调整尺寸上并不是最好的选择，可以制作完成后直接导出文件，将文件交给打印机构后，告知其所需的尺寸，让其在打印时调整尺寸。

由于用 ZBrush 制作 BJD 无法像手动制作一样随时测试关节，因此打印测试后通常需要进行多次修改。建议多次把玩，并与手头拥有的 BJD 身体进行对比，以改进关节。

若遇到需要修改部分部件的情况，则可以在第 1 版中直接修改，并导出所有文件。在打印时应告知打印机构将本次文件设置为与测试身体相同的身高，但只打印修改的部件。这样打印出来的部件可以直接匹配第 1 次打印的身体。

在使用 40~45cm 的身体完成修改后，建议再次打印实际尺寸进行测试。以上测试完成后，方可进行翻模或打印成品。

11.4 翻模须知

测试完身体之后，需要打印一体高精度版本作为模种。收到打印的模种后，可能需要不同程度的修模，才可以进行翻模。

由于翻模时会接触大量影响身体健康的化学物，且翻模用到的机器较为复杂、带有一定危险度，因此不建议自行翻模。除此之外，翻模一套 BJD 并打磨组装是非常繁杂的工序，极其占用精力，建议将翻模工序交给专业机构完成。

翻模使用的工具通常为水补土、水砂纸、海绵砂纸。水补土可以选购 1000 目或 1200 目；水砂纸则需要选购几种 1000~2000 目后交替使用；海绵砂纸可以选用 1500~2000 目，以进行精细抛光。

如果收到的模种有较为粗糙的杂质，那么建议先用细腻的水砂纸打磨平滑，然后将水补土摇晃 5~10 分钟，均匀喷涂在模种表面。待晾干后，根据模种的细腻程度选择不同目数的砂纸，反复喷涂打磨，直至表面光滑，即可进行翻模。

翻模成树脂 BJD 时，需要用到硅胶制作一套模具，这时专业机构会收取一笔开模费。但在通常情况下，如果一次性下单 10 体或以上的翻模量，则会免去开模费。

硅胶模具并不能一直使用。树脂在硅胶模具中成型固化时会产生大量的热量，硅胶模具会逐渐变形。因此，如果长期使用一套硅胶模具，那么越到后期，翻模出来的成品越可能出现变形的情况。如果注重品质，那么建议将使用次数超过几十次的硅胶模具进行重新更换。具体的次数应根据硅胶模具的质量而定，可以通过观察翻模的成品来决定更换模具的时机。

在通常情况下，翻模机构提供的服务包括打磨与拉筋，个别机构有代发货的附加服务。在肤色的选择上，大部分机构都可以制作常用肤色，如白肌、普肌等；而特殊肤色，如烧肌、紫肌、黑肌等，则并不是所有机构都能调配的。

另外，普肌的 BJD 在精致打磨后，水口及侧线基本可以隐形。而特殊肤色的 BJD 有可能在水口处有一定的痕迹，无法完全抛光成隐形状态。

翻模出成品后，化好妆面，即可将头部与身体组装，搭配眼珠、头发及服饰进行把玩。